"十二五"普通高等教育本科国家级规划教材

 "十三五"江苏省高等学校重点教材（编号2020-1-051）

新时代高等学校计算机类专业教材

计算机网络安全

第4版

马利　姚永雷　苏健　邵敏兰　编著

U0368432

清华大学出版社

北京

内 容 简 介

本书系统介绍了网络安全的基础知识、安全技术及其应用,并介绍了网络安全新进展和网络安全相关法律法规。全书共14章,重点介绍数据的安全传输和网络系统的安全运行,内容包括数据加密、消息鉴别与数字签名、密钥分发与身份认证、Internet通信安全、网络攻击技术、网络接入控制、防火墙、入侵检测与紧急响应、虚拟专用网、无线局域网安全、云安全、物联网安全、网络安全法律法规等。

本书全面讲解了网络安全理论与技术体系,既注重基础理论的介绍,又着眼于技术应用和实践能力的培养;内容安排合理,逻辑性强,通俗易懂。可作为高等院校信息安全、计算机、通信等专业的教材,也可作为网络管理人员、网络工程技术人员及对网络安全感兴趣的读者的参考书。

图书在版编目(CIP)数据

计算机网络安全/马利等编著. —4 版. —北京:清华大学出版社,2023.5(2025.2重印)
新时代高等学校计算机类专业教材
ISBN 978-7-302-62348-9

Ⅰ.①计… Ⅱ.①马… Ⅲ.①计算机网络－网络安全－高等学校－教材 Ⅳ.①TP393.08

中国版本图书馆 CIP 数据核字(2022)第 256359 号

责任编辑:袁勤勇
封面设计:常雪影
责任校对:李建庄
责任印制:宋 林

出版发行:清华大学出版社
    网 址:https://www.tup.com.cn,https://www.wqxuetang.com
    地 址:北京清华大学学研大厦 A 座 邮 编:100084
    社 总 机:010-83470000 邮 购:010-62786544
    投稿与读者服务:010-62776969,c-service@tup.tsinghua.edu.cn
    质量反馈:010-62772015,zhiliang@tup.tsinghua.edu.cn
    课件下载:https://www.tup.com.cn,010-83470236
印 装 者:三河市天利华印刷装订有限公司
经 销:全国新华书店
开 本:185mm×260mm 印 张:19.25 字 数:446 千字
版 次:2010 年 8 月第 1 版 2023 年 6 月第 4 版 印 次:2025 年 2 月第 4 次印刷
定 价:59.80 元

产品编号:099788-01

前言

随着计算设备和 Internet 的进一步普及和发展,计算机网络成为信息通信的主要载体之一。几乎所有的信息都已经数字化,使用计算设备存储和处理,利用计算机网络传输和共享。计算机网络技术的应用愈加普及和广泛,应用层次逐步深入,应用范围不断扩展。基于网络的应用层出不穷,国家发展和社会运转以及人类的各项活动对计算机网络的依赖性越来越强。计算机网络已经成为人类社会生活不可缺少的基础设施之一。

与此同时,随着网络规模的不断扩大和网络应用的逐步普及,网络安全问题也越发突出,受到越来越广泛的关注。计算机和网络系统不断受到侵害,侵害形式日益多样化,侵害手段和技术日趋先进和复杂化,已经严重威胁网络和信息的安全。计算机网络的安全已成为当今信息化建设的核心问题之一。

习近平总书记在党的二十大报告中指出:"教育是国之大计、党之大计。培养什么人、怎样培养人、为谁培养人是教育的根本问题。育人的根本在于立德。全面贯彻党的教育方针,落实立德树人根本任务,培养德智体美劳全面发展的社会主义建设者和接班人。"思政教育不应只在高校思想政治课群中进行,专业课教学更应该是思政教育的"主战场"。本次修订切实落实课程思政,新增一章介绍网络安全法律法规教育的内容,并尝试将思政元素融入各章的技术内容介绍。

本书自 2010 年问世以来,受到了广大读者的肯定和欢迎,同时很多读者也提出了中肯的批评和改进意见。另外,计算机网络安全的相关技术更新和发展很快,读者有全面、及时地了解和应用最新网络安全技术的需求。因此,作者在参考读者意见的基础上进行了修订和补充。本次修订保持了上一版对基本理论和原理完整、有体系的介绍,删除相对陈旧、过时的内容,并加入最新的网络安全理论与技术,特别是云安全与物联网安全;进一步扩充网络安全实践的相关技术细节,使得读者在系统学习基本概念、基本理论的基础上,深入理解并掌握常见网络安全防护技术;调整相关章节的顺序和结构,使得内容逻辑结构更合理。

修订后全书共 14 章,内容包括网络安全概述、数据加密、消息鉴别与数字签名、密钥分发与身份认证、Internet 通信安全、网络攻击技术、网络接入控制、防火墙、入侵检测与紧急响应、虚拟专用网、无线局域网安全、云安全、物联网安全、网络安全法律法规等。希望通过本次修订,本书能够反映网络安全理论和技术的最新研究和教学进展,用通俗易懂的语言向读者全面而系统地介绍网络安全相关理论和技术,帮助读者建立完整的网络安全知识体系,掌握网络安全保护的实际技能。

本书内容完整,安排合理;逻辑性强,重点突出;文字简明,通俗易懂。本书可作为高等院校信息安全、计算机、通信等专业的教材,也可作为网络管理人员、网络工程技术人员及对网络安全感兴趣的读者的参考书。

本书由马利、姚永雷、苏健和邵敏兰编著。马利担任主编并编写了第1～3章,苏健担任副主编并编写了第11～13章,姚永雷担任副主编并编写了其他章节,邵敏兰负责全书资料查找、整理和文字录入工作,并参与部分章节的编写工作。

在本书的编写过程中参考了大量资料,绝大部分已经在参考文献中列出,但由于数量众多,可能会有遗漏,在此表示歉意和由衷的感谢。

本书的修订编写得到了清华大学出版社的大力帮助和支持,在此表示由衷的感谢。

由于作者水平有限,书中难免出现错误和不当之处,殷切希望各位读者提出宝贵意见,并恳请各位读者批评指正。

作　者

2023 年 3 月

目录

课程思政

教学课件

教学视频

第1章

网络安全概述

导　读

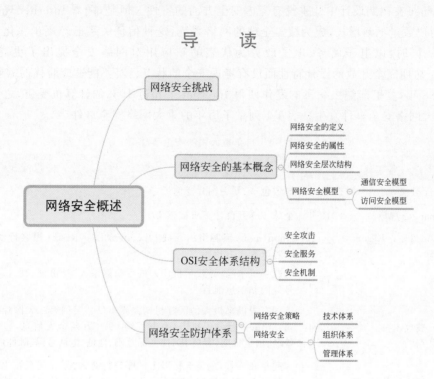

　　在全球信息化的背景下,信息已成为一种重要的战略资源。信息应用涵盖国防、政治、经济、科技、文化等各个领域,在社会生产和生活中的作用越来越显著。随着计算机和Internet的进一步普及和发展,几乎所有的信息都已数字化,我们要使用计算机进行存储和处理,并且利用计算机网络进行传输和共享。在数字化的今天,计算机网络是信息的主要载体之一。计算机网络的全球互联趋势越来越明显,网络技术的应用日渐普及和广泛,应用层次逐步深入,应用范围不断扩展。基于网络的应用层出不穷,国家发展、社会运转以及人类的各项活动对计算机网络的依赖性越来越强。

　　与此同时,网络安全问题越发突出,受到越来越广泛的关注。一方面,计算机网络提供了丰富的资源以供用户共享;另一方面,资源共享度的提高也增加了网络受威胁和攻击的可能性。事实上,资源共享和网络安全是一对矛盾,随着资源共享的加强,网络安全问题也日益凸显。计算机和网络系统不断受到侵害,侵害形式日益多样化,侵害手段和技术日趋先进和复杂化,令人防不胜防。一旦计算机网络的安全受到威胁,不仅对个人、企业、社会组织会造成不可避免的损失,严重时还会给全社会甚至整个国家带来巨大危害。计算机网络的安全已成为当今信息化建设的核心问题之一。

1.1　网络安全挑战

计算机网络尤其是 Internet 正面临着严重的安全挑战。在发展初期，Internet 规模不大，主要连接高等学校和科研院所并假定用户之间存在信任关系，用户都是善意的。因此，Internet 在初期设计中几乎没有考虑安全方面的特性。但是，随着 Internet 规模逐渐扩大，用户数量不断增长，成为覆盖全球的网络系统，这种信任关系已经逐步恶化甚至不复存在。同时，以电子商务、电子政务为代表的新应用对网络安全提出了更高要求。Internet 初期完全开放的设计特性而没有考虑安全的状况已经不能适应时代的需要。

1988 年，莫里斯蠕虫病毒的发作使得 Internet 上超过 10% 的计算机受害，之后每年都有重大网络安全事件发生。表 1-1 列举了历年的重大网络安全事件。

表 1-1　历年重大网络安全事件

名　称	时　间	影　响
Facebook 被黑	2011 年	导致色情、暴力图片泛滥
DNS Changer 肆虐	2012 年	全球 400 万台计算机被感染
Operation Last Resort 黑客行动	2013 年	Anonymous 黑客组织开展 Operation Last Resort 黑客行动，美国联邦政府无力招架
XX 神器	2014 年	一款手机木马，导致手机用户的手机联系人、身份证、姓名、各种账号等隐私信息泄露
Anthem 被攻击	2015 年	美国有史以来最大的医疗机构泄露事件。美国第二大医疗保险公司 Anthem 受到了攻击，丢失了约 8000 万条个人信息，包括用户姓名、出生日期、客户 ID、社会保险码、地址、电话号码、邮件地址等
Yahoo! 两起数据泄露事件	2016 年	一起是在 9 月，危害 5 亿以上的账户持有人；另一起是在 12 月，影响超过 10 亿的账户持有人。Yahoo! 在事后补救和法律费用上花费超过 9500 万美元，且因未及时披露黑客行为被额外罚款 3500 万美元
Equifax 数据泄露	2017 年	美国征信巨头 Equifax 泄露了 1.45 亿用户数据，这是美国历史上最严重的数据安全事件，以美国人口 3.2 亿计算，受影响人数超过 40%
Facebook 用户数据泄露	2018 年	剑桥分析公司为了学术研究，创建了一个预测用户性格喜好的 App。在未经允许的情况下收集了 5000 万用户在 Facebook（现更名为 Meta）上的个人信息，对每个用户的兴趣爱好、性格和行为特点进行精确分析，预测他们的政治倾向，然后定向推送新闻，借助 Facebook 的广告投放系统影响用户的投票行为
PayID 遭网络攻击	2019 年	西太平洋银行（Westpac）的实时支付平台 PayID 系统遭网络攻击，近 10 万客户的私人信息泄露。这次袭击行为还影响到其他银行的客户。计算机安全专家警告，这些被窃取的私人信息可能会被用于欺诈
新西兰证交所连续一周遭受 DDoS 攻击	2020 年	自 2020 年 8 月 25 日以来，新西兰证交所连续遭到 DDoS 攻击，交易多次临时中断，扰乱了市场

近几年,安全攻击的复杂性提高了很多,攻击的自动化程度和攻击速度也有所提高,杀伤力逐步增大;攻击工具的特征更难发现,更难利用特征进行检测。像红色代码和尼姆达这样的混合型威胁,使用组合的攻击方式快速进行传播,会造成比单一型病毒更大的危害。2003 年 1 月的蠕虫王被释放后不到 10 分钟就感染了 75 000 台计算机。从世界范围看,网络入侵活动日益增加并超过了恶意代码感染的次数;而且,入侵工具传播范围越来越广,入侵技术不断提高,对攻击者的知识要求反而降低了。当前,防火墙是人们用来防范入侵者的主要保护措施,但越来越多的攻击技术可以绕过防火墙,不仅对广大用户也对 Internet 基础设施形成越来越大的威胁。

自 1994 年我国正式接入 Internet 以来,互联网在我国的规模和应用迅猛发展。2022 年 8 月,中国互联网络信息中心(China Internet Network Information Center,CNNIC)发布的第 50 次中国互联网发展状况统计报告显示,截至 2022 年 6 月,中国网民规模达到 10.51 亿人,互联网普及率达到 74.4%。互联网应用呈现快速增长态势,计算机网络已成为中国社会信息化进程中的关键基础设施。然而目前中国互联网的安全情况不容乐观,各种网络安全事件层出不穷。第 47 次中国互联网发展情况统计报告显示,国家计算机网络应急技术处理协调中心(CNCERT)监测发现,2020 年,我国境内网站被篡改 243 709 个,被植入后门的网站数量达到 61 948 个;CNCERT 接收到网络安全事件报告 103 109 起;国家信息安全漏洞共享平台收集整理信息系统安全漏洞 20 721 个,其中高危漏洞 7422 个。综合来看,当前网络安全形势严峻的原因主要有以下 3 点。

- 由于近年来中国互联网持续快速发展,我国网民数量、宽带用户数量、.cn 域名数量都已经跃居全球第一位,而我国网络安全基础设施建设跟不上互联网发展的步伐,民众的网络安全意识薄弱,中小企业大多采用粗放式的安全管理方式,这三者叠加直接导致中国互联网安全问题突出。
- 随着攻击技术的不断提高,攻击工具日益专业化、易用化,攻击方法越来越复杂,越来越隐蔽,防护难度大。
- 电子商务领域不断扩展,与现实中的金融体系日益融合,为网络世界的虚拟要素附加了实际价值,这些信息系统成为黑客攻击牟利的目标。

攻击者攻击目标明确,会针对网站和用户使用不同的攻击手段。对政府网站主要采用篡改网页的攻击形式;对企业采用有组织的分布式拒绝服务(DDoS)等攻击手段;对个人用户通过窃取账号、密码等形式窃取用户个人财产;对金融机构则用网络钓鱼进行网络仿冒,在线盗取用户身份和密码。

当今社会,互联网已成为重要的国家基础设施,在国民经济建设中发挥着日益重要的作用。随着我国政府信息化基础建设的推进和信息公开程度的提升,网络和信息安全已成为关系到国家安全、社会稳定的重要因素,社会各界都对网络安全提出了更高的要求,采取有效措施建设安全、可靠、便捷的网络应用环境,并维护国家网络信息安全成为社会信息化进程中亟待解决的问题。

1.2 网络安全的基本概念

本节介绍网络安全的定义、属性、层次结构及模型。

1.2.1 网络安全的定义

计算机网络是指利用通信线路把地理位置上分散的计算机和通信设备连接起来，在系统软件和协议的支持下，以实现数据通信和资源共享为目的的复杂计算机系统。网络的基本资源包括硬件资源、软件资源和数据资源等。

常见的安全术语有信息安全、网络安全、信息系统安全、网络信息安全、网络信息系统安全、计算机系统安全、计算机信息系统安全等。这些形形色色的说法归根结底都是两层意思，即确保计算机网络环境下信息系统的安全运行，以及信息系统存储、处理和传输的信息受到安全保护。这些术语是殊途同归的关系。由于现代的信息系统大多建立在计算机网络基础之上，因此计算机网络安全就是信息系统安全。之所以强调网络安全，主要是因为计算机网络的广泛应用使得大部分信息都通过网络进行传输和处理，从而使得网络安全问题变得尤为突出。

网络安全指计算机网络系统的软件、硬件以及系统中存储和传输的数据受到保护，不因偶然或恶意的原因而遭到破坏、更改和泄露，网络系统能够连续、可靠地正常运行，网络服务不中断。由这个定义可以看出，网络安全包括网络信息系统安全运行以及系统中的信息受到安全保护两方面。从其本质上讲，网络安全就是网络上的信息安全。

网络安全的具体含义会随着利益相关方的变化而变化。

- 从一般用户（个人、企业等）的角度说，他们希望涉及个人隐私或商业利益的信息在网络上传输时能够保持机密性、完整性和真实性，避免其他人或对手利用窃听、冒充、篡改、抵赖等手段侵犯自身的利益。
- 从网络运行者和管理者的角度说，他们希望对网络信息的访问受到保护和控制，避免出现非法使用、拒绝服务以及网络资源非法占用和非法控制等威胁，制止和防御网络黑客的攻击。
- 从安全保密部门的角度说，他们希望对非法的、有害的或涉及国家机密的信息进行过滤和防堵，避免机要信息泄露，避免对社会产生危害和给国家造成巨大损失。
- 从社会教育和意识形态的角度说，网络上不健康的内容会对社会的稳定和人类的发展造成阻碍，必须对其进行控制。

1.2.2 网络安全的属性

一般认为，网络安全具有以下5方面的特征或属性。

- 机密性。信息不被非授权的用户、实体或过程所获取和使用。
- 完整性。信息在存储或传输时不被修改、破坏，或者不发生信息包丢失、乱序等。
- 可用性。信息与信息系统可被授权实体正常访问，即授权实体在需要时能够存取所需信息。

- 真实性。信息的可信度,主要是指对信息所有者或发送者的身份进行确认,对信息的来源进行判断,对伪造来源的信息予以鉴别。

- 不可否认性。也称为不可抵赖性,即所有参与者都不可能否认或抵赖曾经完成的操作和承诺。发送方不能否认发送的信息,接收方也不能否认收到的信息。

其中,机密性、完整性和可用性通常被视为网络安全的 3 个基本属性。

因此,从广义上讲,凡是涉及网络上信息的机密性、完整性、可用性、真实性和不可否认性的相关技术和理论都是网络安全的研究领域。网络安全是一门涉及计算机科学、网络技术、通信技术、密码技术、应用数学、数论、信息论等多种学科的综合性学科。

1.2.3　网络安全的层次结构

国际标准化组织(International Organization for Standardization,ISO)提出了开放系统互连(Open System Interconnection,OSI)参考模型,目的是使之成为计算机互联网络的标准框架。但是,当前事实上的标准是 TCP/IP 参考模型。Internet 网络体系结构就是以 TCP/IP 为核心的。基于 TCP/IP 的参考模型将计算机网络体系结构分成以下 4 个层次:网络接口层,对应 OSI 参考模型中的物理层和数据链路层;网际互连层,对应 OSI 参考模型中的网络层,主要解决主机到主机的通信问题;传输层,对应 OSI 参考模型中的传输层,为应用层实体提供端到端的通信功能;应用层,对应 OSI 参考模型中的高层,为用户提供所需的各种服务。

从网络安全角度看,参考模型的各层都能够采取一定的安全手段和措施,提供不同的安全服务。但是,单独一个层次无法提供全部的网络安全特性,每个层次都必须提供自己的安全服务,共同维护网络系统中信息的安全。图 1-1 形象地描述了网络安全层次。

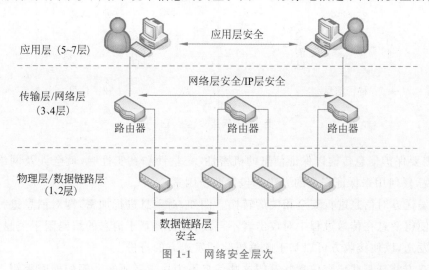

图 1-1　网络安全层次

- 在物理层,可以在通信线路上采取电磁屏蔽、电磁干扰等技术防止通信系统以电磁（电磁辐射、电磁泄漏）的方式向外界泄露信息。

- 在数据链路层，对点对点的链路可以采用通信保密机进行加密，信息在离开一台机器进入点对点的链路传输之前进行加密，在进入另一台机器时解密。所有细节全部由底层硬件实现，高层无法察觉。不过，这种方案无法适应经过多个路由设备的通信链路，因为在每台路由设备上都要进行加解密的操作，会造成安全隐患。
- 在网络层，使用防火墙技术处理经过网络边界的信息，确定来自哪些地址的信息可以或禁止访问哪些目的地址的主机，以保护内部网免受非法用户的访问。
- 在传输层，可采用端到端的加密，即进程到进程的加密，以提高信息流动过程的安全性。
- 在应用层，主要是针对用户身份进行认证，并且可以建立安全的通信信道。

本书主要关注网络层以上的安全技术。

1.2.4 网络安全的模型

William Stallings 定义了一个网络安全模型，如图 1-2 所示。消息从通信的一方（发送方）通过 Internet 传送至另一方（接收方），发送方和接收方是交互的主体，必须协调努力共同完成消息交换的任务。通过定义 Internet 上从发送方到接收方的路由以及双方共同使用的通信协议（如 TCP/IP）来建立逻辑信息通道。

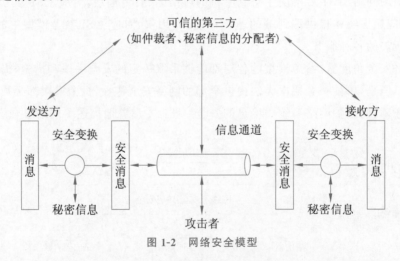

图 1-2　网络安全模型

当需要保护信息传输以保证信息的机密性、完整性和真实性时，就会涉及网络安全。一般来说，任何用来保证安全的方法都包含两个因素。

- 发送方对信息进行安全相关的转换。例如，对消息进行加密，即对消息进行变换，使得消息在传送过程中对攻击者不可读；或者将基于消息的编码附于消息后共同发送，以使接收方可以基于此编码验证发送方的身份。
- 双方共享某些秘密信息并希望这些信息不为攻击者所知。例如加密密钥，它配合加密算法在消息传输之前将消息加密，而在接收端将消息解密。

为实现信息的安全传输,许多场合还需要有可信的第三方。例如,第三方负责将秘密信息分配给通信双方,而对攻击者保密;或者当通信双方关于信息传输的真实性发生争执时,由第三方来仲裁。

　　上述模型说明,设计网络安全系统时应实现下列 4 方面的任务。

　　(1) 设计一个算法用于实现与安全相关的变换。该算法应是攻击者无法攻破的。

　　(2) 产生算法所使用的秘密信息。

　　(3) 设计分发和共享秘密信息的方法,以保证该秘密信息不为攻击者所知。

　　(4) 设计通信双方使用的协议,该协议利用安全算法和秘密信息提供安全服务。

　　图 1-2 所示的网络安全模型虽是一个通用的模型,但是还有其他与安全有关的情形不完全符合该模型。例如,图 1-3 所示的网络访问安全模型可以使信息系统拒绝非授权的访问。

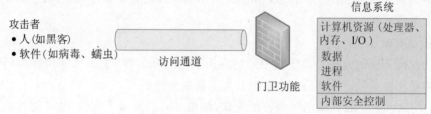

图 1-3　网络访问安全模型

　　应对非授权访问所需的安全机制分为两大类:门卫功能和内部监控。门卫功能包含基于口令的登录过程,该过程只允许授权用户的访问。典型的门卫功能包括身份验证的过程以及防火墙功能。内部监控负责检测和拒绝蠕虫、病毒以及其他类似的攻击。一旦非法用户或软件获得访问权,那么由各种内部控制程序组成的第二道防线就监视其活动和分析存储的信息,以便检测非法入侵者。典型的内部监控机制是入侵检测系统。

1.3　OSI 安全体系结构

　　在大规模网络工程建设、管理以及网络安全系统的设计与开发过程中,需要从全局的体系结构角度考虑安全问题的整体解决方案,才能保证网络安全功能的完备性和一致性,降低安全代价和管理开销。这样一个网络安全体系结构对于网络安全的设计、实现与管理具有重要的意义。

　　为有效评估一个机构的安全需求以及对各个安全产品和政策进行评价和选择,负责安全的管理员需要以某种系统的方法来定义对安全的要求并刻画满足这些要求的措施。国际标准化组织于 1989 年正式公布了 ISO 7498-2 标准,定义了开放系统通信环境中与安全性有关的通用体系结构元素,作为 OSI 参考模型的补充。这是一个普遍适用的安全体系结构,对于具体网络安全体系结构的设计具有指导意义,其核心内容是保证异构计算机之间远距离交换信息的安全。

OSI安全体系结构主要关注安全攻击、安全机制和安全服务。可以简短地定义如下。

- 安全攻击。任何危及信息系统安全的活动。
- 安全机制。用来检测、阻止攻击或者从攻击状态恢复到正常状态的过程以及实现该过程的设备。
- 安全服务。加强数据处理系统和信息传输的安全性的一种处理过程或通信服务。其目的在于利用一种或多种安全机制进行反攻击。

1.3.1　安全攻击

网络安全攻击是指降级、瓦解、拒绝、摧毁计算机或计算机网络本身或者其中信息资源的行为。在总体上，ISO 7498-2标准将安全攻击分成两类，即被动攻击和主动攻击。被动攻击试图收集、利用系统的信息但不影响系统的正常访问，数据的合法用户对这种活动一般不会察觉到；主动攻击则是攻击者访问其所需信息的故意行为，一般会改变系统资源或影响系统运作。

1. 被动攻击

被动攻击采取的方法是对传输中的信息进行窃听和监测，主要目标是获得传输的信息。有两种主要的被动攻击方式：信息收集和流量分析。

（1）信息收集造成传输消息内容的泄露，如图1-4(a)所示。电话、电子邮件和传输的文件都可能因含有敏感或秘密的信息而被攻击者所窃取。

（2）采用流量分析的方法可以判断通信的性质，如图1-4(b)所示。为防范信息的泄露，消息在发送之前一般要进行加密，使得攻击者即使捕获了消息也不能从消息中获得有用的信息。但是，即使用户进行了加密保护，攻击者仍可能获得这些消息模式。攻击者可以确定通信主机的身份和位置，并且观察传输的消息的频率和长度。这些信息可用于判断通信的性质。

被动攻击由于不涉及对数据的更改，因此很难察觉。典型的情况是，信息流表面上以一种常规的方式在收发，收发双方谁也不知道有第三方已经读了信息或者观察了流量模

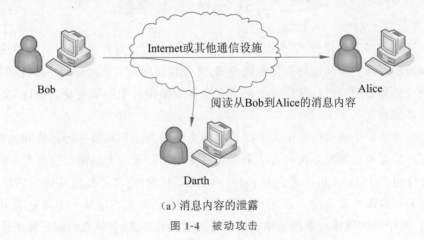

（a）消息内容的泄露

图1-4　被动攻击

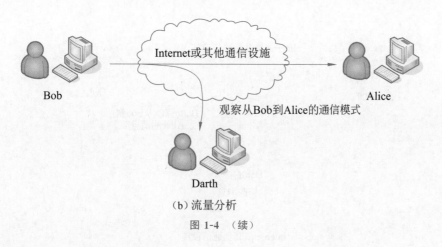

（b）流量分析

图 1-4　（续）

式。处理被动攻击的重点是预防而不是检测。

2. 主动攻击

主动攻击包括对数据流进行篡改或伪造数据流，可分为 4 类：伪装、重放、修改消息和拒绝服务，其实现原理如图 1-5 所示。

（1）伪装是指某实体假装成别的实体。例如攻击者捕获认证信息，并且在之后利用认证信息进行重放，这样它就可能获得其他实体所拥有的权限。

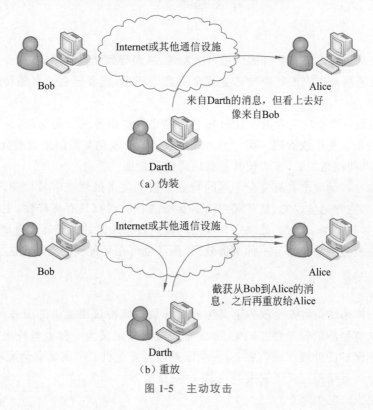

（a）伪装

（b）重放

图 1-5　主动攻击

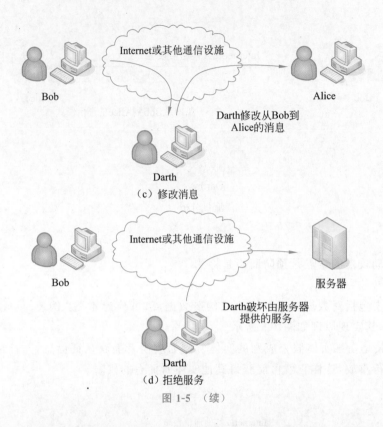

（c）修改消息

（d）拒绝服务

图 1-5   （续）

（2）重放是指将攻击者获得的信息再次发送，从而导致非授权效应。

（3）修改消息是指攻击者修改部分或全部合法消息，或者延迟消息的传输以获得非授权作用。

（4）拒绝服务是指攻击者设法让目标系统停止提供服务或资源访问，从而阻止授权实体对系统的正常使用或管理。典型的形式有查禁所有发向某目的地的消息以及破坏整个网络，即或者使网络失效，或者使其过载以降低其性能。

主动攻击与被动攻击具有完全不同的特点。被动攻击虽然难以被检测，但可以有效地预防；而因为物理通信设施、软件和网络本身所潜在的弱点具有多样性，主动攻击难以绝对预防，但容易检测。因此，处理主动攻击的重点在于检测并从破坏或造成的延迟中恢复过来。因为检测主动攻击有一种威慑效果，所以也可在某种程度上阻止这类攻击。

1.3.2   安全服务

OSI 安全体系结构将安全服务定义为通信开放系统协议层提供的服务，从而保证系统或数据传输有足够的安全性。RFC 2828 将安全服务定义为一种由系统提供的对系统资源进行特殊保护的处理或通信服务；安全服务通过安全机制来实现安全策略。

OSI 安全体系结构定义了五大类共 14 个安全服务。

1. 鉴别服务

鉴别服务与保证通信的真实性有关，提供对通信中对等实体和数据来源的鉴别。在单条消息的情况下,鉴别服务的功能是向接收方保证消息来自所声称的发送方,而不是假冒的非法用户。对于正在进行的交互,鉴别服务则涉及两方面。首先,在连接的初始化阶段,鉴别服务保证两个实体是可信的,也就是说,每个实体都是它们所声称的实体,而不是假冒的。其次,鉴别服务必须保证该连接不受第三方的干扰,即第三方不能够伪装成两个合法实体中的一个进行非授权传输或接收。

- 对等实体鉴别。该服务在数据交换连接建立时提供,识别一个或多个连接实体的身份,证实参与数据交换的对等实体确实是所需的实体,防止假冒。
- 数据源鉴别。该服务对数据单元的来源提供确认,向接收方保证所接收到的数据单元来自所要求的源点。它不能防止重放或修改数据单元。

2. 访问控制服务

访问控制服务包括身份认证和权限验证,用于防止未授权用户非法使用或越权使用系统资源。该服务可应用于对资源的各种访问类型,例如通信资源的使用,信息资源的读、写和删除,进程资源的执行等。

3. 数据保密性服务

数据保密性服务是为防止网络各系统之间交换的数据被截获或被非法存取而泄密提供机密保护,同时对有可能通过观察信息流就能推导出信息的情况进行防范。保密性是防止传输的数据遭到被动攻击,具体分成以下几种。

- 连接保密性。对一个连接中所有用户数据提供机密性保护。
- 无连接保密性。为单个无连接的 N-SDU 中的所有用户数据提供机密性保护。
- 选择字段保密性。为一个连接上的用户数据或单个无连接的 N-SDU 内被选择的字段提供机密性保护。
- 信息流保密性。提供对可根据观察信息流而分析出的有关信息的保护,从而防止通过观察通信业务流而推断出消息的信源和信宿、频率、长度或者通信设施上的其他流量特征等信息。

4. 数据完整性服务

数据完整性服务防止非法实体对正常数据段进行变更,如修改、插入、延时和删除等,以及在数据交换过程中的数据丢失。数据完整性服务可分为以下 5 种情形,以满足不同场合、不同用户对数据完整性的要求。

- 带恢复的连接完整性。为连接上的所有用户数据保证完整性。检测整个 SDU 序列中任何数据的任何修改、插入、删除和重放并予以恢复。
- 不带恢复的连接完整性。与带恢复的连接完整性的差别仅在于不提供恢复。
- 选择字段的连接完整性。保证一个连接上传输的用户数据内选择字段的完整性,并且以某种形式确定该选择字段是否已被修改、插入、删除或重放。
- 无连接完整性。提供单个无连接的 SDU 的完整性,并且以某种形式确定接收到的 SDU 是否已被修改。此外,一定程度上还可以提供对连接重放的检测。
- 选择字段的无连接完整性。提供单个无连接 SDU 内选择字段的完整性,并且以某种形式确定选择字段是否已被修改。

5. 不可否认服务

不可否认服务用于防止发送方在发送数据后否认发送，以及接收方在收到数据后否认收到数据或伪造数据的行为。

- 具有源点证明的不可否认。为数据接收者提供数据源证明，防止发送者以后企图否认发送数据或其内容。
- 具有交付证明的不可否认。为数据发送者提供数据交付证明，防止接收者以后企图否认接收数据或其内容。

1.3.3　安全机制

为实现上述安全服务，OSI 安全体系结构还定义了安全机制。这些安全机制可分成两类：一类在特定的协议层实现；另一类不属于任何的协议层或安全服务。

在特定的协议层设置的一些安全机制如下所示。

1. 加密机制

加密机制提供对数据或信息流的保密，并且可作为其他安全机制的补充。加密算法分为两种类型：①对称密钥密码体制，加密和解密使用相同的秘密密钥；②非对称密钥密码体制，加密使用公开密钥，解密使用私人密钥。网络条件下的数据加密必然使用密钥管理机制。

2. 数字签名机制

数字签名是附加在数据单元上的一些数据或是对数据单元所作的密码变换，这种数据或变换允许数据单元的接收方确认数据单元来源和数据单元的完整性并保护数据，防止被人伪造。数字签名机制包括两个过程：对数据单元签名和验证签过名的数据单元。

签名过程使用签名者专用的保密信息作为私用密钥，加密一个数据单元并产生数据单元的一个密码校验值；验证过程则使用公开的方法和信息来确定签名是否使用签名者的专用信息产生，但由验证过程不能推导出签名者的专用保密信息。数字签名的基本特点是签名只能使用签名者的专用信息产生。

3. 访问控制机制

访问控制机制使用已鉴别的实体身份、实体的有关信息或实体的能力来确定并实施该实体的访问权限。当实体试图使用非授权资源或以不正确方式使用授权资源时，访问控制功能将拒绝这种企图，产生事件报警并记录下来作为安全审计跟踪的一部分。

访问控制机制可用以下一种或多种信息类型为基础。

- 访问控制信息库。该库保存对等实体的访问权限，这种信息可由授权中心或正被访问的实体保存。
- 鉴别信息，如通行字等。
- 用于证明访问实体或资源的权限的能力和属性。
- 按照安全策略许可或拒绝访问的安全标号。
- 试图访问的时间。
- 试图访问的路径。
- 访问的持续时间。

4. 数据完整性机制

数据完整性包括两方面：一是单个数据单元或字段的完整性；二是数据单元或字段序列的完整性。

确定单个数据单元完整性包括两个过程：①发送实体将数据本身的某个函数量（称为校验码字段）附加在该数据单元上；②接收实体产生一个对应的字段，与所接收到的字段进行比较以确定在传输过程中数据是否被修改。不过，仅使用这种机制不能防止单个数据单元的重放。

对连接型数据传输中数据单元序列完整性的保护要求附加明显的次序关系，例如顺序编号、时间戳或密码链。对于无连接型数据传输，使用时间戳可提供一种防止个别数据单元重放的限定形式。

5. 鉴别交换机制

鉴别交换机制是通过互换信息的方式来确认实体身份的机制。这种机制可使用如下技术：发送方实体提供鉴别信息（如通行字），由接收方实体验证；加密技术；实体的特征/属性等。鉴别交换机制可与相应层次相结合以提供同等实体鉴别。当采用密码技术时，鉴别交换机制可以和"握手"协议相结合以抵抗重放攻击。

鉴别交换机制的选择取决于不同的应用场合。

(1) 当对等实体和通信方式两者都可信时，一个对等实体的验证可由通行字实现。通行字可以防错，但不能防止蓄意破坏（如消息重放等）。每一方使用各自不同的通行字可以实现相互鉴别。

(2) 当每一实体信任各自的对等实体而通信方式不可信时，对主动攻击的防护由通行字和加密相结合实现。防止重放攻击的单向鉴别需要两次"握手"，而具有重放防护的相互鉴别可由三次"握手"实现。

(3) 当一个实体不能（或感觉到将来不能）相信对等实体或通信方式时，应使用数字签名/公证机制以实现不可否认服务。

6. 通信业务填充机制

通信业务填充机制能用来提供各种不同级别的保护，以对抗通信业务分析攻击。这种机制产生伪造的信息流并填充协议数据单元以达到固定长度，从而有效地防止流量分析。只有当信息流受加密保护时，本机制才有效。

7. 路由选择机制

路由能动态地或预定地选取，以便只使用物理上安全的子网络、中继站或链路；在检测到持续的操作攻击时，端系统可以指示网络服务的提供者经不同的路由建立连接；带有某些安全标记的数据可能被安全策略禁止通过某些子网络、中继站或链路。

路由选择机制提供动态路由选择或预置路由选择。连接的起始端（或无连接数据单元的发送方）可提出路由申请，请求特定子网、链路或中继站。端系统根据检测到的持续攻击网络通信的情况，动态地选择不同的路由，指示网络服务的提供者建立连接。根据安全策略，禁止带有安全标号的数据通过一般的（不安全的）子网、链路或中继站。

8. 公证机制

公证机制确证两个或多个实体之间数据通信的特征：数据的完整性、源点、终点及收发时间。这种保证由通信实体信赖的第三方（公证员）提供。在可检测方式下，公证员掌握用于确证的必要信息。公证机制还使用数字签名、加密和完整性服务。

除以上8种基本的安全机制外，还有一些辅助的安全机制。它们不明确对应于任何特定的层次和服务，但其重要性直接与系统要求的安全等级有关。

- 可信功能。系统的软硬件应是可信的。表明可信的方法包括形式证明法、检验和确认、对攻击的检测和记录，以及在安全环境中由可信成员构造实体。
- 安全标签。给资源（包括数据项）附上安全标签，表示其安全敏感程度。安全标签可以是与数据传输有关的附加数据，也可以是隐含的数据（如特定的密钥）。
- 事件检测。包括检测与安全有关的事件（如违反安全的事件、特定的选择事件、事件计数溢出等）以及检测"正常"事件（如一次成功的访问）。
- 安全审计跟踪。独立地回顾和检查系统有关的记录和活动以测试系统控制的充分性；提供违反安全性的检测与调查，保证已建立的安全策略和操作过程的一致性；帮助损害评估并推荐有关改进系统控制、安全策略和操作过程的指示。
- 安全恢复。受理事件检测处理和管理职能机制的请求，并且应用一组规则来采取恢复行动。恢复行动有3种：一是立即行动，立刻中止操作，如切断连接；二是暂时行动，使实体暂时失效；三是长期行动，使实体进入"空白表"或改变密钥。

表1-2给出了安全服务和安全机制的关系。

表1-2　安全服务和安全机制的关系

服　　务	机　　　制							
	加密	数字签名	访问控制	数据完整性	鉴别交换	通信业务填充	路由选择	公证
对等实体鉴别	Y	Y			Y			
数据源鉴别	Y	Y						
访问控制			Y					
保密性	Y						Y	
流量保密性	Y					Y	Y	
数据完整性	Y	Y		Y				
不可否认性		Y		Y				Y
可用性				Y	Y			

注：Y表示该服务应包含在该层的标准中以供选择，空白则表示不提供这种服务。

1.4　网络安全防护体系

网络安全防护体系是在安全技术集成的基础上依据一定的安全策略建立起来的。

1.4.1　网络安全策略

网络安全策略是网络安全系统的灵魂与核心，是在一个特定的环境里为保证提供一定级别的安全保护所必须遵守的规则集合。网络安全策略的提出是为了实现各种网络安全技术的有效集成,构建可靠的网络安全系统。

网络安全策略主要包含 5 方面的策略。

1. 物理安全策略

物理安全策略的目的是保护计算机系统、网络服务器、打印机等硬件实体和通信链路免受自然灾害及人为破坏;验证用户的身份和使用权限,防止用户越权操作;确保计算机系统有一个良好的电磁兼容工作环境;建立完备的安全管理制度,防止非法进入计算机控制室和各种偷窃、破坏活动的发生。

2. 访问控制策略

访问控制是网络安全防范和保护的主要策略,它的主要任务是保证网络资源不被非法使用和访问。它也是维护网络系统安全和保护网络资源的重要手段。

3. 防火墙策略

防火墙是阻止网络中的黑客访问某个机构网络的屏障,也可以称为控制进出两个方向通信的门槛。它在网络边界上通过建立起来的相应网络通信监控系统来隔离内部和外部网络,以阻挡外部网络的侵入。

4. 信息加密策略

信息加密的目的是保护网内的数据、文件、口令和控制信息,保护网上传输的数据。

5. 网络安全管理策略

在网络安全中,除采用上述技术措施外,加强网络的安全管理和制定有关规章制度对于确保网络安全、可靠地运行将起到十分有效的作用。网络安全管理策略包括确定安全管理等级和安全管理范围、制定有关网络操作使用规程和人员出入机房管理制度、制定网络系统的维护制度和应急措施等。

1.4.2　网络安全体系

网络安全体系由网络安全技术体系、网络安全组织体系和网络安全管理体系三部分组成,三者相辅相成。只有协调好三者的关系,才能有效地保护网络的安全。

1. 网络安全技术体系

网络安全技术体系由物理安全、计算机系统平台安全、通信安全和应用系统安全组成。

1) 物理安全

通过机械强度标准的控制,使信息系统所在的建筑物、机房条件及硬件设备条件满足信息系统的机械防护安全;通过采用电磁屏蔽机房、光通信接入或相关电磁干扰措施降低或消除信息系统硬件组件的电磁发射造成的信息泄露;提高信息系统组件的接收灵敏度和滤波能力,使信息系统组件具有抗击外界电磁辐射或噪声干扰的能力而保持正常运行。

除机械防护、电磁防护安全机制外,物理安全还包括限制非法接入、抗摧毁、报警、恢复、应急响应等多种安全机制。

2) 计算机系统平台安全

计算机系统平台安全指计算机系统能够提供的硬件安全服务与操作系统安全服务。

计算机系统在硬件上主要通过存储器安全机制、运行安全机制和 I/O 安全机制提供一个可信的硬件环境，实现其安全目标。

操作系统的安全是通过身份识别、访问控制、完整性控制与检查、病毒防护、安全审计等机制的综合使用，为用户提供可信的软件计算环境。

3）通信安全

ISO 7498-2 是一个开放互连系统的安全体系结构。它定义了许多术语和概念，并且建立了一些重要的结构性准则。OSI 安全体系通过技术管理将安全机制提供的安全服务分别或同时对应到 OSI 协议层的一层或多层上，为数据、信息内容和通信连接提供机密性、完整性安全服务，为通信实体、通信连接和通信进程提供身份鉴别安全服务。

4）应用系统安全

应用级别的系统千变万化，而且各种新应用在不断推出，因此相应的应用级别的安全不像通信或计算机系统安全体系那样容易统一到一个框架结构之下。对应用而言，将采用一种新思路，把相关系统分解为若干事务来实现，使事务安全成为应用安全的基本组件。通过实现通用事务的安全协议组件以及提供特殊事务安全所需的框架和安全运算支撑，推动在不同应用中采用同样的安全技术。

先进的网络安全技术是安全的根本保证。用户对自身面临的威胁进行风险评估，决定所需的安全服务种类并选择相应的安全机制，再集成先进的安全技术，从而形成一个可信赖的安全系统。

2. 网络安全组织体系

网络安全组织体系是为实现一定的网络安全战略目标而组建形成的承担网络安全工作任务及职责的组织系统的总称。进而言之，网络安全组织体系是多个网络安全组织按照一定的关系汇集形成的一套组织系统，实质上是网络安全机构体系与职能体系的总称。网络安全组织体系是网络安全保障体系的重要组成部分，其建设是信息安全基础设施建设的内容之一。建立一套政府主导、高度协调、高效运行的网络安全组织体系对于国家信息安全保障事业具有十分重要的意义。

当前，我国政府网络安全组织体系形成了两套子系统：一是国家信息安全管理、协调或服务组织系统。这套系统具有信息安全的国家管理、协调与社会服务职能，主要包括中央到地方各级党委和政府办公厅系统、工业和信息化系统、公安系统、安全系统及其所属的信息安全工作专门实体或虚体机构。这套系统具有对外管理与服务职能，肩负指导和领导职能。二是各政府机构内设的专门承担信息安全管理或服务工作的实体或虚体机构。这套系统不具有国家管理与社会服务职能，只承担政府机构内部的信息安全工作，负责执行落实第一个子系统提出的战略目标与工作。

我国政府网络安全组织体系虽基本能满足实际工作的需要，但相对于信息化及信息安全事业发展速度而言，明显表现出适应性、动态性与灵活性等方面的不足。依照我国实际情况并参考国外网络安全组织体系建设经验发展完善政府网络安全组织体系是目前信息安全领域面临的重要任务之一。

3. 网络安全管理体系

面对网络安全的脆弱性，除在网络设计上增加安全服务功能和完善系统的安全保密措施外,还必须花大力气加强网络的安全管理。网络安全管理体系由法律管理、制度管理和培训管理 3 部分组成。

（1）法律管理。

法律管理是根据相关的国家法律、法规对信息系统主体及其与外界关联行为的规范和约束。法律管理具有对信息系统主体行为的强制性约束力,并且有明确的管理层次性。与安全有关的法律法规是信息系统安全的最高行为准则。

（2）制度管理。

制度管理是信息系统内部依据国家、团体的安全需求制定的一系列内部规章制度,主要内容包括安全管理和执行机构的行为规范、岗位设定及其操作规范、岗位人员的素质要求及行为规范、内部关系与外部关系的行为规范等。制度管理是法律管理的形式化、具体化,是法律、法规与管理对象的接口。

（3）培训管理。

培训管理是确保信息系统安全的前提,其内容包括法律法规培训、内部制度培训、岗位操作培训、普通安全意识和岗位相关的重点安全意识相结合的培训、业务素质与技能技巧培训等。培训的对象不仅包括从事安全管理和业务的人员,还应包括信息系统有关的所有人员。

思 考 题

1. 当前网络安全形势严峻的主要原因有哪些？
2. 计算机网络安全的概念是什么？网络安全有哪几个特征？各特征的含义是什么？
3. 简述在网络体系结构的不同层次中可以采取的典型安全措施。
4. OSI 安全体系结构涉及哪些方面？
5. 列出并简要定义被动和主动安全攻击的分类。
6. OSI 的安全服务和安全机制都有哪几项？安全机制和安全服务是什么关系？
7. 什么是网络安全策略？主要包括哪些方面的策略？
8. 网络安全体系包括哪几部分？各部分又由哪些方面组成？

第 2 章

数 据 加 密

课程思政

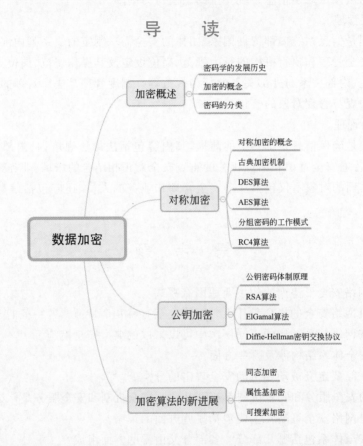

导　读

密码学是实现网络安全服务和安全机制的基础,是网络安全的核心技术,在网络安全领域具有不可替代的重要地位。密码技术已经从最初仅能够提供机密性发展到提供完整性、真实性、不可否认性等属性,成为安全的核心基础技术。

在历史上,密码学仅关注加密和解密,主要用于保密通信,即如何对数据进行变换以在不安全的通信信道上提供安全通信。然而,从 20 世纪 70 年代开始,密码学得到了更深入和广泛的发展,密码学概念的外延被大大扩展,不仅包含加密机制,诸如哈希函数、消息认证码、数字签名、零知识证明、安全多方计算等也被认为属于密码学的范畴。当然,加密机制一直都是密码学的核心问题。

本章介绍常见的加密机制。需要注意的是,本章中出现的"密码"一词有的是传统意义上的(仅指加密),有的则是现代意义上的,请结合上下文予以仔细区分。

2.1 加 密 概 述

2.1.1 密码学的发展历史

密码学的发展大致可以分成 3 个阶段。

- 第一个阶段从几千年前到 1949 年。这一阶段通常被称为古典密码时期。总体来说,这一时期的加密方法都是非常朴素、原始的,没有系统的理论和方法;基本上依靠人工和简单机械对信息进行加密、传输和破译。这一时期的密码技术与其说是科学,不如说更像一种艺术。密码学家通常凭借自己的直觉和灵感设计加密机制,而密码分析者同样基于直觉和经验进行破译和分析工作。

- 第二个阶段从 1949 年到 1975 年。1949 年,信息论的奠基人 C. Shannon 发表了一篇著名的文章《保密系统的通信理论》,为对称密码技术的发展奠定了理论基础,使密码学成为一门真正的科学。到 20 世纪六七十年代,随着电子技术、信息技术以及代数结构、可计算理论和计算复杂度理论的发展,密码学正式步入现代密码学阶段。这同时也是一个计算机密码学的阶段,电子计算机成为对信息进行加密、传输和破译的主要工具。这一阶段密码学的研究非常活跃,它和计算机科学的蓬勃发展是密切相关的。

- 第三个阶段从 1976 年至今。1976 年,Diffie 和 Hellman 发表了《密码学的新方向》一文,开创了公钥密码技术的新纪元,引发了密码学发展史上的一场革命。1978 年,Rivest、Shamir 和 Adleman 公布了 RSA 密码体制,这是第一个实用的公钥加密机制,可用于加密和数字签名,对计算机安全和通信产生了巨大影响。随着计算机网络在人类社会生活中的日益普及,密码学的应用也随之扩大,消息鉴别、数字签名、身份认证等都是由密码派生出来的新技术和新应用。

2.1.2 加密的基本概念

在密码学中,原始的消息称为明文,而加密后的消息称为密文。将明文变换成密文以使非授权用户不能获取原始信息的过程称为加密;从密文恢复明文的过程称为解密。明文到密文的变换法则(即加密方案)称为加密算法;而密文到明文的变换法则称为解密算法。加/解密过程中使用的明文、密文以外的其他参数称为密钥。

加密机制的模型如图 2-1 所示。

用于加解密并能够解决网络安全中机密性、完整性、可用性、不可否认性和真实性等问题中的一个或几个的系统称为密码体制。密码体制可以定义为一个五元组 (P, C, K, E, D)。

- P 称为明文空间,是所有可能的明文构成的集合。
- C 称为密文空间,是所有可能的密文构成的集合。
- K 称为密钥空间,是所有可能的密钥构成的集合。
- E 和 D 分别表示加密算法和解密算法的集合,它们满足:对每一个 $k \in K$,必然

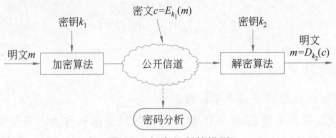

图 2-1　加密机制的模型

存在一个加密算法 $e_k \in E$ 和一个解密算法 $d_k \in D$，使得对任意 $m \in P$，恒有

$$d_k(e_k(m)) = m。$$

从技术上说，一个密码体制的安全性取决于所使用的密码算法的强度。对一个密码体制来说，如果无论攻击者获得多少可使用的密文，都不足以唯一地确定由该体制产生的密文所对应的明文，则该密码体制是无条件安全的。除了一次一密，其他所有的加密算法都不是无条件安全的。因此，实际应用中的加密算法应该尽量满足以下标准。

- 破译密码的代价超出密文信息的价值。
- 破译密码的时间超出密文信息的有效生命期。

满足上述两条标准的加密体制是计算上安全的。对于一个计算上安全的密码体制，虽然理论上可以破译它，但是由获得的密文以及某些明文-密文对来确定明文却需要付出巨大代价，因而不能在希望的时间内或实际可能的条件下求出准确答案。

对于密码体制来说，一般有两种攻击方法。

- 密码分析攻击。攻击依赖于加密/解密算法的性质和明文的一般特征或某些明文-密文对。这种攻击企图利用算法的特征来恢复出明文或者推导出使用的密钥。
- 穷举攻击。攻击者对一条密文尝试所有可能的密钥，直到把它转换为可读的、有意义的明文。

根据攻击者掌握的信息，可将密码分析攻击分成 4 种类型，如表 2-1 所示。

表 2-1　密码分析攻击

攻击类型	密码分析者已知的信息
唯密文攻击	• 加密算法 • 要解密的密文
已知明文攻击	• 加密算法 • 要解密的密文 • 用（与待解的密文）同一密钥加密的一个或多个明文-密文对
选择明文攻击	• 加密算法 • 要解密的密文 • 分析者选择的明文以及对应的密文（与待解的密文使用同一密钥加密）
选择密文攻击	• 加密算法 • 要解密的密文 • 分析者有目的地选择的一些密文以及对应的明文（与待解的密文使用同一密钥解密）

(1) 唯密文攻击。攻击者在仅已知密文的情况下企图对密文进行解密。这种攻击是最容易防范的,因为攻击者拥有的信息量最少。

(2) 已知明文攻击。攻击者获得了一些密文信息及其对应的明文,也可能知道某段明文信息的格式等。例如,特定领域的消息往往有标准化的文件头。

(3) 选择明文攻击。攻击者可以选择某些他认为对攻击有利的明文并获取其相应的密文。如果分析者能够通过某种方式让发送方在发送的信息中插入一段由他选择的信息,那么选择明文攻击就有可能实现。

(4) 选择密文攻击。密码攻击者事先搜集一定数量的密文,让这些密文通过被攻击的加密算法解密,从而获得解密后的明文。

以上几种攻击的强度依次增强。如果一个密码体制能够抵抗选择密文攻击,则它能抵抗其余 3 种攻击。

使用计算机来对所有可能的密钥组合进行测试,直到有一个合法的密钥能够把密文还原成明文,这就是穷举攻击。平均来说,要获得成功必须尝试所有可能密钥的一半。

2.1.3　密码的分类

根据不同标准,可将密码体制分成不同的类型。

(1) 根据加解密是否使用相同的密钥,可分为对称密码和非对称密码。

加密和解密都是在密钥的作用下进行的。对称密码体制也称为单钥密码体制、秘密密钥密码体制,而非对称密码体制也称为公钥(公开密钥)密码体制。在对称密码体制中,加密和解密使用完全相同的密钥,或者加密密钥和解密密钥彼此之间非常容易推导。在公钥密码体制中,加密和解密使用不同的密钥,而且由其中一个推导另一个是非常困难的。这两个不同的密钥往往其中一个是公开的,而另一个则是秘密的。

(2) 根据明文加密时处理单元的长度,可分为分组密码和流密码。

在分组密码体制中,加密时首先将明文序列依固定长度分组,每个明文分组用相同的密钥和算法进行变换,得到一组密文。分组密码是以分组为单位,在密钥控制下进行一系列的线性和非线性变化而得到密文的,变换过程中重复地使用代换和置换两种基本加密变化技术。分组密码具有良好的扩散性、较强的适应性、对插入信息的敏感性等特点。

在流密码体制中,加密和解密每次只处理数据流的一个符号(如一个字符或一比特)。典型的流密码算法每次加密 1 字节的明文。加密过程中,首先把报文、语音、图像、数据等原始明文转换成明文序列;然后将密钥输入一个伪随机数(比特)发生器,该伪随机数发生器产生一串随机的 8 比特数,称为密钥流或密钥序列;最后将明文序列与密钥序列进行异或(XOR)操作产生密文流。解密需要使用相同的密钥序列与密文相异或,得到明文。

流密码类似于"一次一密",不同的是"一次一密"使用的是真正的随机数流,而流密码使用的是伪随机数流。通过设计合适的伪随机数发生器,流密码可以提供与相应密钥长度分组密码相当的安全性。相对于分组密码,流密码的主要优点是速度更快而且需要编写的代码更少。

教学课件

教学视频

2.2　对　称　加　密

2.2.1　对称加密的概念

对称加密的模型如图 2-2 所示，共包括 5 个成分。

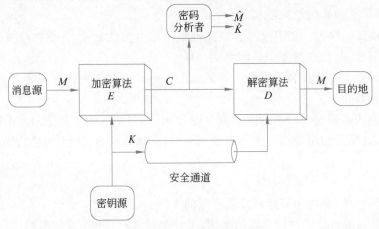

图 2-2　对称加密的模型

- 明文。原始的信息，也就是需要被密码保护的信息，是加密算法的输入。
- 加密算法。加密算法对明文进行各种变换，使之成为不可读的形式。
- 密钥。密钥也是加密算法的输入，它独立于明文。算法将根据所用的特定密钥而产生不同的输出。
- 密文。作为加密算法的输出，看起来像是完全随机而杂乱的数据，依赖于明文和密钥。密文是随机的数据流，并且其意义是不可理解的。
- 解密算法。本质上是加密算法的逆运算，可以从加密过的信息中得到原始信息。

如图 2-2 所示，发送方产生明文 M 并产生一个密钥 K。通过某种安全通道，发送方将密钥告知接收方。另一种方法是由双方共同信任的第三方生成密钥后再安全地分发给发送方和接收方。

加密算法 E 根据明文 M 和密钥 K 生成密文 C。

$$C = E(K, M)$$

该式表明密文 C 是明文 M 和密钥 K 的函数。对于给定的明文，不同的密钥将产生不同的密文。

拥有密钥 K 的期望接收者可以执行解密算法 D 以从密文中恢复明文。

$$M = D(K, C)$$

一般情况下，加密算法 E 和解密算法 D 是公开的，并且密码攻击者知道可以通过相对较小的努力获得密文 C。但是密码攻击者并不知道 K 和 M，而企图得到 K 和 M 或者二者之一。因此，密码分析者将通过计算密钥的估计值 $\hat{K}$ 来恢复 K，计算明文的估计值 $\hat{M}$ 来恢复 M。

为保证通信的安全性,对称密码体制要满足如下两个要求。

- 加密算法具有足够的强度,即破解的难度足够高。即使攻击方拥有一定数量的密文和产生这些密文的明文,他(或她)也不能破译密文或发现密钥。算法强度除依赖算法本身外,还依赖密钥的长度。密钥越长,则强度越高。
- 发送者和接收者必须能够通过某种安全的方法获得密钥,并且密钥也是安全的。一般来讲,加密和解密的算法都是公开的。如果攻击者掌握了密钥,那么就能读出使用该密钥加密的所有通信。

2.2.2　古典密码体制

古典密码时期的密码技术算不上真正的科学。那时的密码学家凭借直觉进行密码分析和设计,以手工方式(最多是借助简单器具)来完成加密和解密操作。这样的密码技术称为古典密码体制。

古典密码技术以字符为基本加密单元,大多比较简单,经受不住现代密码分析手段的攻击,因此已很少使用。但是,在漫长的发展演化过程中,古典密码学充分体现了现代密码学的两大基本思想(置换和代换),还将数学的方法引入密码分析和研究中,这为后来密码学成为系统的学科以及相关学科的发展奠定了坚实的基础。研究古典密码有助于理解、分析和设计现代密码技术。

对于古典密码,有如下约定:加解密时忽略空格和标点符号。这是因为如果保留空格和标点,密文会保持明文的结构特点,为攻击者提供便利;而解密时正确地还原这些空格和标点符号是非常容易的。

1. 置换技术

对明文字母(字符、符号)按某种规律进行位置的交换而形成密文的技术称为置换。置换加密技术对明文字母串中的字母位置进行重新排列,而每个字母本身并不改变。在置换密码体系中,为了通信安全性,必须保证仅有发送方和接收方知道加密置换和对应的解密置换。

1) 栅栏密码

栅栏技术是最简单的置换技术。它把要加密的明文分成 N 个一组,然后把每组的第一个字符连起来组成第一行,再把每组的第二个字符连起来组成第二行,以此类推,最后把各行连在一起。本质上,是把明文字母一列一列(列高就是 N)地组成一个矩阵,然后一行一行地读出。

如果令 $N=2$,则是最常见的 2 线栅栏。假设明文如下。

THE LONGEST DAY MUST HAVE AN END

去除空格后,两两组成一组,得到

TH EL ON GE ST DA YM US TH AV EA NE ND

取每组的第一个字母,得到

TEOGSDYUTAENN

再取每组的第二个字母,得到

HLNETAMSHVAED

连在一起就是最终的密文。

TEOGSDYUTAENNHLNETAMSHVAED

而解密的方式则是进行一次逆运算。先将密文分为两行。

T E O G S D Y U T A E N N

H L N E T A M S H V A E D

再按列读出，组合成一句话。

THE LONGEST DAY MUST HAVE AN END

一种更复杂的方案是：把消息按固定长度分组，每组写成一行，则整个消息被写成一个矩形块，然后按列读出，但把列的次序打乱。列的次序就是算法的密钥。例如

密钥：3421567

明文：attackp

ostpone

duntilt

woamxyz

密文：ttnaaptmtsuoaodwcoixknlypetz

单纯的置换密码加密得到的密文有着与原始明文相同的字母频率特征，因而较容易被识破。而且，双字母音节和三字母音节分析办法更是破译这种密码的有力工具。

2）多步置换密码

多步置换密码相对来讲要更复杂，这种置换是不容易构造出来的。前面那条消息用相同算法再加密一次。

密钥：3421567

明文：ttnaapt

mtsuoao

dwcoixk

nlypetz

密文：nscyauopttwltmdnaoiepaxttokz

经过两次置换，字母的排列已经没有什么明显的规律，因此对密文的分析要困难得多。

2. 代换技术

代换是古典密码中最基本的处理技巧，在现代密码学中也得到了广泛应用。代换法是将明文字母用其他字母、数字或符号替换的一种方法。如果明文是二进制序列，那么代换就是用密文位串来替换明文位串。代换密码要建立一个或多个代换表，加密时将需要加密的明文字母依次通过查表代换为相应的字符。明文字母被逐个代换后生成无意义的字符串，即密文。这样的代换表就是密钥。有了这个密钥，就可以进行加解密。

1）Caesar 密码

人类第一次有史料记载的密码是由 Julius Caesar 发明的 Caesar 密码。Caesar 密码的明文空间和密文空间都是 26 个英文字母的集合，加密算法非常简单，就是对每个字母用它之后的第 3 个字母来代换。例如"veni, vidi, vici"，其意思是"我来，我见，我征服"，是

凯撒征服本都王法那西斯后向罗马元老院宣告的名言。

明文：venividivici

密文：yhalylglylfl

既然字母表是循环的，那么 z 后面的字母是 a。通过列出所有可能，能够定义如下所示的代换表，即密钥。

明文：a b c d e f g h i j k l m n o p q r s t u v w x y z

密文：d e f g h i j k l m n o p q r s t u v w x y z a b c

如果为每一个字母分配一个数值（a 分配 0，b 分配 1，以此类推，z 分配 25）。令 m 代表明文，c 代表密文，则 Caesar 算法能够用如下的公式表示。

$$c = E(3, m) = (m + 3) \bmod 26$$

如果对字母表中的每个字母用它之后的第 k 个字母来代换，而不是固定用后面第 3 个字母，则得到一般的 Caesar 算法。

$$c = E(k, m) = (m + k) \bmod 26$$

这里 k 的取值范围为 1~25，即一般的 Caesar 算法有 25 个可能的密钥。

相应的解密算法为

$$m = D(k, c) = (c - k) \bmod 26$$

如果已知某给定的密文是 Caesar 密码，那么穷举攻击是很容易实现的：只要简单地测试所有 25 种可能的密钥。Caesar 密码的 3 个重要特征使我们可以采用穷举攻击方法。

- 加密和解密算法已知。
- 密钥空间大小只有 25。
- 明文所用的语言是已知的，且其意义易于识别。

2）单表代换密码

Caesar 密码仅有 25 种可能的密钥是很不安全的。通过允许任意代换，密钥空间将急剧增大。Caesar 密码的代换规则（密钥）如下。

明文：a b c d e f g h i j k l m n o p q r s t u v w x y z

密文：d e f g h i j k l m n o p q r s t u v w x y z a b c

如果允许密文行是 26 个字母的任意置换，那么就有 26!（大于 4×10^{26}）种可能的密钥，这应该可以抵挡穷举攻击。这种方法对明文的所有字母采用同一个代换表进行加密，每个明文字母映射到一个固定的密文字母，称为单表代换密码。

例如，密钥短语密码是选一个英文短语作为密钥字或密钥短语，如 HAPPY NEW YEAR，去掉重复字母后得 HAPYNEWR。将它依次写在明文字母表之下，而后再将字母表中未在短语中出现过的字母依次写于此短语之后，就可构造出一个字母代换表，即明文字母表到密文字母表的映射规则，如下所示。

a b c d e f g h i j k l m n o p q r s t u v w x y z

H A P Y N E W R B C D F G I J K L M O Q S T U V X Z

若明文为

C a s e a r　c i p h e r　i s　a　s h i f t　s u b s t i t u t i o n

则密文为

PHONHM PBKRNM BO H ORBEQ OSAOQBQSQBJI

不过,攻击办法仍然存在。如果密码分析者知道明文(例如未经压缩的英文文本)的属性,就可以利用语言的一些规律进行攻击。例如,首先把密文中字母使用的相对频率统计出来,然后与英文字母的使用频率分布进行比较。如果已知消息足够长,只用这种方法就够了。即使已知消息相对较短,不能得到准确的字母匹配,密码分析者也可以推测可能的明文字母与密文字母的对应关系,并且结合其他规律推测字母代换表。另一种方法是统计密文中双字母组合的频率,然后与明文的双字母组合频率相对照,以此来寻找明文和密文的对应关系。

3) 多表代换密码

单表代换密码带有原始字母使用频率的一些统计学特性,较容易被攻破。一种对策是对每个明文字母提供多种代换,即对明文消息采用多个不同的单表代换。这种方法一般称为多表代换密码。例如字母 e 可以替换成 16、74、35 和 21 等,循环或随机地选取其中一个即可。如果为每个明文元素(字母)分配的密文元素(如数字等)的个数与此明文元素的使用频率成一定比例关系,那么使用频率信息就完全被隐藏起来。

所有多表代换方法都有以下共同特征。

• 采用多个相关的单表代换规则集。

• 由密钥决定使用的具体代换规则。

多表代换密码引入了"密钥"的概念,由密钥来决定使用哪一个具体的代换规则。此类算法中最著名且最简单的是 Vigenere 密码。它的代换规则集由 26 个类似 Caesar 密码的代换表组成,其中每个代换表是对明文字母表移位 0~25 次后得到的。每个密码代换表由一个密钥字母来表示,若这个密钥字母用来代换明文字母 a,则移位 3 次的 Caesar 密码由密钥值 d 来代表。Vigenere 密码表如图 2-3 所示。

最左边一列是密钥字母,顶部一行是明文的标准字母表,26 个密码水平置放。加密过程很简单,例如给定密钥字母 x 和明文字母 y,密文字母是位于 x 行和 y 列的那个字母。

加密一条消息需要与消息一样长的密钥。通常,密钥是一个密钥词的重复,例如密钥词是 relations,那么消息 to be or not to be that is the question 将被这样加密。

密钥：relationsrelationsrelationsrel

明文：tobeornottobethatisthequestion

密文：ksmehzbblksmempogajxsejcsflzsy

解密同样简单,密钥字母决定行,密文字母所在列的顶部字母就是明文字母。

这种密码的强度在于每个明文字母对应着多个密文字母,且每个使用唯一的字母,因此字母出现的频率信息被隐藏,抗攻击性大大增强。历史上以 Vigenere 密码表为基础又演变出很多种加密方法,其基本元素无非是密表和密钥,并且一直沿用到第二次世界大战以后的初级电子密码机上。

4) Hill 密码

Hill 密码是另一种著名的多表代换密码,运用了矩阵论中线性变换的原理,由 Lester S. Hill 在 1929 年发明。

明文 密钥	a	b	c	d	e	f	g	h	i	j	k	l	m	n	o	p	q	r	s	t	u	v	w	x	y	z
a	A	B	C	D	E	F	G	H	I	J	K	L	M	N	O	P	Q	R	S	T	U	V	W	X	Y	Z
b	B	C	D	E	F	G	H	I	J	K	L	M	N	O	P	Q	R	S	T	U	V	W	X	Y	Z	A
c	C	D	E	F	G	H	I	J	K	L	M	N	O	P	Q	R	S	T	U	V	W	X	Y	Z	A	B
d	D	E	F	G	H	I	J	K	L	M	N	O	P	Q	R	S	T	U	V	W	X	Y	Z	A	B	C
e	E	F	G	H	I	J	K	L	M	N	O	P	Q	R	S	T	U	V	W	X	Y	Z	A	B	C	D
f	F	G	H	I	J	K	L	M	N	O	P	Q	R	S	T	U	V	W	X	Y	Z	A	B	C	D	E
g	G	H	I	J	K	L	M	N	O	P	Q	R	S	T	U	V	W	X	Y	Z	A	B	C	D	E	F
h	H	I	J	K	L	M	N	O	P	Q	R	S	T	U	V	W	X	Y	Z	A	B	C	D	E	F	G
i	I	J	K	L	M	N	O	P	Q	R	S	T	U	V	W	X	Y	Z	A	B	C	D	E	F	G	H
j	J	K	L	M	N	O	P	Q	R	S	T	U	V	W	X	Y	Z	A	B	C	D	E	F	G	H	I
k	K	L	M	N	O	P	Q	R	S	T	U	V	W	X	Y	Z	A	B	C	D	E	F	G	H	I	J
l	L	M	N	O	P	Q	R	S	T	U	V	W	X	Y	Z	A	B	C	D	E	F	G	H	I	J	K
m	M	N	O	P	Q	R	S	T	U	V	W	X	Y	Z	A	B	C	D	E	F	G	H	I	J	K	L
n	N	O	P	Q	R	S	T	U	V	W	X	Y	Z	A	B	C	D	E	F	G	H	I	J	K	L	M
o	O	P	Q	R	S	T	U	V	W	X	Y	Z	A	B	C	D	E	F	G	H	I	J	K	L	M	N
p	P	Q	R	S	T	U	V	W	X	Y	Z	A	B	C	D	E	F	G	H	I	J	K	L	M	N	O
q	Q	R	S	T	U	V	W	X	Y	Z	A	B	C	D	E	F	G	H	I	J	K	L	M	N	O	P
r	R	S	T	U	V	W	X	Y	Z	A	B	C	D	E	F	G	H	I	J	K	L	M	N	O	P	Q
s	S	T	U	V	W	X	Y	Z	A	B	C	D	E	F	G	H	I	J	K	L	M	N	O	P	Q	R
t	T	U	V	W	X	Y	Z	A	B	C	D	E	F	G	H	I	J	K	L	M	N	O	P	Q	R	S
u	U	V	W	X	Y	Z	A	B	C	D	E	F	G	H	I	J	K	L	M	N	O	P	Q	R	S	T
v	V	W	X	Y	Z	A	B	C	D	E	F	G	H	I	J	K	L	M	N	O	P	Q	R	S	T	U
w	W	X	Y	Z	A	B	C	D	E	F	G	H	I	J	K	L	M	N	O	P	Q	R	S	T	U	V
x	X	Y	Z	A	B	C	D	E	F	G	H	I	J	K	L	M	N	O	P	Q	R	S	T	U	V	W
y	Y	Z	A	B	C	D	E	F	G	H	I	J	K	L	M	N	O	P	Q	R	S	T	U	V	W	X
z	Z	A	B	C	D	E	F	G	H	I	J	K	L	M	N	O	P	Q	R	S	T	U	V	W	X	Y

图 2-3　Vigenere 密码表

　　每个字母指定为一个二十六进制数字：$a=0, b=1, c=2, \cdots, z=25$。$m$ 个连续的明文字母被看作 m 维向量，与一个 $m \times m$ 的加密矩阵相乘，再将得出的结果模 26，得到 m 个密文字母；即 m 个连续的明文字母作为一个单元，被转换成等长的密文单元。注意加密矩阵（即密钥）必须是可逆的，否则就不可能译码。

　　例如 $m=4$，该密码体制可以描述为

$$\begin{bmatrix} c_1 \\ c_2 \\ c_3 \\ c_4 \end{bmatrix} = \begin{bmatrix} k_{11} & k_{12} & k_{13} & k_{14} \\ k_{21} & k_{22} & k_{23} & k_{24} \\ k_{31} & k_{32} & k_{33} & k_{34} \\ k_{41} & k_{42} & k_{43} & k_{44} \end{bmatrix} \begin{bmatrix} p_1 \\ p_2 \\ p_3 \\ p_4 \end{bmatrix} \bmod 26$$

或

$$C = E(K, P) = KP \bmod 26$$

其中，C 和 P 是长度为 4 的列向量，分别代表密文和明文；K 是一个 4×4 矩阵，代表加密矩阵。运算按模 26 执行。

例如，对明文 cost 用矩阵表示为 $[2\ 14\ 18\ 19]^T$（T 代表矩阵转置）。假设加密密钥为

$$K = \begin{bmatrix} 1 & 3 & 5 & 7 \\ 10 & 4 & 6 & 8 \\ 2 & 3 & 6 & 9 \\ 11 & 12 & 8 & 5 \end{bmatrix}$$

则加密运算为

$$C = K\ [2\quad 14\quad 18\quad 19]^T = [3\quad 10\quad 9\quad 23]^T$$

即密文是字符串 dkjx。

解密则需要用到矩阵 K 的逆，K^{-1} 由等式 $KK^{-1} = K^{-1}K = I$ 定义，其中 I 是单位矩阵。

$$P = D(K, P) = K^{-1}C \bmod 26$$

Hill 密码的优点是完全隐蔽了单字母频率特性。实际上，Hill 密码采用的矩阵越大，所隐藏的频率信息就越多。而且，Hill 密码的密钥采用矩阵形式，因此不仅隐藏了单字母的频率特性，还隐藏了双字母的频率特性。

3. 古典密码分析

在古典密码中，大多数算法都不能很好地抵抗对密钥的穷举攻击，因为其密钥空间相对都不大。

在一定条件下，古典密码体制中的任何一种都可以被破译。古典密码对已知明文攻击是非常脆弱的。即使用唯密文攻击，大多数古典密码也很容易被攻破。原因在于古典密码多用于保护英文表达的明文信息，而大多数古典密码都不能很好地隐藏明文消息的统计特征，英文的语言统计特性就成为攻击者的有力工具。

以单表代换为例。单表代换密码允许字母进行任意代换，密钥空间非常大，有 26! 种可能的密钥。因此，对单表代换密码进行密钥穷举攻击在计算上是不可行的。但是，自然语言（英文）的词频规律等统计特性在密文中很好地被保持，而英文语言的统计特性是公开的，这对破译非常有用。破译中经常使用的英文语言的统计特性是单字母出现频率、双字母组合出现频率、重合指数等。例如，在英文语言中，字母 e 出现的频率最高，接下来是 t、a、o 等。出现频率较高的双字母组合有 th、he、er 等。经过大量统计，人们总结出了英文中单字母出现的频率，如表 2-2 所示。

在仅有密文的情况下，攻击者可以通过如下步骤进行破译。

第 1 步：统计密文中每个字母出现的频率。

第 2 步：从出现频率最高的几个字母开始，并且结合双字母组合、三字母组合出现频率，假定它们是英文中出现频率较高的字母和字母组合所对应的密文，逐步试探和推测各密文字母对应的明文字母。

第 3 步：重复第 2 步的试探，直到得到有意义的英文词句和段落。

表 2-2 英文字母出现频率统计

A	B	C	D	E	F	G
0.0856	0.0139	0.0279	0.0378	0.1304	0.0289	0.0199
H	**I**	**J**	**K**	**L**	**M**	**N**
0.0518	0.0627	0.0013	0.0042	0.0339	0.0249	0.0707
O	**P**	**Q**	**R**	**S**	**T**	**U**
0.0797	0.0199	0.0012	0.0677	0.0607	0.1045	0.0269
V	**W**	**X**	**Y**	**Z**		
0.0092	0.0149	0.0017	0.0199	0.0008		

4. 一次一密

有一种理想的加密方案叫作一次一密,由 Major Joseph Mauborgne 和 AT&T 公司的 Gilbert Vernam 在 1917 年发明。一次一密使用与消息等长且无重复的随机密钥来加密消息,另外密钥只对一个消息进行加解密,之后丢弃不用。每一条新消息都需要一个与其等长的新密钥。

具体来讲,发送方维护一个密码本,密码本保存一个足够长的密钥序列(该密钥序列中的每一项都是按照均匀分布规则随机地从一个字符表中选取的,即满足真随机性)。这个真随机的密钥序列需要双方事先协商好并各自秘密保存。每次通信时,发送方首先从密码本的密钥序列最前端选择一个与待发送消息长度相同的一段作为密钥,然后用密钥中的字符依次加密消息中的每个字母,加密方式是将明文字母串和密钥进行逐位异或。加密完成后,发送方把密钥序列中刚使用过的这一段销毁。接收方每次收到密文消息后,使用自己保存的密钥序列最前面与密文长度相同的一段作为密钥,对密文进行解密。解密完成后,接收方同样销毁刚刚使用过的这一段密钥。

如果密码本不丢失,一次一密的密文不可能被破解。因为即使有了足够数量的密文样本,每个字符的出现概率都是相等的,每个字母组合出现的概率也是相等的,密文与明文没有任何统计关系。因为密文不包含明文的任何信息,所以无法破解。

一次一密的安全性完全取决于密钥的随机性。如果构成密钥的字符流是真正随机的,那么构成密文的字符流也是真正随机的。因此分析者没有任何攻击密文的模式和规则可用。如果攻击者不能得到用来加密消息的一次一密密码本,则这个方案是完全保密的。

理论上,我们对一次一密已经很清楚。但在实际中,一次一密提供完全的安全性存在两个基本难点。

- 产生大规模随机密钥的实际困难。一次一密需要非常长的密钥序列,这需要相当大的代价去产生、传输和保存,而且密钥不允许重复使用进一步增大了这个困难。实际应用中提供这样规模的真正随机字符是相当艰巨的任务。
- 密钥的分配和保护。对于每一条发送的消息,需要提供给发送方和接收方等长度的密钥。因此,存在庞大的密钥分配问题。

因为存在上面这些困难,所以一次一密在实际中很少使用,而主要用于安全性要求很高的低带宽信道。例如,美国和苏联两国领导人之间的热线电话据说就是用一次一密技术加密的。

2.2.3 DES

1. 算法概要

数据加密标准(Data Encryption Standard,DES)是使用极广泛的密码系统之一,出自IBM公司在20世纪60年代之后一段时间内的计算机密码编码学研究项目,属于分组密码体制。1973年,美国国家标准局(NBS,即现在的美国国家标准和技术研究所(NIST))征求国家密码标准方案,IBM公司将这一研究项目的成果(Tuchman-Meyer方案)提交给NBS并于1977年被采纳为DES。

DES在出现之后的20多年间,在数据加密方面发挥了不可替代的作用。在进入20世纪90年代后,随着软硬件技术的发展,由于密钥长度偏短等缺陷,DES安全性受到严重挑战并不断传出被破译的消息。鉴于此,NIST决定于1998年12月后不再使用DES保护官方机密,只推荐为一般商业应用,并且于2001年11月发布了高级加密标准(AES)以替代DES。无论如何,DES对推动分组密码理论研究和促进分组密码发展做出了重要贡献,而且它的设计思想对分组密码的理论研究和工程应用有着重要参考价值。

DES采用S-P网络结构,分组长度为64位,密钥长度为56位。加密和解密使用同一算法、同一密钥和同一结构。区别是加密和解密过程中16个子密钥的应用顺序相反。

DES加密流程如图2-4所示。对于任意加密方案,共有两个输入:明文和密钥。DES的明文长为64位,密钥长为56位。实际中的明文分组未必为64位,此时要经过填充过程,使得所有分组对齐为64位;解密过程则需要去除填充信息。

在图2-4中,IP表示对64位分组的初始置换(Initial Permutation),L_i、R_i均为32位串,K_i为48位子密钥,由56位种子密钥经过扩展运算得到。加密过程包括3个阶段:首先,64位的明文经过初始置换IP被重新排列;然后进行16轮的迭代过程,每轮的作用中都有置换和代换,最后一轮迭代的输出有64位,它是输入明文和密钥的函数,将其左半部分和右半部分互换产生预输出;最后预输出经过初始逆置换IP^{-1}(与初始置换IP互逆)的作用产生64位的密文。

1) 初始置换IP

初始置换IP及其逆置换IP^{-1}是64位的置换,可表示成表的形式(见图2-5)。置换主要用于对明文中的各位进行换位,目的在于打乱明文中各位的排列次序。在初始置换IP中,具体置换方式是把第58位换到第1位,把第50位换到第2位……把第7位换到第64位。

2) 16轮迭代

DES算法的第二个阶段是16轮的迭代过程,即乘积变换的过程。经过IP变换的64位结果分成两部分(L_0和R_0)作为16轮迭代的输入,其中L_0包含前32位,而R_0包含后32位。密钥K经过密钥扩展算法,产生16个48位的子密钥K_1,K_2,…,K_{16}。每一轮迭代使用一个子密钥,它被称为一个轮变换或轮函数,可以表示为

$$\begin{cases} L_i = R_{i-1} \\ R_i = L_{i-1} \oplus f(R_{i-1}, K_i) \end{cases}, \quad 1 \leqslant i \leqslant 16$$

其中，L_i 与 R_i 长度均为 32 位，i 为轮数，符号 $\oplus$ 为逐位模 2 加，f 为包括代换和置换的一个变换函数，K_i 是第 i 轮的 48 位子密钥。

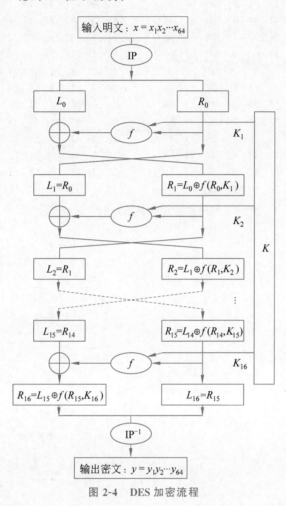

图 2-4 DES 加密流程

注意，整个 16 轮迭代既适用于加密，也适用于解密。

3）初始逆置换 IP^{-1}

DES 算法的第三个阶段是对 16 轮迭代的输出 $R_{16}L_{16}$ 进行初始逆置换，目的是使加解密使用同一种算法。

4）f 函数

f 函数是第二阶段 16 轮迭代过程中轮变换的核心，它是非线性的，是每轮实现混乱和扩散的关键过程。f 函数的结构如图 2-6 所示。f 函数包括 3 个子过程：扩展变换，将 32 位的输入扩展为 48 位；S 盒代换把 48 位的数压缩为 32 位；P 盒置换则是对 32 位的数的置换。

$$\begin{bmatrix} 1 & 2 & 3 & 4 & 5 & 6 & 7 & 8 \\ 9 & 10 & 11 & 12 & 13 & 14 & 15 & 16 \\ 17 & 18 & 19 & 20 & 21 & 22 & 23 & 24 \\ 25 & 26 & 27 & 28 & 29 & 30 & 31 & 32 \\ 33 & 34 & 35 & 36 & 37 & 38 & 39 & 40 \\ 41 & 42 & 43 & 44 & 45 & 46 & 47 & 48 \\ 49 & 50 & 51 & 52 & 53 & 54 & 55 & 56 \\ 57 & 58 & 59 & 60 & 61 & 62 & 63 & 64 \end{bmatrix} \xrightarrow{\text{IP}} \begin{bmatrix} 58 & 50 & 42 & 34 & 26 & 18 & 10 & 2 \\ 60 & 52 & 44 & 36 & 28 & 20 & 12 & 4 \\ 62 & 54 & 46 & 38 & 30 & 22 & 14 & 6 \\ 64 & 56 & 48 & 40 & 32 & 24 & 16 & 8 \\ 57 & 49 & 41 & 33 & 25 & 17 & 9 & 1 \\ 59 & 51 & 43 & 35 & 27 & 19 & 11 & 3 \\ 61 & 53 & 45 & 37 & 29 & 21 & 13 & 5 \\ 63 & 55 & 47 & 39 & 31 & 23 & 15 & 7 \end{bmatrix}$$

$$\begin{bmatrix} 1 & 2 & 3 & 4 & 5 & 6 & 7 & 8 \\ 9 & 10 & 11 & 12 & 13 & 14 & 15 & 16 \\ 17 & 18 & 19 & 20 & 21 & 22 & 23 & 24 \\ 25 & 26 & 27 & 28 & 29 & 30 & 31 & 32 \\ 33 & 34 & 35 & 36 & 37 & 38 & 39 & 40 \\ 41 & 42 & 43 & 44 & 45 & 46 & 47 & 48 \\ 49 & 50 & 51 & 52 & 53 & 54 & 55 & 56 \\ 57 & 58 & 59 & 60 & 61 & 62 & 63 & 64 \end{bmatrix} \xrightarrow{\text{IP}^{-1}} \begin{bmatrix} 40 & 8 & 48 & 16 & 56 & 24 & 64 & 32 \\ 39 & 7 & 47 & 15 & 55 & 23 & 63 & 31 \\ 38 & 6 & 46 & 14 & 54 & 22 & 62 & 30 \\ 37 & 5 & 45 & 13 & 53 & 21 & 61 & 29 \\ 36 & 4 & 44 & 12 & 52 & 20 & 60 & 28 \\ 35 & 3 & 43 & 11 & 51 & 19 & 59 & 27 \\ 34 & 2 & 42 & 10 & 50 & 18 & 58 & 26 \\ 33 & 1 & 41 & 9 & 49 & 17 & 57 & 25 \end{bmatrix}$$

图 2-5　初始置换 IP 与逆置换 IP^{-1}的矩阵表示

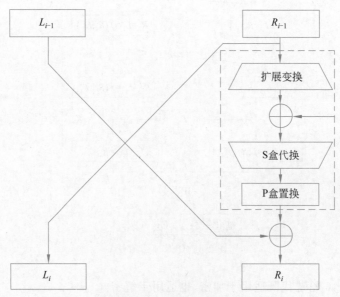

图 2-6　f 函数的结构

（1）扩展变换。

扩展变换又称为 E 变换，其功能是把 32 位扩展为 48 位，是一个与密钥无关的变换。扩展变换将 32 位输入分成 8 组，每组 4 位，经扩展后成为每组 6 位。扩展变换如图 2-7 所示，其中有 16 位出现两次。

扩展变换的结果与子密钥 K_i 进行异或运算，作为 S 盒的输入。

$$
\begin{bmatrix} 1 & 2 & 3 & 4 \\ 5 & 6 & 7 & 8 \\ 9 & 10 & 11 & 12 \\ 13 & 14 & 15 & 16 \\ 17 & 18 & 19 & 20 \\ 21 & 22 & 23 & 24 \\ 25 & 26 & 27 & 28 \\ 29 & 30 & 31 & 32 \end{bmatrix}
\xrightarrow{E}
\begin{bmatrix} 32 & 1 & 2 & 3 & 4 & 5 \\ 4 & 5 & 6 & 7 & 8 & 9 \\ 8 & 9 & 10 & 11 & 12 & 13 \\ 12 & 13 & 14 & 15 & 16 & 17 \\ 16 & 17 & 18 & 19 & 20 & 21 \\ 20 & 21 & 22 & 23 & 24 & 25 \\ 24 & 25 & 26 & 27 & 28 & 29 \\ 28 & 29 & 30 & 31 & 32 & 1 \end{bmatrix}
$$

图 2-7　扩展变换

(2) S 盒代换。

S 盒代换的功能是压缩替换,它把 48 位的输入分成 8 组,每组 6 位。每一个 6 位分组通过查一个 S 盒得到 4 位输出。8 个 S 盒的构造见图 2-8。

每一个 S 盒都是一个 4×16 的矩阵 $\boldsymbol{S} = (s_{ij})$,每行均是整数 $0, 1, 2, \cdots, 15$ 的一个全排列。48 位被分成 8 组,每组都进入一个 S 盒进行替代操作,分组 1→$\boldsymbol{S}_1$,分组 2→$\boldsymbol{S}_2$,以此类推。每个 S 盒都将 6 位输入映射为 4 位输出:给定 6 位输入 $x = x_1 x_2 x_3 x_4 x_5 x_6$,将 $x_1 x_6$ 组成一个 2 位二进制数,对应行号;$x_2 x_3 x_4 x_5$ 组成一个 4 位二进制数,对应列号;行与列的交叉点处的数据即为对应的输出。例如,在 $\boldsymbol{S}_1$ 中,若输入为 011001,则行是 1 (01),列是 12(1100),该处的数值是 9,因此输出为 1001。

$\boldsymbol{S}_1$

14	4	13	1	2	15	11	8	3	10	6	12	5	9	0	7
0	15	7	4	14	2	13	1	10	6	12	11	9	5	3	8
4	1	14	8	13	6	2	11	15	12	9	7	3	10	5	0
15	12	8	2	4	9	1	7	5	11	3	15	10	0	6	13

$\boldsymbol{S}_2$

15	1	8	14	6	11	3	4	9	7	2	13	12	0	5	10
3	13	4	7	15	2	8	14	12	0	1	10	6	9	11	5
0	14	7	11	10	4	13	1	5	8	12	6	9	3	2	15
13	8	10	1	3	15	4	2	11	6	7	12	0	5	14	9

$\boldsymbol{S}_3$

10	0	9	14	6	3	15	5	1	13	12	7	11	4	2	8
13	7	0	9	3	4	6	10	2	8	5	14	12	11	15	1
13	6	4	9	8	15	3	0	11	1	2	12	5	10	14	7
1	10	13	0	6	9	8	7	4	15	14	3	11	5	2	12

$\boldsymbol{S}_4$

7	13	14	3	0	6	9	10	1	2	8	5	11	12	4	15
13	8	11	5	6	15	0	3	4	7	2	12	1	10	14	9
10	6	9	0	12	11	7	13	15	1	3	14	5	2	8	4
3	15	0	6	10	1	13	8	9	4	5	11	12	7	2	14

图 2-8　S 盒的构造

S_5	2	12	4	1	7	10	11	6	8	5	3	15	13	0	14	9
	14	11	2	12	4	7	13	1	5	0	15	10	3	9	8	6
	4	2	1	11	10	13	7	8	15	9	12	5	6	3	0	14
	11	8	12	7	1	14	2	13	6	15	0	9	10	4	5	3

S_6	12	1	10	15	9	2	6	8	0	13	3	4	14	7	5	11
	10	15	4	2	7	12	9	5	6	1	13	14	0	11	3	8
	9	14	15	5	2	8	12	3	7	0	4	10	1	13	11	6
	4	3	2	12	9	5	15	10	11	14	1	7	6	0	8	13

S_7	4	11	2	14	15	0	8	13	3	12	9	7	5	10	6	1
	13	0	11	7	4	9	1	10	14	3	5	12	2	15	8	6
	1	4	11	13	12	3	7	14	10	15	6	8	0	5	9	2
	6	11	13	8	1	4	10	7	9	5	0	15	14	2	3	12

S_8	13	2	8	4	6	15	11	1	10	9	3	14	5	0	12	7
	1	15	13	8	10	3	7	4	12	5	6	11	0	14	9	2
	7	11	4	1	9	12	14	2	0	6	10	13	15	3	5	8
	2	1	14	7	4	10	8	13	15	12	9	0	3	5	6	11

图 2-8　（续）

（3）P 盒置换。

P 盒置换是 32 位的置换，见图 2-9，用法与 IP 类似。

16	7	20	21	29	12	28	17
1	15	23	26	5	18	31	10
2	8	24	14	32	27	3	9
19	13	30	6	22	11	4	25

图 2-9　P 盒的构造

5）子密钥的产生

在 DES 第二阶段的 16 轮迭代变换过程中，每一轮都要使用一个长度为 48 位的子密钥，子密钥是从初始的种子密钥产生的。DES 的种子密钥 K 为 56 位，使用中在每 7 位后添加一个奇偶校验位（分布在 8、16、24、32、40、48、56、64 位），扩充为 64 位，目的是进行简单的纠错。

从 64 位带校验位的密钥 K（本质上是 56 位密钥）中生成 16 个 48 位的子密钥 K_i，用于 16 轮迭代变换中。子密钥生成算法如图 2-10 所示。

子密钥的生成大致包括以下几个子过程。

（1）置换选择 1(PC-1)。PC-1 从 64 位中选出 56 位的密钥 K 并适当调整位的次序，选择方法由图 2-11 给出。它表示选择第 57 位放到第 1 位，选择第 50 位放到第 2 位……选择第 7 位放到第 56 位。将前 28 位记为 C_0，后 28 位记为 D_0。

（2）循环左移 LS_i。计算模型可以表示为

$$\begin{cases} C_i = \mathrm{LS}_i(C_{i-1}) \\ D_i = \mathrm{LS}_i(D_{i-1}) \end{cases}, \quad 1 \leqslant i \leqslant 16$$

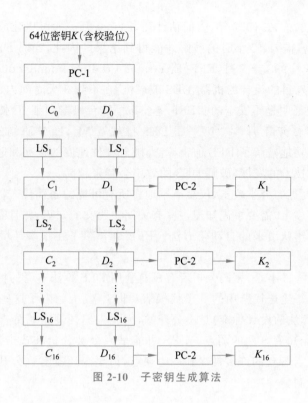

图 2-10　子密钥生成算法

57	59	41	33	25	17	9	1	58	50	42	34	26	18	10	2
59	51	43	35	27	19	11	3	60	52	44	36	63	55	47	39
31	23	15	7	62	54	46	38	30	22	14	6	61	53	45	37
29	21	13	5	28	20	12	4								

图 2-11　PC-1

LS_i 表示对 28 位串的循环左移：当 i 为 1、2、9、16 时，移一位；对其他 i 移两位。

（3）置换选择 2(PC-2)。与 PC-1 类似，PC-2 则是从 56 位中拣选出 48 位的变换，即从 C_i 与 D_i 连接得到的位串 C_iD_i 中选取 48 位作为子密钥 K_i，拣选方法由图 2-12 给出，使用方法与图 2-11 相同。

14	17	11	24	1	5	3	28	15	6	21	10	23	19	12	4
26	8	16	7	27	20	13	2	41	52	31	37	47	55	30	40
51	45	33	48	44	49	39	56	34	53	46	42	50	36	29	32

图 2-12　PC-2

DES 的解密算法与加密算法是相同的，只是子密钥的使用次序相反。

2. DES 安全性

自 DES 被 NIST 采纳为标准后，对于它的安全性就一直争论不休，焦点主要集中于密钥的长度和算法本身的安全性方面。

DES 受到的最大攻击是它的密钥长度仅有 56 位。56 位的密钥共有 2^{56} 种可能，这个

数字大约为 7.2×10^{16}。在 1977 年，人们估计耗资 2000 万美元可以建成一个专门的计算机用于 DES 的解密，需要 12 小时的破解才能得到结果。因此，当时 DES 被视为一种十分强壮的加密方法。1998 年 7 月，EFF(Electronic Frontier Foundation)宣布一台造价不到 25 万美元、为特殊目的设计的机器"DES 破译机"在不到 3 天时间内成功破译了 DES，DES 终于清楚地被证明是不安全的。EFF 还公布了这台机器的细节，使其他人也能建造自己的破译机。2000 年 1 月，在"第三届 DES 挑战赛"上，EFF 研制的 DES 解密机以 22.5 小时的战绩成功地破解了 DES 加密算法。随着硬件速度的提高和造价的下降以及大规模网络并行计算技术的发展，破解 DES 的效率会越来越高。

不过，若进行真正的穷举攻击，仅靠简单地将所有可能的密钥代入程序中去执行是不够的。若进行穷举攻击，需要事先知道一些有关期望明文的知识，并且需要将正确的明文从可能的明文堆里辨认出来的自动化方法。EFF 也介绍了在很多环境中很有效的自动化技术。

人们关心的另一件事是，密码分析者有没有利用 DES 算法本身的特征来攻击它的可能性。问题集中在每轮迭代所用的 8 个代换表（即 S 盒）上。由于这些 S 盒的设计标准（实际上包括整个算法的设计标准）是不公开的，因此人们怀疑密码分析者若是知道 S 盒的构造方法，就可能知道 S 盒的弱点。DES 可能是当今被分析和攻击最多的对象，多年来人们也的确发现了 S 盒的许多规律和一些缺点，但至今还没有人公开声明发现任何结构方面的缺陷和漏洞。

3. 3DES

由于使用了长度为 56 位的短密钥，DES 对抗穷举攻击的能力相对比较脆弱，因此很多人推出了多重 DES，希望克服这种缺陷。比较典型的是 2DES、3DES 和 4DES 等几种形式。由于 2DES 和 4DES 易受中间相遇攻击的威胁，实际应用中广泛采用的一般是 3DES 方案，即使用 3 倍 DES 密钥长度的密钥执行 3 次 DES 算法。3DES 有 4 种模式。

- DES-EEE3 模式。使用 3 个不同的密钥进行 3 次加密，密文为
$$C = \mathrm{DES}_{k_3}(\mathrm{DES}_{k_2}(\mathrm{DES}_{k_1}(M)))$$
- DES-EDE3 模式。使用 3 个不同的密钥，采用加密-解密-加密模式。密文为
$$C = \mathrm{DES}_{k_3}(\mathrm{DES}_{k_2}^{-1}(\mathrm{DES}_{k_1}(M)))$$
- DES-EEE2 模式。使用 2 个不同的密钥进行 3 次加密。
- DES-EDE2 模式。使用 2 个不同的密钥，采用加密-解密-加密模式。

3DES 有两个显著的优点：首先，密钥长度是 112 位（两个不同的密钥）或 168 位（3 个不同的密钥），对抗穷举攻击的能力得到极大加强；其次，3DES 的底层加密算法与 DES 的加密算法相同，而迄今为止没有人公开声称针对此算法有比穷举攻击更有效的、基于算法本身的密码分析攻击方法。如果仅考虑算法安全，3DES 可成为未来数十年加密算法标准的合适选择。

3DES 的根本缺点在于用软件实现该算法的速度比较慢。这是因为 DES 一开始就是为硬件实现所设计的，难以用软件有效地实现。而 3DES 的底层加密算法与 DES 的加密算法相同，并且计算过程中轮的数量是 DES 的 3 倍，故其速度慢得多。另一个缺点是 DES 和 3DES 的分组长度均为 64 位。就效率和安全性而言，分组长度应更长。

由于这些缺陷,因此 3DES 不能成为长期使用的加密算法标准。故 NIST 在 1997 年公开征集新的高级加密标准(AES),要求安全性能不低于 3DES,同时应具有更好的执行性能。

2.2.4 AES

前面提到,1997 年 NIST 在全球范围内征集高级加密标准算法。2000 年 10 月,NIST 宣布"Rijndael 数据加密算法"最终入选并于 2002 年 5 月正式生效。实际上,目前通称的 AES 就是指 Rijndael 对称分组密码算法。AES 用来取代 DES,成为广泛使用的新标准。

AES 算法具有良好的有限域和有限环数学理论基础,随机性好,能高强度隐藏信息,安全性大大增强,同时又保证了可逆性;算法的软硬件环境适应性强,可满足多平台需求。由于算法简单,变化的轮数较少(8~12 轮),因此速度较快,性能稳定。

尽管 Rijndael 算法的安全性仍处在深入讨论中,但人们对 AES 的安全性还是达成了以下几个共识。

- 该算法对密钥选择没有限制,迄今没有发现弱密钥和半弱密钥的存在。
- 因为密钥长度相较于 DES 大大加长,可以有效抵御穷举密钥攻击。
- 可以有效抵抗线性攻击和差分攻击。
- 可以抵抗积分密码分析。

目前还没有关于有效攻击 Rijndael 算法的公开报道。

AES 的分组长度为 128 位;密钥长度为 128 位、192 位或 256 位,可根据不同的加密级别选择不同的密钥长度;密钥使用方便,存储需求低,灵活性好;密钥长度 128 位可能是使用最广泛的实现方式。

AES 算法结构如图 2-13 所示。

加密算法的输入分组和解密算法的输出分组均为 128 位。输入分组用一个 4×4 的矩阵描述,每个元素都是 1B(8b)。该分组被复制到 State 数组,这个数组在加密或解密的每个阶段都会被改变,也被描述为一个 4×4 的字节矩阵。在算法的最后阶段,State 被复制到输出矩阵中。128 位的密钥被扩展为 44 个字(每个字由 4B 组成)的序列;算法开始阶段的轮密钥加操作使用了 4B,每一轮运算同样使用了 4B。

对于加密和解密操作,算法由轮密钥加开始,接着执行 9 轮迭代运算,每轮都包含 4 个阶段的运算。

- 字节代换。用一个 S 盒完成分组中的按字节的代换。
- 行移位。一个简单的置换。
- 列混淆。一个利用域 GF(2^8)上的算术特性的代换。
- 轮密钥加。利用当前分组和扩展密钥的一部分进行按位异或。

最后一轮运算只包含 3 个阶段,没有列混淆。

1) 字节代换

字节代换是一个简单的查表操作。AES 定义了一个 S 盒,是一个 16×16 的矩阵,每个元素都是一个字节。State 中每个字节按照如下方式映射为一个新字节:把该字节的

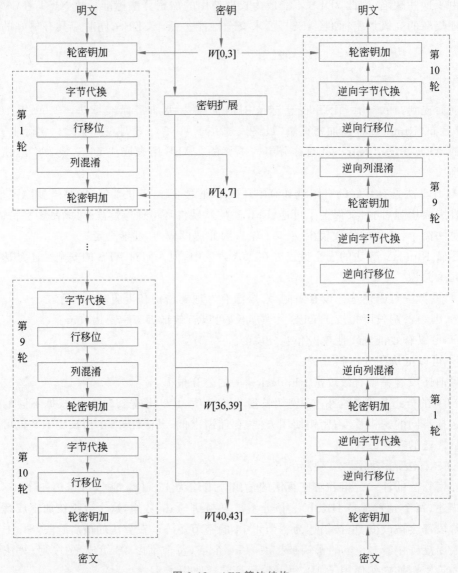

图 2-13　AES 算法结构

高 4 位作为行值，低 4 位作为列值；然后取出 S 盒中对应行列的元素作为输出。逆字节代换则利用了逆 S 盒。

AES 的 S 盒和逆 S 盒分别如图 2-14 和图 2-15 所示。图中的 x 表示行号，y 表示列号。

2) 行移位

行移位的变换规则非常简单：State 的第一行保持不变，第二行循环左移 1 字节，第三行循环左移 2 字节，第四行循环左移 3 字节。

逆向行移位变换则将 State 中的后三行执行相反方向的移位操作，如第三行循环右

		y															
		0	1	2	3	4	5	6	7	8	9	A	B	C	D	E	F
	0	63	7C	77	7B	F2	6B	6F	C5	30	01	67	2B	FE	D7	AB	76
	1	CA	82	C9	7D	FA	59	47	F0	AD	D4	A2	AF	9C	A4	72	C0
	2	B7	FD	93	26	36	3F	F7	CC	34	A5	E5	F1	71	D8	31	15
	3	04	C7	23	C3	18	96	05	9A	07	12	80	E2	EB	27	B2	75
	4	09	83	2C	1A	1B	6E	5A	A0	52	3B	D6	B3	29	E3	2F	84
	5	53	D1	00	ED	20	FC	B1	5B	6A	CB	BE	39	4A	4C	58	CF
	6	D0	EF	AA	FB	43	4D	33	85	45	F9	02	7F	50	3C	9F	A8
	7	51	A3	40	8F	92	9D	38	F5	BC	B6	DA	21	10	FF	F3	D2
x	8	CD	0C	13	EC	5F	97	44	17	C4	A7	7E	3D	64	5D	19	73
	9	60	81	4F	DC	22	2A	90	88	46	EE	D8	14	DE	5E	0B	DB
	A	E0	32	3A	0A	49	06	24	5C	C2	D3	AC	62	91	96	95	79
	B	E7	C8	37	6D	8D	D5	4E	A9	6C	56	F4	EA	65	7A	AE	08
	C	BA	78	25	2E	1C	A6	B4	C6	E8	DD	74	1F	4B	BD	8B	8A
	D	70	3E	B5	66	48	03	F6	0E	61	35	57	B9	86	C1	1D	9E
	E	E1	F8	98	11	69	D9	8E	94	9B	1E	87	E9	CE	55	28	DF
	F	8C	A1	89	0D	BF	E6	42	68	41	99	2D	0F	B0	54	BB	16

图 2-14　AES 的 S 盒

		y															
		0	1	2	3	4	5	6	7	8	9	A	B	C	D	E	F
	0	52	09	6A	D5	30	36	A5	38	BF	40	A3	9E	81	F3	D7	FB
	1	7C	E3	39	82	9B	2F	FF	87	34	8E	43	44	C4	DE	E9	CB
	2	54	7B	94	32	A6	C2	23	3D	EE	4C	95	0B	42	FA	C3	4E
	3	08	2E	A1	66	28	D9	24	B2	76	5B	A2	49	6D	8B	D1	25
	4	72	F8	F6	64	86	68	98	16	D4	A4	5C	CC	5D	65	B6	92
	5	6C	70	48	50	FD	ED	B9	DA	5E	15	46	57	A7	8D	9D	84
	6	90	D8	AB	00	8C	BC	D3	0A	F7	E4	58	05	B8	B3	45	06
	7	D0	2C	1E	8F	CA	3F	0F	02	C1	AF	BD	03	01	13	8A	6B
x	8	3A	91	11	41	4F	67	DC	EA	97	F2	CF	CE	F0	B4	E6	73
	9	96	AC	74	22	E7	AD	35	85	E2	F9	37	EB	1C	75	DF	6E
	A	47	F1	1A	71	1D	29	C5	89	6F	B7	62	0E	AA	18	BE	1B
	B	FC	56	3E	4B	C6	D2	79	20	9A	DB	C0	FE	78	CD	5A	F4
	C	1F	DD	A8	33	88	07	C7	31	B1	12	10	59	27	80	EC	5F
	D	60	51	7F	A9	19	B5	4A	0D	2D	E5	7A	9F	93	C9	9C	EF
	E	A0	E0	3B	4D	AE	2A	F5	B0	C8	EB	BB	3C	83	53	99	61
	F	17	2B	04	7E	BA	77	D6	26	E1	69	14	63	55	21	0C	7D

图 2-15　AES 的逆 S 盒

移 2 字节等。

3）列混淆

列混淆对 State 的每列独立地操作。每列中的每个字节被映射为一个新值，该新值由该列中的 4 个字节通过函数变换得到。这个变换可由下面的基于 State 的矩阵乘法表示。

$$\begin{bmatrix} 02 & 03 & 01 & 01 \\ 01 & 02 & 03 & 01 \\ 01 & 01 & 02 & 03 \\ 03 & 01 & 01 & 02 \end{bmatrix} \begin{bmatrix} s_{0,0} & s_{0,1} & s_{0,2} & s_{0,3} \\ s_{1,0} & s_{1,1} & s_{1,2} & s_{1,3} \\ s_{2,0} & s_{2,1} & s_{2,2} & s_{2,3} \\ s_{3,0} & s_{3,1} & s_{3,2} & s_{3,3} \end{bmatrix} = \begin{bmatrix} s'_{0,0} & s'_{0,1} & s'_{0,2} & s'_{0,3} \\ s'_{1,0} & s'_{1,1} & s'_{1,2} & s'_{1,3} \\ s'_{2,0} & s'_{2,1} & s'_{2,2} & s'_{2,3} \\ s'_{3,0} & s'_{3,1} & s'_{3,2} & s'_{3,3} \end{bmatrix}$$

结果矩阵中的每个元素均是一行和一列中所对应元素的乘积之和，这里的乘法和加法都是定义在 $GF(2^8)$ 上的。State 中第 j 列($0 \leqslant j \leqslant 3$)的列混淆变换可表示为

$$s'_{0,j} = (2s_{0,j}) \oplus (3s_{1,j}) \oplus s_{2,j} \oplus s_{3,j}$$

$$s'_{1,j} = s_{0,j} \oplus (2s_{1,j}) \oplus (3s_{2,j}) \oplus s_{3,j}$$

$$s'_{2,j} = s_{0,j} \oplus s_{1,j} \oplus (2s_{2,j}) \oplus (3s_{3,j})$$

$$s'_{3,j} = (3s_{0,j}) \oplus s_{1,j} \oplus s_{2,j} \oplus (2s_{3,j})$$

逆向列混淆变换可由如下矩阵乘法定义。

$$\begin{bmatrix} 0E & 0B & 0D & 09 \\ 09 & 0E & 0B & 0D \\ 0D & 09 & 0E & 0B \\ 0B & 0D & 09 & 0E \end{bmatrix} \begin{bmatrix} s_{0,0} & s_{0,1} & s_{0,2} & s_{0,3} \\ s_{1,0} & s_{1,1} & s_{1,2} & s_{1,3} \\ s_{2,0} & s_{2,1} & s_{2,2} & s_{2,3} \\ s_{3,0} & s_{3,1} & s_{3,2} & s_{3,3} \end{bmatrix} = \begin{bmatrix} s'_{0,0} & s'_{0,1} & s'_{0,2} & s'_{0,3} \\ s'_{1,0} & s'_{1,1} & s'_{1,2} & s'_{1,3} \\ s'_{2,0} & s'_{2,1} & s'_{2,2} & s'_{2,3} \\ s'_{3,0} & s'_{3,1} & s'_{3,2} & s'_{3,3} \end{bmatrix}$$

4）轮密钥加

在轮密钥加中，128 位的 State 按位与 128 位的密钥异或。逆向轮密钥加与轮密钥加相同，因为异或操作是其本身的逆。

5）密钥扩展

AES 密钥扩展算法的输入值是 128 位(16B，4 个字)，输出值是一个 44 个字(176B)的一维线性数组，为初始轮密钥加阶段和算法中其他 10 轮的每一轮提供 4 个字的轮密钥。这里对扩展细节不作详述。

2.2.5　分组密码的工作模式

分组密码算法是应用最广泛的安全保护加密算法。为了使分组密码适用于各种各样的实际应用，NIST 定义了多种分组密码的"工作模式"。这些模式可用于包括 3DES 和 AES 在内的任何分组密码，目的在于增强密码算法的安全性或者使算法适应具体的应用。

1. 电码本模式

电码本(Electronic Code Book，ECB)模式是最简单的模式。在 ECB 模式中，明文首先被分成固定大小的若干分组(最后一个分组可能需要进行填充)，然后一次处理一个明文分组；所有明文分组都使用相同的密钥进行加密。解密也是一次处理一个密文分组，同

样使用一个密钥处理所有的密文分组。ECB 模式定义为

$$C_i = E_K(P_i)$$
$$P_i = D_K(C_i)$$

其中，P_i 表示明文，C_i 表示密文，K 表示密钥，$E()$ 和 $D()$ 则分别表示加密和解密操作。

ECB 最重要的特征是：一段消息中若有几个相同的明文分组，那么加密结果中也会出现几个相同的密文分组。因此，ECB 模式特别适合于数据较少的情况，例如加密一个会话密钥。如果消息很长，利用 ECB 模式进行加密保护可能不太安全。原因在于，如果消息是非常结构化的，密码分析者就能够利用其结构特征来进行破译。

2. 密文分组链接模式

密文分组链接(Cipher Block Chaining，CBC)模式能够将重复的明文分组加密成不同的密文分组，从而克服 ECB 的重大缺陷。在 CBC 模式中，每次加密一个明文分组时，加密算法的输入不是当前处理的明文分组，而是当前明文分组和上一个密文分组的异或；仍然使用同一个密钥加密所有明文分组。因此，加密算法的每次输入与明文分组没有固定的关系，本质上相当于将所有的明文分组链接起来。即使有重复的明文分组，加密后得到的密文分组仍然是不同的。

解密时，每个密文分组分别进行解密，再与上一个密文分组异或就可恢复出相应的明文分组。

需要特殊处理的是第一个明文分组，因为它不存在"上一个"密文分组。ECB 定义了初始向量(Initial Vector，IV)，第一个明文分组和 IV 异或后再加密；解密时将第一个密文分组解密的结果与 IV 异或而恢复出第一个明文分组。

ECB 模式的加/解密操作可表示为

$$C_1 = E_K(P_1 \oplus IV)$$
$$C_i = E_K(P_i \oplus C_{i-1}), \quad i > 1$$
$$P_1 = D_K(C_1) \oplus IV$$
$$P_i = D_K(C_i) \oplus C_{i-1}, \quad i > 1$$

IV 必须为收发双方共享；为增加安全性，IV 应该和密钥一样加以保护，例如用 ECB 加密进行保护。

3. 密文反馈模式

在密文反馈(Cipher FeedBack，CFB)模式中，明文和密文单元的长度 s 通常是 8 位，而不是 DES 的分组长度(64 位)或 AES 的分组长度(128 位)。

加密算法的输入是一个 64 位的移位寄存器，初始化为一个初始向量 IV。加密算法首先加密移位寄存器，输出密文最左边的 s 位，并且与明文 P_1 异或得到第一个密文单元 C_1；然后移位寄存器左移 s 位，并且将 C_1 填入移位寄存器最右边空出来的 s 位。以此方式连续处理，直到所有明文单元被加密完。加密过程可以表示为

$$I_1 = IV$$
$$I_j = LSB_{b-s}(I_{j-1}) \, \| \, C_{j-1}, \quad j > 1$$
$$O_j = E_K(I_j), \quad j \geqslant 1$$
$$C_j = P_j \oplus MSB_s(O_j), \quad j \geqslant 1$$

其中,P_j 和 C_j 是长度为 s 位的明文和密文单元,LSB() 和 MSB() 则是截取函数,b 代表分组长度。解密使用相同的办法,只有一点不同:将收到的密文单元与加密函数的输出异或得到明文单元。解密过程可以表示为

$$I_1 = \text{IV}$$
$$I_j = \text{LSB}_{b-s}(I_{j-1}) \parallel C_{j-1}, \quad j > 1$$
$$O_j = E_K(I_j), \quad j \geqslant 1$$
$$P_j = C_j \oplus \text{MSB}_s(O_j), \quad j \geqslant 1$$

利用密文反馈(CFB)模式或下面即将讨论的输出反馈(OFB)模式以及计数器(CTR)模式,可以将分组密码当作流密码使用。流密码有一个很好的性质,就是密文与明文等长,不需要将明文填充到分组长度的整数倍。

4. 输出反馈模式

输出反馈(Output FeedBack,OFB)模式的结构与 CFB 很相似。区别在于,OFB 用加密函数的输出填充移位寄存器,而 CFB 用密文单元填充移位寄存器。

OFB 模式的加密过程可以定义如下。

$$I_1 = \text{Nonce}$$
$$I_j = O_{j-1}, \quad j = 2, 3, \cdots, N$$
$$O_j = E_K(I_j), \quad j = 1, 2, \cdots, N$$
$$C_j = P_j \oplus O_j, \quad j = 1, 2, \cdots, N-1$$
$$C_N^* = P_N^* \oplus \text{MSB}_u(O_N)$$

其中,Nonce 为临时交互号。N 为分组数。$*$ 表示最后一个明文分组的长度为 u 位且小于分组长度,此时最后输出的分组 O_N 最左边的 u 位用来做异或运算,其余 $b-u$ 位会被丢弃。

解密过程定义如下。

$$I_1 = \text{Nonce}$$
$$I_j = \text{LSB}_{b-s}(I_{j-1}) \parallel C_{j-1}, \quad j = 2, 3, \cdots, N$$
$$O_j = E_K(I_j), \quad j = 1, 2, \cdots, N$$
$$P_j = C_j \oplus O_j, \quad j = 1, 2, \cdots, N-1$$
$$P_N^* = C_N^* \oplus \text{MSB}_u(O_N)$$

OFB 模式也需要一个初始向量 IV,但 IV 必须是一个时变值,即用相同密钥加密的所有消息使用的 IV 必须是不同的。原因在于,O_j 序列仅依赖密钥和 IV,但不依赖明文消息。如果两个消息具有共同的明文分组,并且使用相同的密钥和 IV,攻击者可以获得有利的攻击信息。

OFB 的一个优点是传输过程中在某位上发生的错误不会影响其他位,缺点是抗篡改的能力不如 CFB。

5. 计数器模式

在计数器(CTR)模式中,使用了一个和明文分组长度相同的计数器。通常计数器首先被初始化为某一值,每处理一个分组,计数器的值加 1。计数器加 1 后与明文分组异或

得到密文分组。解密使用具有相同值的计数器序列,用加密后的计数器的值与密文分组异或来恢复明文分组。

CTR 模式的加/解密定义如下。

$$C_j = P_j \oplus E_K(T_j), \quad j = 1, 2, \cdots, N-1$$
$$C_N^* = P_N^* \oplus \text{MSB}_u(E_K(T_N))$$
$$P_j = C_j \oplus E_K(T_j), \quad j = 1, 2, \cdots, N-1$$
$$P_N^* = C_N^* \oplus \text{MSB}_u(E_K(T_N))$$

在 CTR 模式中,初始计数器也必须是时变值,即使用相同密钥加密的消息必须使用不同的 T_1。

2.2.6 RC4

RC4 是 Ron Rivest 在 RSA 公司设计的一种可变密钥长度、面向字节操作的流密码,它可能是应用最广泛的流密码。RC4 被用于 SSL/TLS(安全套接字协议/传输层安全协议)标准,以保护互联网的 Web 通信;也应用于作为 IEEE 802.11 无线局域网标准一部分的 WEP(Wired Equivalent Privacy,有线等效保密)协议,保护无线连接的安全。

RC4 算法非常简单,易于描述。它以一个足够大的表 S 为基础,对表进行非线性变换,产生密钥流。一般 S 表取作 256B 大小,用可变长度的种子密钥 K(1~256B)初始化表,S 的元素记为 $S[0], S[1], \cdots, S[255]$。加密和解密时,密钥流中的一字节由 S 中 256 个元素按一定方式选出一个元素而生成,同时 S 中的元素被重新置换一次。

1. 初始化 S

首先对 S 进行线性填充。S 中元素的值被置为按升序排列的 0~255,即 $S[0]=0$,$S[1]=1, \cdots, S[255]=255$;同时用种子密钥填充另一个 256B 的 K 表。如果种子密钥的长度为 256B,则将种子密钥赋给 K;否则,若密钥长度为 n($n<256$)字节,则将种子密钥赋给 K 的前 n 个元素,并且循环重复用种子密钥的值赋给 K 剩下的元素,直到 K 的所有元素都被赋值。

然后用 K 产生 S 的初始置换。从 $S[0]$ 到 $S[255]$,对每个 $S[i]$,根据由 $K[i]$ 确定的方案,将 $S[i]$ 置换为 S 中的另一字节。

```
j=0;
for i=0 to 255 do
  j=(j+S[i]+K[i]) mod 256;
  Swap(S[i], S[j]);
```

因为对 S 的操作仅是交换,所以唯一的改变就是置换。S 仍然包含所有值为 0~255 的元素。

2. 密钥流的生成

表 S 一旦完成初始化,种子密钥就不再被使用。为密钥流生成字节时,从 $S[0]$ 到 $S[255]$ 随机选取元素,并且修改 S 以便下一次的选取。对每个 $S[i]$,根据当前 S 的值,将 $S[i]$ 与 S 中的另一字节置换。当 $S[255]$ 完成置换后,操作继续重复,从 $S[0]$ 开始。

选取算法描述如下。

```
i, j=0;
while(true)
  i=(i+1) mod 256;
  j=(j+S[i]) mod 256;
  Swap(S[i], S[j]);
  t=(S[i]+S[j]) mod 256;
  k=S[t];
```

在加密中，将 k 的值与下一明文字节异或；在解密中，将 k 的值与下一密文字节异或。

教学课件

教学视频

2.3　公 钥 加 密

1976 年，Diffie 和 Hellman 发表了《密码学的新方向》一文，提出了公开密钥密码体制（简称公钥密码体制）的思想，奠定了公钥密码学的基础。公钥密码体制是现代密码学最重要的发明和进展，开创了密码学的新时代。

在传统的对称密码体制中，加密和解密使用相同的密钥，每对用户之间都需要共享一个密钥，而且需要保持该密钥的机密性。当通信的用户数目较多时，密钥的产生、存储和分发是一个很大的问题。而公钥密码体制则将加密密钥、解密密钥甚至加密算法、解密算法分开，用户只需要掌握解密密钥，可将加密密钥和加密函数公开。任何人都可以加密，但只有掌握解密密钥的用户才能解密。公钥密码体制从根本上改变了密钥分发的方式，给密钥管理带来了诸多便利。公钥密码体制不仅用于加解密，而且可以广泛用于消息鉴别、数字签名和身份认证等服务，是密码学中一个开创性的成就。

公钥密码体制最大的优点是适应网络的开放性要求，密钥管理相对于对称密码体制要简单得多。但是，公钥密码体制并不会取代对称密码体制，原因在于公钥密码体制算法相对复杂，加解密速度较慢。在实际应用中，公钥密码和对称密码经常结合起来使用，加解密使用对称密码技术，而密钥管理使用公钥密码技术。

2.3.1　公钥密码体制原理

从密码学产生至 20 世纪 70 年代公钥密码产生之前，传统密码体制（包括古典密码和现代对称密码）都是基于代换和置换这些初等方法。公钥密码学与之前的密码学完全不同。首先，公钥算法建立在数学函数基础上，而不是基于代换和置换。其安全性基于数学上难解的问题，如大整数因子分解问题、有限域的离散对数问题、平方剩余问题、椭圆曲线的离散对数问题等。其次，与只使用一个密钥的传统密码技术不同，公钥密码是非对称的，加/解密分别使用两个独立的密钥：加密密钥可对外界公开，称为公开密钥或公钥；解密密钥只有拥有者知道，称为秘密密钥或私钥。公钥和私钥之间具有紧密联系，用公钥加密的信息只能用相应的私钥解密，反之亦然。要想由一个密钥推知另一个密钥，在计算上是不可能的。基于公钥密码体制，通信双方无须预先商定密钥就可以进行秘密通信，克服了对称密码体制中必须事先使用一个安全通道约定密钥的缺点。

1. 公钥密码体制的概念

公钥密码算法依赖一个加密密钥和一个与之相关的不同的解密密钥,这些算法都具有下述重要特点。

- 加密和解密使用不同的密钥。
- 发送方拥有加密密钥或解密密钥,而接收方拥有另一个密钥。
- 根据密码算法和加密密钥以及若干密文,要恢复明文在计算上是不可行的。
- 根据密码算法和加密密钥,确定对应的解密密钥在计算上是不可行的。

公钥密码体制有 6 个组成部分,如图 2-16 所示。

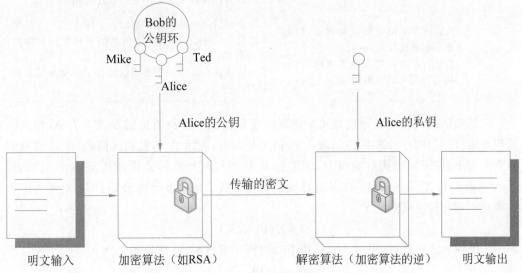

图 2-16　公钥密码体制

- 明文。算法的输入,它们是可读信息或数据。
- 加密算法。对明文进行各种转换。
- 公钥和私钥。算法的输入,这对密钥中一个用于加密,另一个用于解密。加密算法执行的变换依赖公钥和私钥。
- 密文。算法的输出,它依赖明文和密钥。对给定的消息,不同的密钥产生的密文不同。
- 解密算法。该算法接收密文和相应的密钥,并且产生原始的明文。

公钥密码体制的主要工作步骤如下。

(1) 每一用户产生一对密钥,分别用来加密和解密消息。

(2) 每一用户将其中一个密钥存于公开的寄存器或其他可访问的文件中,该密钥称为公钥;另一密钥是私有的。任一用户可以拥有若干其他用户的公钥。

(3) 发送方用接收方的公钥对消息加密。

(4) 接收方收到消息后,用其私钥对消息解密。由于只有接收方知道其自身的私钥,因此其他的接收者均不能对加密消息进行解密。

利用公钥密码体制，通信各方均可访问公钥，而私钥是各通信方在本地产生的，因此不必进行分配。只要用户的私钥受到保护，保持秘密性，那么通信就是安全的。在任何时刻，系统都可以改变其私钥并公布相应的公钥以替代原来的公钥。

表 2-3 总结了对称密码和公钥密码的一些重要特征。

表 2-3　对称密码和公钥密码

密码体制	一 般 要 求	安全性要求
对称加密	1.加密和解密使用相同的密钥； 2.收发双方必须共享密钥	1.密钥必须是保密的； 2.若没有其他信息，则解密消息是不可能或至少是不可行的； 3.知道算法和若干密文不足以确定密钥
公钥加密	1.同一算法用于加密和解密，但加密和解密使用不同密钥； 2.发送方拥有加密或解密密钥，而接收方拥有另一密钥	1.两个密钥之一必须是保密的； 2.若没有其他信息，则解密消息是不可能或至少是不可行的； 3.知道算法和其中一个密钥以及若干密文不足以确定另一密钥

公钥密码的两种基本用途是用来进行保密和认证。假设消息的发送方为 A，相应的密钥对为 (PU_A, PR_A)，其中 PU_A 表示 A 的公钥，PR_A 表示 A 的私钥。同理，假设消息的接收方为 B，相应的密钥对为 (PU_B, PR_B)，其中 PU_B 表示 B 的公钥，PR_B 表示 B 的私钥。现 A 欲将消息 X 发送给 B。A 从自己的公钥环中取出接收方 B 的公钥 PU_B，对作为输入的消息 X 加密，生成密文 Y。

$$Y = E(PU_B, X)$$

B 收到加密消息后，用自己的私钥 PR_B 对密文进行解密，恢复明文 X。

$$X = D(PR_B, Y)$$

整个过程如图 2-17 所示。

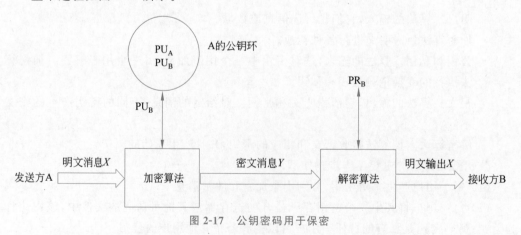

图 2-17　公钥密码用于保密

由于 A 是用 B 的公钥 PU_B 对消息进行加密，因此只有用 B 的私钥 PR_B 才能解密密文 Y，而 B 的私钥 PR_B 是由 B 秘密保存的。由于攻击者没有 B 的私钥 PR_B，因此仅根据密文

C 和 B 的公钥 $\mathrm{PU_B}$ 解密消息是不可能的。由此,就实现了保密性的功能。

除用于实现保密性外,公钥密码还可用来实现身份认证功能,过程如图 2-18 所示。在这种方法中,A 向 B 发送消息前,先用 A 的私钥 $\mathrm{PR_A}$ 对消息 X 加密。

$$Y = E(\mathrm{PR_A}, X)$$

B 则用 A 的公钥 $\mathrm{PU_A}$ 对消息解密。

$$X = D(\mathrm{PU_A}, Y)$$

由于只有发送方 A 拥有私钥 $\mathrm{PR_A}$,因此只要接收方 B 能够正确解密密文 Y,就可以认为消息的确是由发送方 A 发出的。这样就实现了对发送方 A 的身份认证。

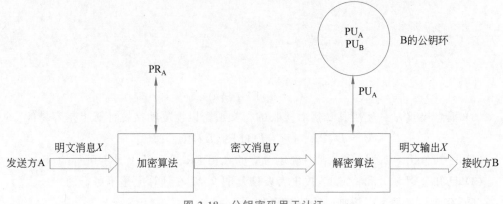

图 2-18 公钥密码用于认证

上述方法是对整条消息加密。尽管这种方法可以验证发送方和消息的有效性,但需要大量的存储空间。在实际使用中,只对一个称为认证符的小数据块加密,它是该消息的函数,对该消息的任何修改都会引起认证符的变化。

在图 2-18 所示的认证过程中,由于攻击者也可以知道 A 的公钥,因此他也可以解密密文消息 Y。也就是说,这里只能实现认证能力,而无法实现保密能力。如果要同时实现保密和认证功能,需要对消息进行两次加密,如图 2-19 所示。

在这种方法中,发送方首先用其私钥对消息加密,得到数字签名,然后再用接收方的公钥加密。

$$Z = E(\mathrm{PU_B}, E(\mathrm{PR_A}, X))$$

所得的密文只能被拥有相应私钥的接收方解密。

$$X = D(\mathrm{PU_A}, D(\mathrm{PR_B}, Z))$$

这种方式既可实现消息的保密性,又可实现对发送方的身份认证。但这种方法的缺点是在每次通信中要执行 4 次复杂的公钥算法。

2. 对公钥密码的要求

Diffie 和 Hellman 给出了公钥密码体制应满足的 5 个基本条件。

(1) 产生一对密钥(公钥 PU 和私钥 PR)在计算上是容易的。

(2) 已知接收方 B 的公钥 $\mathrm{PU_B}$ 和要加密的消息 M,消息发送方 A 产生相应的密文在计算上是容易的。

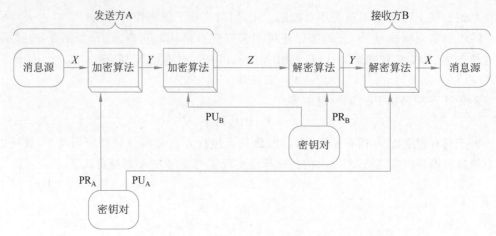

图 2-19　公钥密码用于保密和认证

$$C = E\,(\mathrm{PU_B}, M)$$

（3）消息接收方 B 使用其私钥对接收的密文解密以恢复明文在计算上是容易的。

$$M = D\,(\mathrm{PR_B}, C) = D\,[\mathrm{PR_B}, E\,(\mathrm{PU_B}, M)\,]$$

（4）已知公钥 $\mathrm{PU_B}$ 时，攻击者要确定对应的私钥 $\mathrm{PR_B}$ 在计算上是不可行的。

（5）已知公钥 $\mathrm{PU_B}$ 和密文 C，攻击者要恢复明文 M 在计算上是不可行的。

有研究者认为还可以增加一个附加条件。

（6）加密和解密函数的顺序可以交换，即

$$M = D\,[\mathrm{PU_B}, E\,(\mathrm{PR_B}, M)\,] = D\,[\mathrm{PR_B}, E\,(\mathrm{PU_B}, M)\,]$$

著名的 RSA 密码就满足上述附加条件。但是，这一条件并不是必需的，不是所有的公钥密码都满足该条件。

在公钥密码学概念提出后的几十年中，只有两个满足这些条件的算法（RSA 和椭圆曲线密码体制）为人们普遍接受，这一事实表明要满足上述条件是不容易的。这是因为，公钥密码体制是建立在数学中的单向陷门函数的基础之上的。

单向函数是满足下列性质的函数：每个函数值都存在唯一的逆；对定义域中的任意 x，计算函数值 $f(x)$ 是非常容易的；但对 f 的值域中的所有 y，计算 $f^{-1}(y)$ 是不可行的，即求逆是不可行的。

一个单向函数如果给定某些辅助信息（称为陷门信息）就易于求逆，则称这样的单向函数为一个单向陷门函数。单向陷门函数是满足下列条件的一类可逆函数 f_k。

- 若 k 和 X 已知，则容易计算 $Y = f_k(X)$。
- 若 k 和 Y 已知，则容易计算 $X = f_k^{-1}(Y)$。
- 若 Y 已知但 k 未知，则计算出 $X = f_k^{-1}(Y)$ 是不可行的。

公钥密码体制就是基于这一原理，将辅助信息（陷门信息）作为私钥而设计的。这类密码的安全强度取决于它所依据的问题的计算复杂度。由此可见，寻找合适的单向陷门函数是公钥密码体制应用的关键。目前比较流行的公钥密码体制主要有两类：一类基于大整数因子分解问题，最典型的代表是 RSA；另一类基于离散对数问题，例如椭圆曲线公钥密码体制。

2.3.2　RSA 算法

MIT 的 Ron Rivest、Adi Shemir 和 Len Adleman 于 1978 年在论文《获得数字签名和公开密钥密码系统的方法》中提出了基于数论的非对称密码体制,称为 RSA 密码体制。RSA 算法是最早提出的满足公钥密码要求的公钥算法之一,也是被广泛接受且被实现的通用公钥加密方法。

RSA 是一种分组密码体制,其理论基础是数论中的"大整数的素因子分解是困难问题"这一结论,即求两个大素数的乘积在计算机上是容易实现的,但要将一个大整数分解成两个大素数之积则是困难的。RSA 公钥密码体制安全,易实现,是目前广泛应用的一种密码体制,既可以用于加密,又可以用于数字签名。

1. 算法描述

RSA 明文和密文均是 $0 \sim n-1$ 的整数,通常 n 的大小为 1024 位二进制数,即 $n < 2^{1024}$。

1) 密钥生成

首先必须生成一个公钥和对应的私钥。选择两个大素数 p 和 q(一般约为 256 位),p 和 q 必须保密。计算这两个素数的乘积 $n = pq$,并且根据欧拉函数计算小于 n 且与 n 互素的正整数的数目。

$$\phi(n) = (p-1)(q-1)$$

随机选择与 $\phi(n)$ 互素且小于 $\phi(n)$ 的数 e,则得到公钥 $<e, n>$。计算 $e \bmod \phi(n)$ 的乘法逆 d,即 d 满足

$$ed \equiv 1(\bmod \phi(n))$$

则得到私钥 $<d, n>$。

2) 加密运算

在 RSA 算法中,明文以分组为单位进行加密。将明文消息 M 按照 n 位长度分组,依次对每个分组做一次加密,所有分组的密文构成的序列即是原始消息的密文 C。加密算法如下。

$$C = M^e \bmod n$$

其中,收发双方均已知 n,发送方已知 e,只有接收方已知 d。

3) 解密运算

解密算法如下。

$$M = C^d \bmod n = (M^e)^d \bmod n = M^{ed} \bmod n$$

图 2-20 归纳总结了 RSA 算法。

RSA 的缺点主要有以下两个。

- 产生密钥很麻烦。受到素数产生技术的限制,因而难以做到一次一密。
- 分组长度太大。为保证安全性,n 至少也要 600 位,使运算代价很高,尤其是速度较慢,比对称密码算法慢几个数量级;随着大数分解技术的发展,这个长度还在增加,不利于数据格式的标准化。因此,一般来说 RSA 只用于少量数据加密。

选择p、q，p和q都是素数，$p \neq q$

计算$n = p \times q$

计算$\phi(n) = (p-1)(q-1)$

选择整数e，$\gcd(\phi(n), e) = 1$；$1 < e < \phi(n)$

计算d，$d \equiv e^{-1} (\bmod \phi(n))$

公钥$PU = <e, n>$

私钥$PR = <d, n>$

(a) 密钥产生

明文$M < n$

密文$C = M^e \bmod n$

(b) 加密

密文C

明文$M = C^d \bmod n$

(c) 解密

图 2-20　RSA 算法

2. RSA 的安全性

1）因子分解

RSA 算法的安全性建立在"大整数因子分解困难"这一事实上。由算法过程可以看出，分解 n 与求 $\phi(n)$ 等价，若分解出 n 的因子，则 RSA 算法将变得不安全。因此分解 n 是最明显的攻击方法。

利用因子分解进行的攻击主要有如下两种具体做法。

- 分解 n 为两个素数因子 p、q，这样就可以计算出 $\phi(n) = (p-1)(q-1)$，从而可以计算出 $d \equiv e^{-1} (\bmod \phi(n))$。
- 直接确定 $\phi(n)$ 而不先确定 p 和 q。这同样也可以确定 $d \equiv e^{-1} (\bmod \phi(n))$。

对 RSA 的密码分析的讨论大多集中于第一种攻击方法，即将 n 分解为两个素数因子从而计算出私钥。RSA 的安全性依赖大数分解，但是否等同于大数分解一直未能得到理论上的证明，因为没有证据显示破解 RSA 就一定需要做大数分解。目前，RSA 的一些变种算法已被证明等价于大数分解。不管怎样，分解 n 是最显然的攻击方法，大量的数学高手也试图通过这个途径破解 RSA，但至今一无所获。因此，从经验上说，RSA 是安全的。

但需要注意的是，尽管因子分解具有大素数因子的数 n 仍然是一个难题，但已不像以前那么困难。计算能力的不断增强和因子分解算法的不断改进给大密钥的使用造成了威胁。因此在选择 RSA 的密钥大小时必须选大一些，一般取 1024～2048 位，具体大小视应用而定。

为防止可以很容易地分解 n，RSA 算法的发明者建议 p 和 q 还应满足下列限制条件。

（1）p 和 q 的长度应仅相差几位。这样对 1024 位的密钥而言，p 和 q 都应大约为 $10^{75} \sim 10^{100}$。

（2）$(p-1)$ 和 $(q-1)$ 都应有一个大的素数因子。

（3）$\gcd(p-1, q-1)$ 应该较小。

另外，已经证明，若 $e < n$ 且 $d < n^{1/4}$，则 d 很容易被确定。

2）选择密文攻击

RSA 在选择密文攻击面前很脆弱。一般攻击者是将某一信息作一下伪装，让拥有私钥的实体签名。然后，经过计算就可得到他所想要的信息。

例如，Eve 在 Alice 的通信过程中进行窃听，获得了一个用 Alice 的公开密钥加密的密文 C 并试图恢复明文 M。从数学上讲，即计算 $M = C^d \bmod n$。为恢复 M，Eve 首先选择一个随机数 $r(r < n)$，然后计算

$$X = r^e \bmod n, \quad Y = XC \bmod n$$

以及 $r \bmod n$ 的乘法逆 t，即 t 满足

$$tr = 1 \bmod n$$

现在 Eve 想方设法让 Alice 用她的私钥对 Y 整体签名。

$$u = Y^d \bmod n$$

因为 $r = X^d \bmod n$，所以 $r^{-1} X^d \bmod n = 1$，通过计算

$$tu \bmod n = r^{-1} Y^d \bmod n = r^{-1} X^d C^d \bmod n = C^d \bmod n = m$$

Eve 就轻松获得 Alice 发送的明文 M。

实际上，攻击利用的都是同一个弱点，即存在这样一个事实：乘幂保留了输入的乘法结构。

$$(XM)^d = X^d M^d \bmod n$$

这个固有的问题来自公钥密码系统最有用的特征：每个人都能使用公钥。从算法上无法解决这一问题，可采取的主要措施有两条：一条是采用好的公钥协议，保证工作过程中实体不对其他实体任意产生的信息解密，不对自己一无所知的信息签名；另一条是决不对陌生人送来的随机文档签名，签名时首先对文档作散列处理或同时使用不同的签名算法。

2.3.3　ElGamal 公钥密码体制

ElGamal 公钥密码体制是由 ElGamal 于 1985 年提出来的，是一种基于离散对数问题的密码体制。ElGamal 公钥密码体制既可以用于加密，又可以用于签名，是 RSA 之外最有代表性的公钥密码体制之一，得到了广泛应用。数字签名标准（DSS）就是采用了 ElGamal 签名方案的一种变形。

1. 密钥生成

首先选择一个大素数 p 并要求 p 有大素数因子。$\mathbf{Z}_p$ 是一个有 p 个元素的有限域，$\mathbf{Z}_p^*$ 是 $\mathbf{Z}_p$ 中非零元构成的乘法群，$g \in \mathbf{Z}_p^*$ 是一个本原元。然后选择随机数 k，满足 $1 \leqslant k \leqslant p-1$。计算 $y = g^k \bmod p$，则公钥为 (y, g, p)，私钥为 k。

2. 加密算法

待加密的消息为 $M \in \mathbf{Z}_p$。选择随机数 $r \in \mathbf{Z}_{p-1}^*$，然后计算

$$c_1 = g^r \bmod p$$

$$c_2 = My^r \bmod p$$

则密文 $C = (c_1, c_2)$。

3. 解密算法

收到密文 $C = (c_1, c_2)$ 后，执行以下计算。

$$M = c_2 / c_1^k \bmod p$$

则消息 M 被恢复。

4. ElGamal 的安全性

ElGamal 密码体制的安全性基于有限域 $\mathbf{Z}_p$ 上的离散对数问题的困难性。目前，尚没有求解有限域 $\mathbf{Z}_p$ 上的离散对数问题的有效算法。因此当 p 足够大时（一般是 160 位以上的十进制数），ElGamal 密码体制是安全的。

此外，加密中使用了随机数 r。r 必须是一次性的，否则攻击者通过获得 r 就可以在不知道私钥的情况下加密新明文。

2.3.4 Diffie-Hellman 公钥密码系统

Diffie 和 Hellman 于 1976 年发表的论文中首次提出了一个公钥算法，标志着公钥密码学新时代的开始。Diffie 和 Hellman 提出的公钥密码算法既不用于加密，也不用于签名，它只完成一个功能：允许两个实体在公开环境中协商一个共享密钥，以便在后续的通信中用该密钥对消息加密。由于该算法本身限于密钥交换的用途，因此通常称之为 Diffie-Hellman 密钥交换。Diffie-Hellman 公钥密码系统出现在 RSA 之前，是最早的公钥密码系统。

Diffie-Hellman 算法的安全性建立在"计算离散对数是很困难的"这一基础之上。简言之，可以如下定义离散对数。首先定义素数 p 的本原根。素数 p 的本原根是一个整数，且其幂可以产生 $1 \sim p-1$ 的所有整数；也就是说，若 a 是素数 p 的本原根，则 $a \bmod p, a^2 \bmod p, \cdots, a^{p-1} \bmod p$ 各不相同，并且是从 1 到 $p-1$ 的所有整数的一个排列。

对任意整数 b 和素数 p 的本原根 a，可以找到唯一的指数，使得

$$b \equiv a^i \pmod{p}, \quad 0 \leqslant i \leqslant p-1$$

指数 i 称为 b 的以 a 为底的模 p 离散对数，记为 $d \log_{a,p}(b)$。

1. Diffie-Hellman 算法

图 2-21 概述了 Diffie-Hellman 密钥交换算法。

在这种方法中，有两个全局公开的参数（一个素数 q 和一个整数 α），并且 α 是 q 的一个本原根。假定用户 A 和 B 希望协商一个共享的密钥以用于后续通信，那么用户 A 选择一个随机整数 $X_A < q$ 作为其私钥并计算公钥 $Y_A = \alpha^{X_A} \bmod q$。类似地，用户 B 也独立地选择一个随机整数 $X_B < q$ 作为私钥并计算公钥 $Y_B = \alpha^{X_B} \bmod q$。A 和 B 分别保持 X_A 和 X_B 是其私有的，但 Y_A 和 Y_B 是公开可访问的。用户 A 计算 $K = (Y_B)^{X_A} \bmod q$ 并将其作为

密钥,用户 B 计算 $K = (Y_A)^{X_B} \bmod q$ 并将其作为密钥。这两种计算所得的结果是相同的。

$$K = (Y_B)^{X_A} \bmod q$$
$$= (\alpha^{X_B} \bmod q)^{X_A} \bmod q$$
$$= (\alpha^{X_B})^{X_A} \bmod q$$
$$= \alpha^{X_B X_A} \bmod q$$
$$= (\alpha^{X_A})^{X_B} \bmod q$$
$$= (\alpha^{X_A} \bmod q)^{X_B} \bmod q$$
$$= (Y_A)^{X_B} \bmod q$$

q(为素数)
α($\alpha < q$ 且 α 是 q 的本原根)

(a) 全局公开量

选择秘密的 X_A,$X_A < q$
计算公开的 Y_A,$Y_A = \alpha^{X_A} \bmod q$

(b) 用户A的密钥产生

选择秘密的 X_B,$X_B < q$
计算公开的 Y_B,$Y_B = \alpha^{X_B} \bmod q$

(c) 用户B的密钥产生

$K = (Y_B)^{X_A} \bmod q$

(d) 用户A计算产生密钥

$K = (Y_A)^{X_B} \bmod q$

(e) 用户B计算产生密钥

图 2-21 Diffie-Hellman 密钥交换算法

至此,A 和 B 完成了密钥协商的过程。由于 X_A 和 X_B 的私有性,攻击者可以利用的参数只有 q、α、Y_A 和 Y_B。这样,他就必须求离散对数才能确定密钥。例如,要对用户 B 的密钥进行攻击,攻击者就必须先计算

$$X_B = d \log_{\alpha, q}(Y_B)$$

然后他就可以像用户 B 那样计算出密钥 K。

Diffie-Hellman 密钥交换的安全性建立在下述事实之上:求关于素数的模幂运算相对容易,而计算离散对数却非常困难;对于大素数,求离散对数被视为不可行的。

下面给出一个例子。密钥交换基于素数 $q = 97$ 和 97 的一个本原根 $\alpha = 5$。A 和 B 分别选择 $X_A = 36$ 和 $X_B = 58$,并且分别计算其公钥。

A 计算 Y_A:

$$Y_A = 5^{36} \bmod 97 = 50$$

B 计算 Y_B:

$$Y_B = 5^{58} \bmod 97 = 44$$

A 和 B 相互获取对方的公钥后，双方均可计算出公共的密钥。

A 计算 K：

$$K = (Y_B)^{X_A} \bmod 97 = 44^{36} \bmod 97 = 75$$

B 计算 K：

$$K = (Y_A)^{X_B} \bmod 97 = 50^{36} \bmod 97 = 75$$

攻击者能够得到下列信息。

$$q = 97, \quad \alpha = 5, \quad Y_A = 50, \quad Y_B = 44$$

但是，从通信双方的公钥<50,44>出发，攻击者要计算出 75 很不容易。

2. Diffie-Hellman 密钥交换协议

图 2-22 描述了一个简单的基于 Diffie-Hellman 算法的密钥交换协议。假定 A 希望与 B 建立连接，并且使用密钥对该次连接中的消息加密。用户 A 产生一次性私钥 X_A，计算 Y_A，并且将 Y_A 发送给 B；用户 B 也产生私钥 X_B，计算 Y_B，并且将 Y_B 发送给 A。这样 A 和 B 都可以计算出密钥。当然，在通信前 A 和 B 都应已知公开的 q 和 α，例如可由用户 A 选择 q 和 α，并且将 q 和 α 放入第一条消息中。

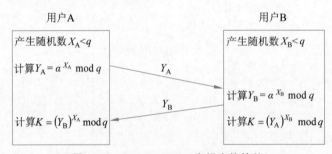

图 2-22　Diffie-Hellman 密钥交换协议

Diffie-Hellman 算法具有两个很有吸引力的特征。

- 仅当需要时才生成密钥，减少了将密钥存储很长一段时间而致使遭受攻击的机会。
- 除对全局参数的约定外，密钥交换不需要事先存在的基础结构。

然而，该算法也存在许多不足。

- 在协商密钥的过程中，没有对双方身份的认证。
- 它是计算密集型的，因此容易遭受阻塞性攻击：攻击方请求大量的密钥，而受攻击者需要花费相对多的计算资源来求解无用的幂系数而不是做真正的工作。
- 没办法防止重放攻击。
- 容易遭受"中间人攻击"，即恶意第三方 C 在和 A 通信时扮演 B，和 B 通信时扮演 A，他与 A 和 B 都协商了一个密钥，然后就可以监听和传递通信量。

假设 A 和 B 要通过 Diffie-Hellman 算法协商一个共享密钥，同时第三方 C 准备实施"中间人攻击"。攻击按如下方式进行。

（1）C 生成两个随机的私钥 X_{C_1} 和 X_{C_2}，然后计算相应的公钥 Y_{C_1} 和 Y_{C_2}。

（2）A 在给 B 的消息中发送他的公开密钥 Y_A。

（3）C 截获并解析该消息，将 A 的公开密钥 Y_A 保存下来并给 B 发送消息。该消息具有 A 的用户 ID 但使用 C 的公开密钥 Y_{C_1}，并且伪装成来自 A。同时，C 计算 $K_2 = (Y_A)^{X_{C_2}} \bmod q$。

（4）B 收到 C 的报文后，将 Y_{C_1}（认为是 Y_A）和 A 的用户 ID 存储在一起，并且计算 $K_1 = (Y_{C_1})^{X_B} \bmod q$。

（5）类似地，C 截获 B 发给 A 的公开密钥 Y_B，使用 Y_{C_2} 向 A 发送伪装来自 B 的报文。C 计算 $K_1 = (Y_B)^{X_{C_1}} \bmod q$。

（6）A 收到 Y_{C_2}（认为是 Y_B）并计算 $K_2 = (Y_{C_2})^{X_A} \bmod q$。

此时，A 和 B 认为他们已共享了密钥。但实际上，B 和 C 共享密钥 K_1，而 A 和 C 共享密钥 K_2。从现在开始，C 就可以截获 A 和 B 之间的加密消息并解密，根据需要修改后转发给目的地。而 A 和 B 都不知道他们在和 C 共享通信。

对抗中间人攻击的一种方法是让每一方拥有相对比较固定的公钥和私钥，并且以可靠的方式发布公钥，而不是每次通信之前临时选择随机的数值；另一种常用方法是在密钥协商过程中加入身份认证机制。

2.4　加密算法的新进展

教学课件

教学视频

随着云计算和移动计算的迅猛发展，人们将越来越多的数据存储在资源强大的云端，并且将越来越多的计算任务推至云端。新的应用模式也对安全提出了新需求。本节将简单介绍几种相对较新的加密算法。

2.4.1　同态加密

传统加密算法为数据增加了安全性，但同时也为数据处理带来了诸多不便。例如，对若干加密的数据进行运算时，只能是拥有解密密钥的一方先解密，然后再进行明文之间的运算。这种运算模式会带来几个问题：一是增加了计算的复杂度，因为每一次解密运算都会消耗计算资源；二是计算只能通过解密密钥拥有者进行，其他参与方需要将密文发送给解密方，这会带来一定的通信开销；三是安全方面的考虑，如果参与方只希望解密方获取最后的计算结果，那么对每个密文数据都解密会造成一定的信息泄露。

密码学的研究学者试图寻找一种新的数据处理方法，使得密文之间可进行计算，因此同态加密（Homomorphic Encryption）应运而生。与一般加密算法相比，同态加密除了能实现基本的加/解密操作外，还能实现密文间的多种计算功能。对多个经过同态加密的密文进行计算得到一个输出，如果将这一输出解密，则其结果与对这些密文对应的明文进行某种处理的输出结果是一样的。同态加密的这个特性对于保护信息的安全具有重要意义：可以先对多个密文进行计算之后再解密，不必对每一个密文解密而花费高昂的计算代价；可以实现无密钥方对密文的计算，既可以减少通信代价，又可以转移计算任务，从而平衡各方的计算代价；可以实现让解密方只能获知最后的结果，而无法获得每一个密文的消息，进而提高数据的安全性。

简单地说，对于一个加密算法，如果满足 $D(E(a) \otimes E(b)) = a \oplus b$，其中 E 代表加密，D 代表解密，$\otimes$ 和 $\oplus$ 分别表示密文和明文空间的某种运算，则此加密算法是同态的。根据运算符 $\oplus$ 的不同，可对同态加密算法进行分类：如果算法满足 $D(E(a) \otimes E(b)) = a + b$，则称此算法满足加法同态性；如果算法满足 $D(E(a) \otimes E(b)) = a \times b$，则称此算法满足乘法同态性；以此类推。仅能实现一种同态性的算法称为半同态加密算法；满足所有同态性质的算法称为全同态加密算法。

早在 1978 年，同态加密由 Rivest 等以"隐私同态"的概念第一次提出。RSA 和 ElGamal 算法具有乘法同态性，但不具有加法同态性。1999 年，Paillier 提出了一个满足加法同态性的公钥加密系统。2009 年，IBM 公司的研究员 Craig Gentry 对全同态加密做了详细的介绍并第一次构造了全同态加密方案。该方案是同态加密领域的重大突破，为全同态加密方案的研究提出了新方向。但是，该方案在工作效率上仍存在一定的问题而未能实际应用。其他全同态加密算法同样存在效率上的问题。

下面介绍著名的 Paillier 算法。Paillier 算法由于其加法同态性取得了广泛的应用。加法是最简单的运算之一，加法同态性可方便多个参与方之间进行保密的科学计算，在许多领域都有应用。

(1) 密钥生成：设 p、q 是两个大素数，$N = pq$，$g \in \mathbf{Z}_{N^2}^*$，记 $L(x) = (x-1)/N$，公钥 $\mathrm{pk} = (N, g)$，私钥 $\mathrm{sk} = \lambda(N) = \mathrm{lcm}(p-1, q-1)$。

(2) 加密算法：对任意明文 $m \in \mathbf{Z}_n$，随机选择 $r \in \mathbf{Z}_n^*$，则密文 $c = E_{\mathrm{pk}}(m) = g^m r^N \bmod N^2$。

(3) 解密算法：$m = D_{\mathrm{sk}}(c) = L(c^{\lambda(N)} \bmod N^2)/L(g^{\lambda(N)} \bmod N^2) \bmod N$。

可以验证，Paillier 算法满足加法同态性。

$$E(m_1) = g^{m_1} r_1^N \bmod N^2$$

$$E(m_2) = g^{m_2} r_2^N \bmod N^2$$

$$E(m_1 + m_2) = g^{m_1 + m_2} r^N \bmod N^2$$

$$E(m_1) E(m_2) = (g^{m_1} r_1^N \bmod N^2)(g^{m_2} r_1^N \bmod N^2) = g^{m_1 + m_2} r_1^N r_2^N \bmod N^2$$

$$D(E(m_1) E(m_2)) = D(g^{m_1 + m_2} r_1^N r_2^N \bmod N^2) = m_1 + m_2$$

与 RSA 不同，Paillier 算法是一个随机化的加密体制：每次加密都随机选择一个 $r \in \mathbf{Z}_n^*$。基于这种随机化，同一明文两次加密会产生不同密文，从而给选择明文攻击带来了不小的难度，提高了加密方案的安全性。

同态加密在云计算环境中有着广阔的应用场景。用户可以将同态加密的数据保存在云端；云端在密文上执行用户指定的运算并将运算结果返回给用户；用户解密得到最终运算结果。这种运算模式利用了云端强大的计算能力，同时又保护了用户的隐私。

2.4.2　属性基加密

在分布式计算环境下，数据提供方需要制定灵活可扩展的访问控制策略，从而控制数据的共享范围，并且需要保证数据的机密性。大规模分布式应用也迫切需要支持一对多的通信模式，从而降低为每个用户加密数据带来的巨大开销。传统的密码体制无法满足这些需求。

属性基加密(Attribute-Based Encryption，ABE)机制以用户属性为公钥，将密文和用户私钥与属性关联，能够灵活地表示访问控制策略，从而极大地降低了数据共享细粒度访问控制带来的网络带宽和发送结点的处理开销。因此，ABE 在细粒度访问控制领域具有广阔的应用前景。

ABE 属于公钥加密机制，其面向的解密对象是一个群体，而不是单个用户。实现这个特点的关键是引入了属性概念。属性是描述用户的信息要素，例如学生具有院系、年级、专业等属性，教师具有院系、职称、教龄等属性。群体就是指具有某些属性组合的用户集合。ABE 使用群体的属性组合作为群体的公钥，所有用户向群体发送数据时都使用相同的公钥。私钥则由属性授权机构根据用户属性计算并分配给个体。

Sahai 和 Waters 于 2005 年提出了基本 ABE，系统中每个属性用散列函数映射到 $\mathbf{Z}_p^*$ 中，密文和用户密钥都与属性相关。该机制支持基于属性的门限策略：只有用户属性集与密文属性集交集的大小达到或超过系统规定的门限参数时，用户才能解密。例如，某数据的属性集为{计算机,硕士,安全}，属性加密门限参数为 2，则属性集为{计算机,安全}、{计算机,硕士}、{硕士,安全}、{计算机,硕士,安全}的用户都可以加密该数据，但属性集为{计算机,学士}的用户则不可以。

基本 ABE 包括如下几个步骤。

(1) 初始化。产生两个阶为素数 q 的群 G_1、G_2，以及双线性对 $e:G_1 \times G_2 \to G_2$，d 为门限参数。授权机构选择 $y,t_1,t_2,\cdots,t_n \in \mathbf{Z}_q$，系统公钥 PK 为($T_1 = g^{t_1}$，$T_2 = g^{t_2}$，$\cdots$，$T_n = g^{t_n}$，$Y = e(g,g)^y$)，主密钥 MK = ($y,t_1,t_2,\cdots,t_n$)。

(2) 私钥生成。授权机构为每个用户生成私钥。对用户 u，授权机构随机选择一个 $d-1$ 次多项式 p，令 $p(0)=y$，用户私钥 SK 为 $\{D_i = g^{p(i)/t_i}\}_{\forall i \in A_u}$。$A_u$ 代表 u 的属性集合。

(3) 加密。对任一明文消息 $M \in G_2$，发送方为密文选择属性集合 A_C，随机选择 $s \in \mathbf{Z}_q$，密文为(A_C，$E = Y^s M = e(g,g)^{ys}M$，$\{E_i = g^{t_is}\}_{\forall i \in A_C}$)。

(4) 解密。由接收方 u 执行。如果 $|A_u \bigcap A_C| > d$，则选择 d 个属性 $i \in A_u \bigcap A_C$，计算 $e(E_i,D_i) = e(g,g)^{p(i)s}$，再用拉格朗日插值找到 $Y^s = e(g,g)^{p(0)s} = e(g,g)^{ys}$，得到 $M = E/Y^s$。

基本 ABE 只能表示属性的门限操作，且门限参数由授权机构设置，访问控制策略并不能由发送方决定。而现实中，许多应用需要按照灵活的访问控制策略支持属性的与、或、门限和非操作，实现发送方在加密时规定访问控制策略。因此，Goyal 等提出由接收方制定访问策略的 KP-ABE 机制，支持属性的与、或、门限操作；Bethencourt 等提出由发送方规定访问策略的 CP-ABE 机制。本书对这两种 ABE 不作详细介绍，有兴趣的读者请参考相应的文献。

2.4.3 可搜索加密

随着云计算的迅速发展，用户开始将数据迁移到云端服务器。为保证数据安全和用户隐私，数据一般以密文存储，但用户将会遇到如何在密文上进行查找的难题。可搜索加密(Searchable Encryption，SE)是近年来发展的一种支持用户在密文上进行关键字查找的密码技术，它能够为用户节省大量的网络和计算开销，并且充分利用云端服务器庞大的计算资源进行密文上的关键字查找。

由于现今 SE 机制的构造方法众多，因此其形式化描述方法各不相同。基本的 SE 机制主要包括以下 4 种算法。

- Setup。该算法主要由权威机构或数据所有者执行以生成密钥。在基于公钥密码学的 SE 机制中，该算法会根据输入的安全参数来产生公钥和私钥；在基于对称密码学的 SE 机制中，该算法会产生一些私钥，例如伪随机函数的密钥等。
- BuildIndex。该算法由数据所有者执行。数据所有者将根据文件内容选出相应的关键字集合，并且使用可搜索加密机制建立索引表。在基于公钥密码学的 SE 机制中，数据所有者会使用公钥对每个文件的关键字集进行加密；在基于对称密码学的 SE 机制中，数据所有者会使用对称密钥或者使用基于密钥的哈希算法对关键字集进行加密。无论是基于公钥密码学还是基于对称密码学的 SE，文件内容主体都会使用对称加密算法进行加密。
- GenToken。该算法以根据用户需要搜索的关键字为输入，产生相应的搜索凭证。算法的执行者主要由应用场景决定，可以是数据所有者、用户或权威机构。
- Query。该算法由服务器端执行。服务器以接收到的搜索凭证和每个文件中的索引表为输入，进行协议所预设的计算，通过比较输出结果是否与协议预设的结果相同来判断该文件是否满足搜索请求。服务器最后将搜索结果返回。用户在获得返回的文件密文后，再使用相应的对称密钥对数据密文进行解密。

Curtmola、Garay、Kamara 和 Ostrovsky 于 2006 年提出了基于对称加密的 SSE-1 方案。定义明文文件集 $D = \{D_1, D_2, \cdots, D_n\}$，关键词集合 $\Delta = \{W_1, W_2, \cdots, W_d\}$。SSE-1 为支持高效检索，引入额外数据结构：对于任意关键词 $W \in \Delta$，数组 A 存储 $D(W)$ 的加密结果，$D(W)$ 表示包含关键词 W 的所有文件的标识符集合；速查表 T 存储 W 的相关信息，以高效定位相应关键词信息在 A 中的位置。

SSE-1 构建索引的过程包括如下几个步骤。

1. 构建数组 A

初始化全局计数器 $\mathrm{ctr} = 1$ 并扫描明文文件集 D。对于 $W_i \in \Delta$，生成文件标识符集合 $D(W_i)$，记 $\mathrm{id}(D_{ij})$ 为 $D(W_i)$ 中字典序下第 j 个文件标识符，随机选取对称密钥 K_{i0}，然后按照如下方式构建并加密由 $D(W_i)$ 中各文件标识符形成的链表 L_{w_i}：对于 $1 \leqslant j \leqslant |D(W_i)| - 1$，随机选取对称密钥 K_{ij}，并且按照"文件标识符 $\|$ 下一个结点解密密钥 $\|$ 下一个结点在数组 A 的存放位置"这一形式创建链表 L_{w_i} 的第 j 个结点。

$$N_{ij} = \mathrm{id}(D_{ij}) \| K_{ij} \| \Psi(K_1, \mathrm{ctr} + 1)$$

这里，K_1 为 SSE-1 的一个子密钥，$\Psi(\ )$ 为伪随机函数，$\|$ 代表连接。使用对称密钥 $K_{i(j-1)}$ 加密 N_{ij} 并存储至数组 A 的相应位置，即 $A[\Psi(K_1, \mathrm{ctr})] = E(K_{i(j-1)}, N_{ij})$；而对于 $j = |D(W_i)|$，首先创建其链表结点 $N_{i|D(W_i)|} = \mathrm{id}(D_{i|D(W_i)|}) \| 0^\lambda \| \mathrm{NULL}$，然后将此结点加密并存储至数组 A，即 $A[\Psi(K_1, \mathrm{ctr})] = E(K_{i(|D(W_i)|-1)}, N_{i|D(W_i)|})$，最后置 $\mathrm{ctr} = \mathrm{ctr} + 1$。

2. 构建速查表 T

对于所有关键词 $W_i \in \Delta$，构建速查表 T 以加密存储关键词链表 L_{W_i} 首结点的位置及密钥信息，即

$$T[\pi(K_3, W_i)] = (\mathrm{addr}_A(N_{i1}) \parallel K_{i0})\ \mathrm{XOR}\ f(K_2, W_i)$$

其中，K_2 和 K_3 为 SSE-1 的另外两个子密钥，$f()$ 为伪随机函数，$\pi()$ 为伪随机置换，$\mathrm{addr}_A()$ 表示链表结点在数组 A 中的地址。

检索所有包含 W 的文件，只需要提交陷门 $T_W = (\pi(K_3, W), f(K_2, W))$ 至服务器。服务器使用 $\pi(K_3, W)$ 在 T 中找到 W 相关链表首结点的间接地址 $\theta = T[(\pi(K_3, W)]$，执行 $\theta\ \mathrm{XOR}\ f(K_2, W) = \alpha \parallel K'$，$\alpha$ 为 L_W 首结点在数组 A 中的地址，K' 为首结点加密使用的对称密钥。由于在 L_W 中，除尾结点外所有结点都存储下一结点的对称密钥及其在数组 A 中的地址，服务器获得首结点的地址和密钥后，即可遍历链表的所有结点，以获得包含 W 的文件的标识符，并且将相应的文件密文发回给检索的用户。

SSE-1 避免了关键词查询过程中逐个文件进行检索的缺陷，具备较高的效率。然而，由于 SSE-1 需要构建关键词相关链表并将其结点加密后存储至数组 A，这意味着现有文件的更新删除或新文件的添加需要重新构建索引，造成较大开销。因此，SSE-1 更适用于文件集合稳定、具有较少文件添加、更新和删除操作的情况。

其他可搜索加密机制不再详细介绍，请读者参考相应的文献。

思 考 题

1. 简述密码体制的概念及其组成成分。
2. 有哪些常见的密码分析攻击方法？各自有什么特点？
3. 古典密码学常用的两个技术是什么？各自有什么特点？
4. 简述对称密码算法的基本原理。
5. 简述 DES 算法的加密流程。
6. 简述对称密码和非对称密码的主要区别。
7. RSA 算法的理论基础是什么？简述 RSA 算法的流程。

第 3 章

消息鉴别与数字签名

课程思政

导　　读

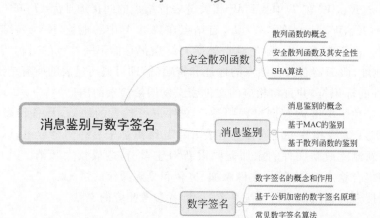

经典的密码学是关于加密和解密的理论,主要用于保密。目前,密码学已得到更加深入、广泛的发展和应用,不再局限于单一的加解密技术,而是被有效、系统地用于保证电子数据的机密性、完整性和真实性。这是因为,在公开的计算机网络环境中,传输中的数据可能遭到的威胁不只局限于泄密,而是多种形式的攻击。

(1)泄密。消息的内容被泄露给没有合法权限的任何人或过程。

(2)通信业务量分析。指分析通信双方的通信模式。在面向连接的应用中,确定连接的频率和持续时间;在面向连接或无连接的环境中,确定双方的消息数量和长度。

(3)伪造消息。攻击者假冒真实发送方的身份,向网络中插入一条消息,或者假冒接收方发送一个消息确认。

(4)篡改消息。这分成 3 种情形。

- 内容篡改。对消息内容的改动,包括插入、删除、调换和修改。

- 序号篡改。在依赖序号的通信协议(如 TCP)中,对通信双方消息序号进行修改,包括插入、删除和重新排序。

- 时间篡改。对消息进行延时和重放。在面向连接的应用中,整个消息序列可能是前面某合法消息序列的重放,也可能是消息序列中的一条消息被延时或重放;在面向无连接的应用中,可能是一条消息(如数据报)被延时或重放。

(5)行为抵赖。发送方否认发送过某消息或者接收方否认接收到某消息。

对抗前两种攻击的方法属于消息保密性范畴,前面讲过的对称密码学和公钥密码学都是围绕这个主题展开的;对付第 3 种和第 4 种攻击的方法一般称为消息鉴别;对付第 5

种攻击的方法属于数字签名。一般而言,数字签名方法也能够对抗第 3 种和第 4 种中的某些或全部攻击。本章将介绍消息鉴别和数字签名。

3.1　安全散列函数

教学课件

教学视频

散列函数又叫作散列算法、哈希函数,是一种将任意长度的消息映射到某一固定长度散列值(又称为哈希值、消息摘要)的函数。散列值相当于消息的"指纹",用来防止对消息的非法篡改。对消息任何一个或几个比特的改变都将极大地改变消息的散列值,即消息的"指纹"变得不正确。因此,散列函数的首要目标是保证消息的完整性。

令 H 代表一个散列函数,M 代表一个任意长度的消息,则 M 的散列值 h 表示为 $h = H(M)$,h 长度固定。我们称 h 是 M 的像,而 M 是 h 的原像。因为 M 长度任意,而 h 通常长度较短,所以散列函数是多对一映射。对于给定的散列值 h,对应多个原像。如果有两个消息 M_1 和 M_2,$M_1 \neq M_2$ 但 $H(M_1) = H(M_2)$,则称 M_1 和 M_2 是碰撞的。因为使用散列函数的目的是保证消息完整性,所以出现碰撞是我们不希望的。

3.1.1　安全散列函数及其安全性

在安全应用中使用的散列函数称为安全散列函数。安全散列函数应该是用途最多的密码算法,它被广泛运用于各种不同的安全应用和网络协议中。

安全散列函数必须满足一定的安全特征,主要包括 3 个被广泛认同的特性:单向性、弱抗碰撞性和强抗碰撞性。

- 单向性,又称为抗原像攻击,是指对任意给定的散列值 h,找到满足 $H(M) = h$ 的消息 M 在计算上是不可行的;即给定散列函数 h,由消息 M 计算散列值 $H(M)$ 是容易的,但由散列值 $H(M)$ 计算 M 是不可行的。
- 弱抗碰撞性,又称为抗第二原像攻击,指给定一个随机选择的消息 M,寻找消息 M',使得 $H(M) = H(M')$ 在计算上是不可行的,即不能找到与给定消息具有相同散列值的另一消息。
- 强抗碰撞性,又称为抗碰撞攻击,是指对于给定的散列函数 H,寻找两个不同的消息 M_1 和 M_2,使得 $H(M_1) = H(M_2)$ 在计算上是不可行的。

与加密算法一样,对安全散列函数的攻击也分成两类:穷举攻击和密码分析攻击。

穷举攻击不依赖算法细节,仅和散列值的长度有关。假设散列值长度为 m 比特。对于原像攻击和第二原像攻击,穷举攻击的方式是随机选择消息 M,计算其散列值直到碰撞出现;平均情况下,攻击者要尝试 2^{m-1} 次才能找到满足要求的 M。对于碰撞攻击,攻击者试图找到两个不同的消息 M_1 和 M_2,使得 $H(M_1) = H(M_2)$;平均情况下,攻击者要尝试 $2^{m/2}$ 次才能成功。

对安全散列函数进行密码分析攻击则是利用散列函数的某种性质而不是通过穷举方法来开展。因此,评价安全散列函数抗密码分析攻击的方法就是,将其与穷举攻击的代价进行比较。对理想的安全散列函数进行密码分析攻击的代价大于或等于穷举攻击所需的代价。最近一二十年,人们对安全散列函数的密码分析攻击方面做了大量工作,其中有些攻击是成功的。例如，2004年，时任山东大学信息安全研究所所长的王小云教授给出了曾经广泛使用的安全散列函数MD5的多个碰撞对，证明了MD5已不再安全。

3.1.2 SHA

人们设计出了大量的散列算法，其中SHA（Secure Hash Algorithm，安全散列算法）是近年来使用最广泛的。事实上，由于其他曾经广泛使用的安全散列函数被证实存在安全缺陷，SHA是2005年以来仅存的安全散列函数标准。

NIST于1993年发布了第1版的SHA，后来人们给它取了一个非正式的名称SHA-0，以避免与它的后继者混淆。SHA-0很快被发现存在缺陷，其修订版于1995年发布，即SHA-1。SHA-1算法产生160比特的散列值。2005年，王小云教授和姚期智教授给出了一个攻击SHA-1的方法，用2^{69}次操作就可以找到一对碰撞，远远少于此前人们认为的2^{80}次。同年，NIST宣布逐步废除SHA-1的意图，计划到2010年过渡到SHA-2及后续版本。

2002年，NIST给出了3种新的SHA版本，散列值长度依次为256位、384位和512位，分别称为SHA-256、SHA-384和SHA-512；2008年增加了224位版本。这些算法被统称为SHA-2。

值得注意的是，SHA-2与其前任具有类似的结构和基本数学运算。尽管当前还未被"攻破"，但鉴于MD5和SHA-0都被证实是不安全的，人们担心或许若干年后SHA-2的缺陷也会被发现。因此，NIST决定开展新的安全散列函数标准的制定工作，并且于2012选择Keccak算法作为SHA-3的标准算法。SHA-3采用了与前任算法不同的结构。

本节以512位版本为例介绍SHA-2。

1. SHA-512算法概要

SHA-512算法的输入是最大长度小于2^{128}位的消息，输出是长度为512位的消息散列值。

图3-1显示了SHA-512消息处理的总体过程，包含以下几个步骤。

步骤1：附加填充位。

填充消息使其长度模1024与896同余，即长度在对1024取模以后的余数是896。即使消息已经满足上述长度要求，仍然需要进行填充。填充是这样进行的：先补一个1，然后再补0，直到长度满足对1024取模后余数是896。因此，至少填充1位，最多填充1024位。

步骤2：附加长度。

将原始数据的长度补到已经进行了填充操作的消息后面。这个长度是一个128位的无符号整数。

前两步的结果是产生一个长度为1024整数倍的扩展消息，可看成一串长度为1024比特的分组$M_1, M_2, \cdots, M_N$。

步骤3：初始化散列缓冲区。

算法运算的中间结果和最终结果保存于一个长度为512位的缓冲区中，该缓冲区可以看成8个长度为64位的寄存器：a、b、c、d、e、f、g、h。这些寄存器按照如下方式初始化。

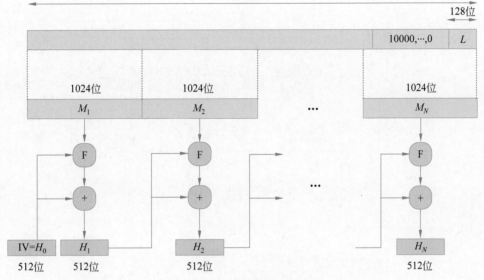

图 3-1　SHA-512 算法总体过程

a = 6A09E667F3BCC908	e = S1OES27FADE682D1
b = BB67AE8S84CAA73B	f = 9BOS688C2B3E6CIF
c = 3C6EF372FE94F82B	g = IF83D9ABFB41BD6B
d = AS4FFS3ASFID36F1	h = SBEOCD19137E2179

步骤 4：计算消息摘要。

算法的核心是图中标记为 F 的运算模块，该模块对每个长度为 1024 位的分组都进行 80 轮的运算处理。因此，如果共有 N 个 1024 位的分组，消息摘要的计算过程就包括 N 个阶段，每个阶段进行 80 轮的运算。

F 模块的输入有两个：当前阶段处理的分组 M_i，以及前一阶段对前一分组 M_{i-1} 处理的结果 H_{i-1}。

图 3-2 给出了 F 模块的逻辑原理。F 模块把 512 位的缓冲区 abcdefgh 作为输入并更新缓冲区的值。第 0 轮时，缓冲区的值是中间值 H_{i-1}。每一轮，如第 t 轮（$0 \leqslant t \leqslant 79$），使用一个 64 位的数值 W_t，该数值从当前处理的分组 M_t 导出。每一轮还使用一个常数 K_t，作用是使得每轮的运算不同。用如下方式获得 K_t：对前 80 个素数分别求立方根，取小数部分的前 64 位。最后一轮的输出和第 0 轮的输入进行模 2^{64} 的加法运算得到 H_i。

步骤 5：输出。

所有的 N 个 1024 位的分组都处理完以后，第 N 阶段的输出就是长度为 512 比特的消息摘要。

因此，SHA-512 算法的步骤可描述如下。

$$H_0 = \text{IV}$$
$$H_i = \text{SUM}_{64}(H_{i-1}, \text{abcdefgh}_i)$$
$$\text{MD} = H_N$$

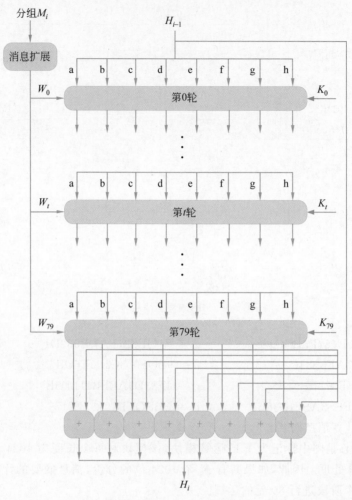

图 3-2　F 模块的逻辑原理

其中，IV 是缓冲区 abcdefgh 的初始值，abcdefgh$_i$ 表示第 i 个分组处理后的最终结果，N 是分组数，SUM$_{64}$ 表示模 2^{64} 加，MD 为最终输出的散列值。

2. SHA-512 轮函数

F 模块每一轮的运算可用以下公式描述。

$$T_1 = h + \text{Ch}(e, f, g) + \left(\sum_1^{512} e\right) + W_t + K_t$$

$$T_2 = \left(\sum_0^{512} a\right) + \text{Maj}(a, b, c)$$

$$h = g$$

$$g = f$$

$$f = e$$

$$e = d + T_1$$

$$d = c$$
$$c = b$$
$$b = a$$
$$a = T_1 + T_2$$

其中：

- t 为轮数，W_t 是从当前处理的分组导出的 64 位数值，K_t 为附加常数。
- $\mathrm{Ch}(e, f, g) = (e\ \mathrm{AND}\ f) \oplus (\mathrm{NOT}\ e\ \mathrm{AND}\ g)$，这是一个条件函数：如果 e，则 f；否则 g。
- $\mathrm{Maj}(a, b, c) = (a\ \mathrm{AND}\ b) \oplus (a\ \mathrm{AND}\ c) \oplus (b\ \mathrm{AND}\ c)$，当 a、b、c 中的多数（2 个或 3 个）为真时，结果为真。
- $\left(\sum\limits_0^{512} a\right) = \mathrm{ROTR}^{28}(a) \oplus \mathrm{ROTR}^{34}(a) \oplus \mathrm{ROTR}^{39}(a)$。
- $\mathrm{ROTR}^n(x)$ 表示对 64 位变量 x 循环右移 n 位。
- W_t 是从当前处理的分组导出的 64 位数值。每个分组共 1024 位，可以看成 16 个 64 位的字，序号为 0～15；每一阶段包括 80 轮，前 16 轮的 $W_t (0 \leqslant t \leqslant 15)$ 直接取自分组中第 t 个 64 位的字；后 64 轮的 $W_t (16 \leqslant t \leqslant 79)$ 按照如下方式产生。

$$W_t = \sigma_1^{512}(W_{t-2}) + W_{t-7} + \sigma_0^{512}(W_{t-15}) + W_{t-16}$$
$$\sigma_1^{512}(x) = \mathrm{ROTR}^{19}(x) \oplus \mathrm{ROTR}^8(x) \oplus \mathrm{SHR}^7(x)$$
$$\sigma_0^{512}(x) = \mathrm{ROTR}^{19}(x) \oplus \mathrm{ROTR}^{61}(x) \oplus \mathrm{SHR}^6(x)$$

其中，$\mathrm{ROTR}^n(x)$ 表示对 64 位变量 x 循环右移 n 位，$\mathrm{SHR}^n(x)$ 则表示左移 n 位（右边补 0）。

SHA-512 算法产生的消息散列值的每一位都是全部输入位的函数。除非 SHA-512 算法存在目前未知的隐藏缺陷，否则找到一对碰撞需要 2^{256} 次操作，针对给定散列值寻找对应的消息则需要 2^{512} 次操作。基于目前对 SHA-512 的认知，这是一个安全的散列算法。

3.2　消息鉴别

教学课件

教学视频

完整性是安全的基本要求之一。篡改消息是对通信系统进行主动攻击的常见形式，被篡改的消息是不完整的；信道的偶发干扰和故障也破坏了消息的完整性。接收者应该能够检查所收到的消息是否完整。另外，攻击者还可以将一条声称来自合法授权用户的虚假消息插入网络，或者冒充消息的合法接收者发回假确认。因此，消息接收者还应该能够识别收到的消息是否确实来源于该消息所声称的主体，即验证消息来源的真实性。

保障消息完整性和真实性的重要手段是消息鉴别技术。

3.2.1　消息鉴别的概念

消息鉴别也称为"报文鉴别"或"消息认证"，是一个对收到的消息进行验证的过程。验证的内容包括两方面。

- 真实性。消息的发送者是真正的而不是冒充的。

- 完整性。消息在传送和存储过程中未被篡改过。

从功能上看,一个消息鉴别系统可分成两个层次,如图3-3所示。

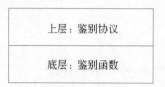

图3-3　消息鉴别系统的功能分层结构

底层是一个鉴别函数,其功能是产生一个鉴别符。鉴别符是一个用来鉴别消息的值,即鉴别的依据。在此基础上,上层的鉴别协议调用该鉴别函数,实现对消息真实性和完整性的验证。鉴别函数是决定鉴别系统特性的主要因素。

根据鉴别符的生成方式,鉴别函数可分为如下3类。

- 基于消息加密。以整个消息的密文作为鉴别符。
- 基于消息鉴别码(MAC)。利用公开函数和密钥产生一个较短的定长值作为鉴别符,并且与消息一同发送给接收方,实现对消息的验证。
- 基于散列函数。利用公开函数将任意长的消息映射为定长的散列值,并且以该散列值作为鉴别符。

目前,像对称加密、公钥加密等常规加密技术已经发展得非常成熟。但是,由于多种原因,常规加密技术并没有被简单地应用到消息鉴别符的生成中,实际应用中一般采用独立的消息鉴别符。用避免加密的方法提供消息鉴别符受到广泛的重视,而最近几年消息鉴别的热点转向由散列函数导出MAC。

3.2.2　基于MAC的鉴别

1. 消息鉴别码原理

消息鉴别码(Message Authentication Code,MAC)又称为密码校验和,其实现鉴别的原理是:用公开函数和密钥生成一个固定大小的小数据块,即MAC,并且将其附加在消息之后传输;接收方利用与发送方共享的密钥进行鉴别。基于MAC提供消息完整性保护时,MAC可以在不安全的信道中传输,因为MAC的生成需要密钥。

基于MAC的鉴别原理见图3-4。假定通信双方(如A和B)共享密钥K。A向B发送消息时,A计算MAC,它是消息和密钥K的函数,即$MAC=C(K,M)$。其中,M为输入消息,C为MAC函数,K为共享的密钥,MAC为消息鉴别码。

消息和MAC一起被发送给接收方B。接收方B对收到的消息用相同的密钥K进行相同的计算得出新的MAC,并且与接收到的MAC进行比较。假定只有收发双方知道该密钥,若接收到的MAC与计算得出的MAC相等,则说明以下3点。

(1) 接收方B可以相信消息在传送途中未被非法篡改。因为假定攻击者不知道密钥K,所以攻击者可能修改消息,但他不知道应如何改变MAC才能使其与修改后的消息相一致。这样,接收方计算出的MAC将不等于接收到的MAC。

(2) 接收方B可以相信消息来自真正的发送方A。因为其他各方均不知道密钥,因此他们不能产生具有正确MAC的消息。

(3) 如果消息中含有序列号(如TCP序列号),那么接收方可以相信消息顺序是正确的,因为攻击者无法成功地修改序列号并保持MAC与消息一致。

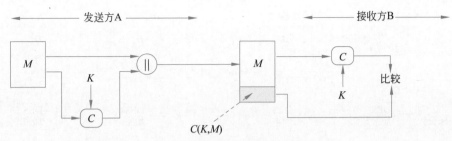

图 3-4　基于 MAC 的鉴别原理

图 3-4 所示的过程仅提供鉴别而不能提供保密性,因为消息是以明文形式传送的。若将 MAC 附加在明文消息后对整个信息块加密,则可以同时提供保密和鉴别。这需要两个独立的密钥,并且收发双方共享这两个密钥。

MAC 函数与加密类似,但加密算法必须是可逆的,而 MAC 算法则不要求可逆性,在数学上比加密算法易受攻击的弱点要少。与加密算法相比,MAC 算法更不易被攻破。

2. 基于 DES 的消息鉴别码

构造 MAC 的常用方法之一就是基于分组密码并按 CBC(密文块链接)模式操作。在 CBC 模式中,每个明文分组在用密钥加密之前,要先与前一个密文分组进行异或运算。用一个初始向量 IV 作为密文分组初始值。

数据鉴别算法也称为 CBC-MAC(密文块链接-消息鉴别码),它建立在 DES 之上,是使用极广泛的 MAC 算法之一,也是 ANSI 的一个标准。

数据鉴别算法采用 DES 运算的 CBC 方式,参见图 3-5。其初始向量 IV 为 $\mathbf{0}$,需要鉴别的数据分成连续的 64 位的分组 $\boldsymbol{D}_1, \boldsymbol{D}_2, \cdots, \boldsymbol{D}_N$,若最后分组不足 64 位,则在其后填 0 直至成为 64 位的分组。利用 DES 加密算法 E 和密钥 K 计算数据鉴别码(DAC)的过程如下。

$$\boldsymbol{O}_0 = \text{IV}$$
$$\boldsymbol{O}_1 = E_K(\boldsymbol{D}_1 \oplus \boldsymbol{O}_0)$$
$$\boldsymbol{O}_2 = E_K(\boldsymbol{D}_2 \oplus \boldsymbol{O}_1)$$
$$\boldsymbol{O}_3 = E_K(\boldsymbol{D}_3 \oplus \boldsymbol{O}_2)$$
$$\vdots$$
$$\boldsymbol{O}_N = E_K(\boldsymbol{D}_N \oplus \boldsymbol{O}_{N-1})$$

DAC 可以取整个块 $\boldsymbol{O}_N$,也可以取其最左边的 M 位,其中 $16 \leqslant M \leqslant 64$。

3.2.3　基于散列函数的鉴别

散列函数是消息鉴别码的一种变形。与消息鉴别码一样,散列函数的输入是可变大小的消息 M,输出是固定大小的散列码 $H(M)$,也称为消息摘要或散列值。与 MAC 不同的是,散列函数并不使用密钥,它仅是输入消息的函数。使用没有密钥的散列值作为消息鉴别码的机制是不安全的,因此实践中常将散列函数和加密结合起来使用。

图 3-6 给出了将散列码用于消息鉴别的两种常用方法。

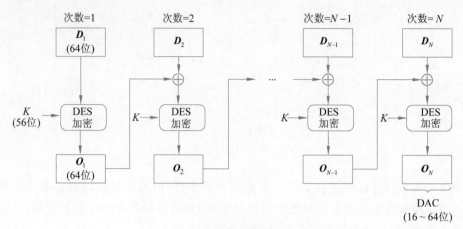

图 3-5　数据鉴别算法

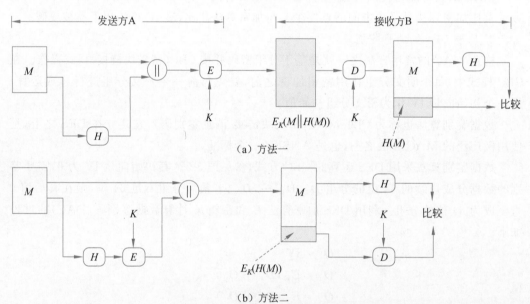

（a）方法一

（b）方法二

图 3-6　基于散列函数的消息鉴别

在图 3-6（a）中，消息发送方 A 首先计算明文消息 M 的散列值 $H(M)$ 并将 $H(M)$ 串接在 M 后，然后用对称加密算法对消息及附加在其后的散列值加密，将密文发送给对方。接收方 B 首先解密密文得到散列值 $H(M)$ 和明文消息 M，然后根据同样的散列算法计算散列值 $H'(M)$ 并验证 $H(M)=H'(M)$ 是否成立。如果成立，因为只有 A 和 B 共享密钥并且散列函数是一个单向函数，所以 B 可以确认消息一定是来自 A 且未被修改过。散列值提供了鉴别所需的结构或冗余，并且由于该方法是对整个消息和散列值加密，因此也提供了保密性。

图 3-6（b）用对称加密算法仅对散列码加密。$E_K(H(M))$ 是变长消息 M 和密钥 K 的函数，它产生定长的输出值，若攻击者不知道密钥，则他无法得出这个值。这个方案只

能提供鉴别,而无法提供保密。

近年来,人们对于利用散列函数设计 MAC 越来越感兴趣。这是因为利用对称加密算法产生 MAC 要对全部消息进行加密,运算速度较慢,而散列函数执行速度比对称分组加密要快。

散列函数并不是专为 MAC 而设计的,不依赖于密钥,因此它不能直接用于 MAC。目前,已经提出了许多方案将密钥加到现有的散列函数中。HMAC(Hash-based Message Authentication Code)是最受支持的方案,它是一种依赖密钥的单向散列函数,同时提供对数据的完整性和真实性的验证。HMAC 是 IP 安全必须实现的 MAC 方案,并且其他 Internet 协议(如 SSL)中也使用它。

RFC 2104 给出了 HMAC 的设计目标。

- 不必修改而直接使用现有的散列函数,即将散列函数看成"黑盒",从而可以使用多种散列函数。
- 如果找到或需要更快或更安全的散列函数,应能很容易地替代原来嵌入的散列函数。
- 应保持散列函数的原有性能,不能过分降低其性能。
- 对密钥的使用和处理应较简单。
- 如果已知嵌入的散列函数的强度,则完全可以知道认证机制抗密码分析的强度。

图 3-7 给出了 HMAC 的总体结构。

其中:

- H——嵌入的散列函数(如 MD5、SHA-1、RIPEMD-160)。
- IV——作为散列函数输入的初始值。
- M——HMAC 的消息输入(包括由嵌入的散列函数定义的填充位)。
- Y_i——M 的第 i 个分组,$0 \leqslant i \leqslant L-1$。
- L——M 中的分组数。
- b——每一分组所含的位数。
- n——嵌入的散列函数所产生的散列码长。
- K——密钥(建议密钥长度 $\geqslant n$)。若密钥长度大于 b,则将密钥作为散列函数的输入来产生一个 n 位的密钥。
- K^+——为使 K 为 b 位长而在 K 左边填充 0 后所得的结果。
- ipad——内层填充,00110110(十六进制数 36)重复 $b/8$ 次的结果。
- opad——外层填充,01011100(十六进制数 5C)重复 $b/8$ 次的结果。

HMAC 可描述如下。

$$\text{HMAC}(K,M) = H[(K^+ \oplus \text{opad}) \parallel H[(K^+ \oplus \text{ipad}) \parallel M]]$$

说明:

(1) 在 K 左边填充 0,得到 b 位的 K^+(例如,若 K 是 160 位,$b=512$,则在 K 中加入 44 个全 0 字节 0x00)。

(2) K^+ 与 ipad 执行异或运算(逐位异或)产生 b 位的分组 S_i。

(3) 将 M 附于 S_i 后。

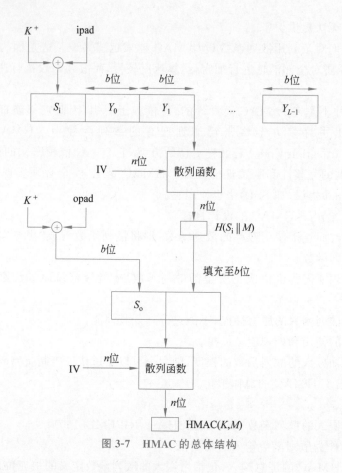

图 3-7　HMAC 的总体结构

（4）将 H 作用于步骤（3）所得出的结果。

（5）K^+ 与 opad 执行异或运算（逐位异或）产生 b 位的分组 S_o。

（6）将步骤（4）中的散列码附于 S_o 后。

（7）将 H 作用于步骤（6）所得出的结果并输出该函数值。

注意，K 与 ipad 异或后，其信息位有一半发生了变化；同样，K 与 opad 异或后，其信息位的另一半也发生了变化。这样，通过将 S_i 与 S_o 传给散列算法中的压缩函数，可以从 K 伪随机地产生出两个密钥。

HMAC 多执行了 3 次散列压缩函数，但是对于长消息，HMAC 和嵌入的散列函数的执行时间大致相同。

3.3　数 字 签 名

教学课件

教学视频

　　在实际生活中，许多事情的处理需要人们手写签名。签名起到了鉴别、核准、负责等作用，表明签名者对文档内容的认可，并且产生某种承诺或法律上的效应。数字签名是手写签名的数字化形式，是公钥密码学发展过程中非常重要的概念之一，也是现代密码学非常重要的组成部分之一。数字签名的概念自 1976 年被提出时就受到了特别的关注。数字签名已成为计算机网络不可缺少的一项安全技术,在商业、金融、军事等领域得到了广泛应用。很多国家对数字签名的使用颁布了相应的法案。美国于 2000 年通过的《电子签名全球与国内贸易法案》规定数字签名与手写签名具有同等法律效力,我国的《电子签名法》也规定可靠的数字签名与手写签名或印章有同等法律效力。

3.3.1　数字签名简介

1. 数字签名的必要性

消息鉴别通过验证消息完整性和真实性可以保护信息交换双方不受第三方的攻击,但它不能处理通信双方内部的相互攻击,这些攻击可以有多种形式。

例如,B 可以伪造一条消息并称该消息发自 A。此时,B 只需要产生一条消息,用 A 和 B 共享的密钥产生消息鉴别码,并且将消息鉴别码附于消息之后。因为 A 和 B 共享密钥,所以 A 无法证明自己没有发送过该消息。

又如,A 可以否认曾发送过某条消息。同样道理,因为 A 和 B 共享密钥,B 可以伪造消息,所以无法证明 A 确实发送过该消息。

在通信双方彼此不能完全信任对方的情况下,就需要用除消息鉴别外的其他方法来解决这些问题。数字签名是解决这个问题的最好方法,它的作用相当于手写签名。用户 A 发送消息给 B,B 通过验证附在消息上的 A 的签名,就可以确认消息是否确实来自 A。同时,因为消息上有 A 的签名,所以 A 在事后也无法抵赖所发送过的消息。因此,数字签名的基本目的是认证、核准和负责,防止相互欺骗和抵赖。数字签名在身份认证、数据完整性、不可否认性和匿名性等方面有着广泛的应用。

2. 数字签名的概念及其特征

数字签名在 ISO 7498-2 标准中被定义为"附加在数据单元上的一些数据,或是对数据单元所作的密码变换,这种数据和变换允许数据单元的接收者用于确认数据单元来源和数据单元的完整性并保护数据,防止被人(例如接收者)进行伪造"。

数字签名体制也叫数字签名方案,一般包含两个主要组成部分,即签名算法和验证算法。对消息 M 签名记为 $s = \text{Sig}(m)$,而对签名 s 的验证可记为 $\text{Ver}(s) \in \{0,1\}$。数字签名体制的形式化定义如下。

定义 3-1　一个数字签名体制是一个五元组 (M, A, K, S, V),其中:

- M 是所有可能的消息的集合,即消息空间。
- A 是所有可能的签名组成的一个有限集,称为签名空间。
- K 是所有密钥组成的集合,称为密钥空间。
- S 是签名算法的集合,V 是验证算法的集合,满足:对任意 $k \in K$,有一个签名算法 Sig_k 和一个验证算法 Ver_k,使得对任意消息 $m \in M$,每一签名 $a \in A$,$\text{Ver}_k(m, a) = 1$,当且仅当 $a = \text{Sig}_k(m)$。

在数字签名体制中,$a = \text{Sig}_k(m)$ 表示使用密钥 k 对消息 m 签名,(m, a) 被称为一个消息-签名对。发送消息时,通常将签名附在消息后。

数字签名必须具有下列特征。

- 可验证性。信息接收方必须能够验证发送方的签名是否真实有效。

- 不可伪造性。除签名人外，任何人都不能伪造签名人的合法签名。
- 不可否认性。发送方在发送签名的消息后，无法否认发送的行为。
- 数据完整性。数字签名使得发送方能够对消息的完整性进行校验。换句话说，数字签名具有消息鉴别的功能。

根据这些特征，数字签名应满足下列条件。

- 签名必须是与消息相关的二进制位串。
- 签名必须使用发送方某些独有的信息，以防伪造和否认。
- 产生数字签名比较容易。
- 识别和验证签名比较容易。
- 伪造数字签名在计算上是不可行的。无论是从给定的数字签名伪造消息，还是从给定的消息伪造数字签名，在计算上都是不可行的。
- 保存数字签名的副本是可行的。

基于公钥密码算法和对称密码算法都可以获得数字签名，目前主要采用基于公钥密码算法的数字签名。在基于公钥密码的签名体制中，签名算法必须使用签名人的私钥，而验证算法则只使用签名人的公钥。因此，只有签名人才可能产生真实有效的签名，只要他的私钥是安全的。签名的有效性可以被任何人验证，因为签名人的公钥是公开可访问的。

3.3.2　基于公钥密码的数字签名原理

假定接收方已知发送方的公钥，则发送方可以用自己的私钥对整个消息或消息的散列码加密来产生数字签名，接收方用发送方的公钥对签名进行验证从而确认签名和消息的真实性，如图 3-8 所示。

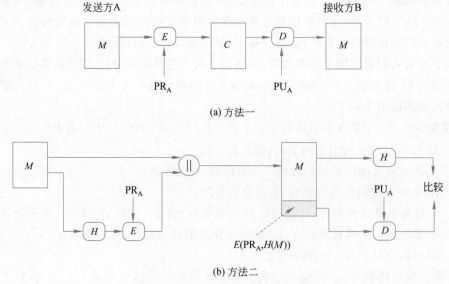

(a) 方法一

(b) 方法二

图 3-8　基于公钥密码的数字签名原理

在实际应用中，考虑到效率，一般采用第二种方法，即发送方用自己的私钥对消息的散列值加密来产生数字签名。假设发送方否认发送过消息 M，则接收方只需要提供 M 和签名 $E(PR_A, H(M))$。第三方可以用 A 的公钥解密签名得到 $H(M)$ 并与自己计算得到的散列值进行比较。如果相等，由于签名是 A 用自己的私钥加密的，则 M 肯定是 A 发送的，A 无法否认自己的发送行为。

如果发送方用接收方的公钥（公钥密码）和共享的密钥（对称密码）再对整个消息和签名加密，则可以获得保密性，如图 3-9 所示。

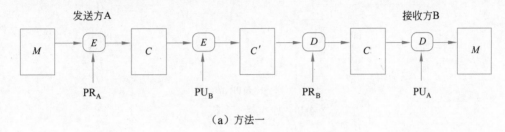

（a）方法一

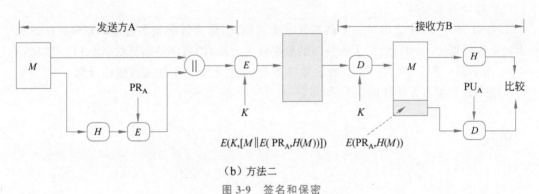

（b）方法二

图 3-9 签名和保密

注意，这里是先进行签名，然后才执行外层的加密，这样在发生争执时，第三方可以查看消息及其签名。若先对消息加密，然后才对消息的密文签名，那么第三方必须知道解密密钥才能读取原始消息。但是签名若是在内层进行，那么接收方可以存储明文形式的消息及其签名，以备将来解决争执时使用。

签名的有效性依赖发送方私钥的安全性。如果发送方想否认以前曾发送过某条消息，那么他可以称其私钥已丢失或被盗用，其他人伪造了他的签名。可以通过在私钥的安全性方面进行控制来阻止或至少减少这种情况的发生。比较典型的做法是要求每条要签名的消息都包含一个时间戳（日期和时间），以及在密钥被泄露后应立即向管理中心报告。

3.3.3 数字签名算法

自数字签名的概念被提出后，人们设计了多种数字签名的算法。比较知名的有 RSA、ElGamal、Schnorr、DSS 等。

1. 基于 RSA 的数字签名

RSA 密码体制既可以用于加密，又可以用于签名。RSA 数字签名是最容易理解和实现的数字签名方案，其安全性基于大整数因子分解的困难性。

图 3-10 描述了基于 RSA 的数字签名方法。它要使用一个散列函数,散列函数的输入是要签名的消息,输出是定长的散列码。发送方用其私钥和 RSA 算法对该散列码加密形成签名,然后发送消息及其签名。接收方收到消息后计算散列码并用发送方的公钥对签名解密得到发送方计算的散列码,如果两个散列码相同,则认为签名是有效的。因为只有发送方拥有私钥,所以只有发送方能够产生有效的签名。

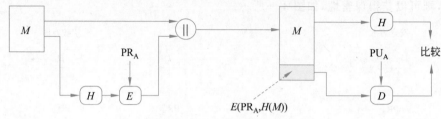

图 3-10　RSA 数字签名方法

2. 数字签名标准

NIST 于 1991 年提出了一个联邦数字签名标准,称为数字签名标准(DSS)。DSS 使用安全散列算法(SHA)给出了一种新的数字签名方法,即数字签名算法(DSA)。与 RSA 不同,DSS 是一种公钥方法,但只提供数字签名功能,不能用于加密或密钥分配。

DSS 数字签名方法如图 3-11 所示。

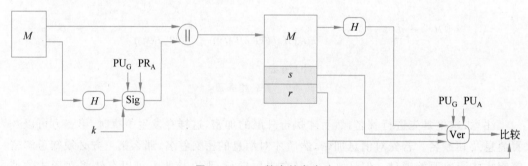

图 3-11　DSS 数字签名方法

DSS 方法也使用散列函数,它产生的散列码和为此次签名而产生的随机数 k 作为签名函数的输入。签名函数依赖发送方的私钥(PR_A)和一组参数,这些参数为一组通信伙伴所共有,可以认为这组参数构成全局公钥(PU_G)。

接收方对接收到的消息产生散列码,这个散列码和签名一起作为验证函数的输入。验证函数依赖全局公钥和发送方公钥 PU_A,若验证函数的输出等于签名中的 r 成分,则签名是有效的。签名函数保证只有拥有私钥的发送方才能产生有效签名。

DSA 安全性基于计算离散对数的困难性,并且起源于 ElGamal 和 Schnorr 提出的数字签名方法。

图 3-12 归纳总结了 DSA 算法。公钥由 3 个参数 p、q、g 组成并为一组用户所共有。首先选择一个 160 位的素数 q,然后选择一个长度为 512～1024 的素数 p,并且使得 q 是 $p-1$ 的素因子;最后选择形为 $h^{(p-1)/q} \bmod p$ 的 g,其中 h 是 1～$p-1$ 的整数且 g 大于 1。

<table>
<tr><td colspan="2">

全局公钥组成

p 为素数，其中 $2^{L-1} < p < 2^L, 512 \leqslant L \leqslant 1024$ 且 L 是 64 的倍数，即 L 的位长为 512~1024 并且其增量为 64 位。q 为 $p-1$ 的素因子，其中 $2^{159} < q < 2^{160}$，即位长为 160 位。$g = h^{(p-1)/q} \bmod p$，其中 h 是满足 $1 < h < p-1$ 并且 $h^{(p-1)/q} \bmod p > 1$ 的任何整数

</td></tr>
</table>

签名

$r = (g^k \bmod p) \bmod q$

$s = [k^{-1}(H(M) + xr)] \bmod q$

签名 $= (r, s)$

用户的私钥

x 为随机或伪随机整数且 $0 < x < q$

验证

$w = (s')^{-1} \bmod q$

$u_1 = [H(M')w] \bmod q$

$u_2 = (r')w \bmod q$

$v = [(g^{u_1}y^{u_2}) \bmod p] \bmod q$

检验：$v = r'$

用户的公钥

$y = g^x \bmod p$

M——要签名的消息

$H(M)$——使用 SHA-1 求得的 M 的散列码

M', r', s'——接收到的 M、r、s

与用户每条消息相关的秘密值

k 等于随机或伪随机整数且 $0 < k < q$

图 3-12　DSA 算法

选定这些参数后，每个用户选择私钥并产生公钥。私钥 x 必须是随机或伪随机选择的素数，取值区间是 $[1, q-1]$；公钥则根据公式 $y = g^x \bmod p$ 计算得到。由给定的 x 计算 y 比较简单，而由给定的 y 确定 x 则在计算上是不可行的，因为这就是求 y 的以 g 为底的模 p 的离散对数，而求离散对数是困难的。

假设要对消息 M 进行签名。发送方需要计算两个参数 r 和 s，它们是公钥 (p, q, g)、用户私钥 x、消息的散列码 $H(M)$ 和附加整数 k 的函数，其中 k 是随机或伪随机产生的 $(0 < k < q)$，且对每次签名是唯一的。

为了对签名进行验证，接收方计算值 v，它是公钥 (p, q, g)、发送方公钥、接收到的消息的散列码的函数。若 v 与签名中的 r' 相同，则签名是有效的。

图 3-13 描述了上述签名和验证函数。

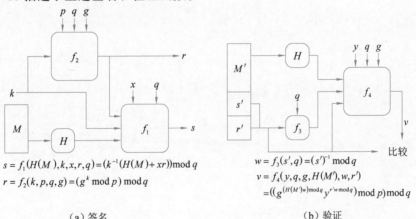

$s = f_1(H(M), k, x, r, q) = (k^{-1}(H(M) + xr)) \bmod q$

$r = f_2(k, p, q, g) = (g^k \bmod p) \bmod q$

（a）签名

$w = f_3(s', q) = (s')^{-1} \bmod q$

$v = f_4(y, q, g, H(M'), w, r')$

$= ((g^{H(M')w \bmod q} y^{r'w \bmod q}) \bmod p) \bmod q$

（b）验证

图 3-13　DSS 签名和验证函数

　　DSA 算法有这样一个特点：接收端的验证依赖 r，但 r 却根本不依赖消息，它是 k 和全局公钥的函数。$k \bmod p$ 的乘法逆元传给函数的输入还包含消息的散列码和用户私钥，函数的这种结构使接收方可利用其收到的消息、签名、自己的公钥以及全局公钥来恢复 r。

　　由于求离散对数的困难性，因此攻击者从 r 恢复出 k 或从 s 恢复出 x 都是不可行的。

思 考 题

　　1. 消息鉴别主要用于对抗哪些类型的攻击？

　　2. 根据鉴别符的生成方式，鉴别函数可分为哪几类？各自具有什么特点？

　　3. 什么是消息鉴别码（MAC）？其实现的基本原理是什么？

　　4. 散列函数应该具有哪些安全特性？

　　5. 简述 SHA-512 算法处理消息和输出摘要的过程。

　　6. 什么是数字签名？数字签名具有哪些特征？

　　7. 为什么说消息鉴别无法处理内部矛盾（如发送方否认发送过某消息或者接收方否认接收到某消息），而数字签名可以？

　　8. 简述基于公钥密码的数字签名原理。

第 4 章

密钥分发与身份认证

课程思政

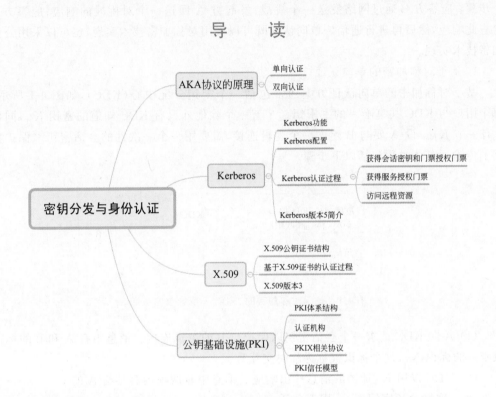

为了对网络通信进行保护,要用到各种密码算法,如加密、消息鉴别、数字签名等。这些算法都要用到密钥。如何以安全的方式分发密钥是一个基础性的安全问题。对于对称密钥分发,要保证机密性和真实性:密钥不能被第三方所获知,同时要确保其传递给真正的通信参与方而不是假冒者。对于公钥分发,要保证真实性:获得的公钥要确保来自所声称的实体,而不是假冒者。

在现实世界中,人们常常被问到"你是谁"。为证明自己的身份,人们通常要出示一些证件,如身份证、户口本等。在计算机网络世界中,这个问题仍然非常重要。在进行通信之前必须弄清楚对方是谁,确定对方的身份,以确保资源被合法用户合理地使用。认证是防止主动攻击的重要技术,是安全服务的最基本内容之一。

在实践中,通常用一个协议完成密钥分发(尤其是对称密钥分发)和身份认证两个任务,这样的协议叫作认证密钥协商协议(Authenticated Key Agreement,AKA)。

教学课件

教学视频

4.1　AKA 协议的原理

4.1.1　单向认证

单向认证是指通信双方中只有一方对另一方进行认证。通常，单向认证协议包括 3 个步骤：应答方 B 通过网络发送一个挑战；发起方 A 回送一个对挑战的响应；应答方 B 检查此响应，然后再进行通信。单向认证既可以采用对称加密技术实现，也可以采用公钥加密技术实现。

1. 基于对称加密的单向认证

基于对称加密的单向认证方案通常包括一个密钥分配中心（KDC），如图 4-1 所示。每个用户与 KDC 共享唯一的主密钥。A 有一个除他外只有 KDC 知道的密钥 K_A，同样 B 有一个 K_B。设 A 要与 B 建立一个逻辑连接，需要用一个一次性的会话密钥来保护数据的传输。具体过程包括以下步骤。

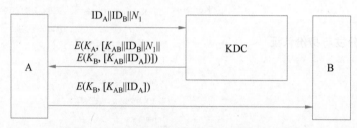

图 4-1　基于对称加密的、KDC 干预的单向认证

（1）A 向 KDC 请求一个会话密钥以保护与 B 的逻辑连接。消息中有 A 和 B 的标识及唯一的标识 N_1，这个标识被称为临时交互号。

（2）KDC 以用 K_A 加密的消息作出响应。消息中有两项内容是给 A 的。

- 一次性会话密钥 K_{AB}，用于会话。
- 原始请求消息，包括临时交互号，以使 A 使用适当的请求匹配这个响应。

此外，消息中有两项内容是给 B 的。

- 一次性会话密钥 K_{AB}，用于会话。
- A 的标识符 ID_A。

这两项用 K_B（KDC 与 B 共享的主密钥）加密。它们将发送给 B，以建立连接并证明 A 的标识。

（3）A 保存会话密钥备用并将消息的后两项发给 B，即 $E(K_B, [K_{AB} \| ID_A])$。现在 B 已知会话密钥 K_{AB}，知道他稍后的通话伙伴是 A（来自 ID_A），且知道这些消息来自 KDC（因为它们是用 K_B 加密的）。至此，B 实现了对 A 的认证过程。

2. 基于公钥加密的单向认证

基于公钥加密的单向认证方案如图 4-2 所示。

在图 4-2(a) 所示的方案中，B 给 A 发送一个挑战，而 A 用自己的私钥对 R 加密，B 可以通过 A 的公钥解密并验证 A 的身份。在图 4-2(b) 中，B 将挑战 R 用 A 的公钥加密后

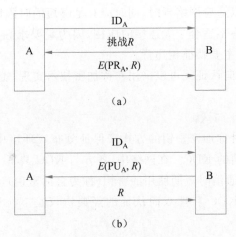

图 4-2 基于公钥加密的单向认证

发送,A 则用自己的私钥解密得到 R',B 通过验证 $R = R'$ 来实现对 A 的单向身份认证。验证了 A 的身份后,B 可以生成一个随机数作为会话密钥以保护后续通信,并且用 A 的公钥加密会话密钥发送给 A;A 解密获得会话密钥。自此双方共享了会话密钥。

需要注意的是,此协议依赖一个前提:B 已经以"安全"的方式获得 A 的公钥。

4.1.2 双向认证

双向认证是一个重要的应用领域,指通信双方相互验证对方的身份。双向认证协议可以使通信双方确信对方的身份并交换会话密钥。保密性和及时性是认证的密钥交换中两个重要的问题。为防止假冒和会话密钥的泄密,用户标识和会话密钥这样的重要信息必须以密文的形式传送,这就需要事先已有能用于这一目的的密钥或公钥。因为可能存在消息重放,所以及时性非常重要,最坏情况下,攻击者可以利用重放攻击威胁会话密钥或成功地假冒另一方。

对付重放攻击的方法之一是,在每个用于认证交换的消息后附加一个序列号,只有序列号正确的消息才能被接受。但是这种方法存在这样一个问题,即它要求每一通信方都要记录其他通信各方最后的序列号。因此,认证和密钥交换一般不使用序列号,而是使用下列两种方法之一。

- 时间戳:仅当消息包含时间戳并且在 A 看来这个时间戳与其所认为的当前时间足够接近时,A 才认为收到的消息是新消息。这种方法要求通信各方的时钟应保持同步。
- 挑战/应答:若 A 要接收 B 发来的消息,则 A 首先给 B 发送一个临时交互号(挑战),并且要求 B 发来的消息(应答)包含该临时交互号。

时间戳方法不适合于面向连接的应用。第一,它需要某种协议保持通信各方的时钟同步,为了能够处理网络错误,该协议必须能够容错,并且还应能抗恶意攻击;第二,如果由于通信一方时钟机制出错而使同步失效,那么攻击成功的可能性就会增大;第三,由于各种不可预知的网络延时,不可能保持各分布时钟精确同步。因此,任何基于时间戳的程序都应有足够长的时限以适应网络延时，同时应有足够短的时限以使攻击的可能性最小。

另一方面，挑战/应答不适合于无连接的应用，因为它要求在任何无连接传输之前必须先握手，这与无连接的主要特征相违背。

与单向认证类似，双向认证既可以采用对称加密技术实现，也可以采用公钥加密技术实现。

1. 基于对称加密的双向认证

可以通过使用两层对称加密密钥的方式来保证分布式环境中通信的保密性。通常，这种方法也使用一个可信的 KDC。在网络中，各方与 KDC 共享一个称为主密钥的密钥，KDC 负责产生通信双方通信时短期使用的密钥（称为会话密钥），并且用主密钥保护这些会话密钥的分配。基于 KDC 实现双向认证的经典协议是 Needham 和 Schroeder 设计的，如图 4-3 所示。

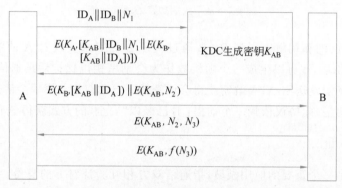

图 4-3　基于对称加密的双向认证

该协议可归纳如下。

(1) A→KDC：　　　　　　$ID_A \parallel ID_B \parallel N_1$

(2) KDC→A：　　　　　　$E(K_A, [K_{AB} \parallel ID_B \parallel N_1 \parallel E(K_B, [K_{AB} \parallel ID_A])])$

(3) A→B：　　　　　　　$E(K_B, [K_{AB} \parallel ID_A]) \parallel E(K_{AB}, N_2)$

(4) B→A：　　　　　　　$E(K_{AB}, N_2, N_3)$

(5) A→B：　　　　　　　$E(K_{AB}, f(N_3))$

A、B 和 KDC 分别共享密钥 K_A 和 K_B，该协议的目的是要保证将会话密钥 K_{AB} 安全地分配给 A 和 B。A 首先告诉 KDC，要和 B 通信。N_1 的作用是防止攻击方通过消息重放假冒 KDC。在步骤(2)中，A 安全地获得新的会话密钥 K_{AB}。在步骤(3)中，A 发送一个包括两部分的消息给 B：第一部分来自 KDC，是用 K_B 加密的会话密钥 K_{AB} 和 A 的标识；第二部分是用 K_{AB} 加密的挑战 N_2。在步骤(4)中，B 解密得到会话密钥 K_{AB} 和挑战 N_2，然后用 K_{AB} 加密 N_2 和新的挑战 N_3 并发送给 A。N_2 的作用是证明 B 知道 K_{AB}，N_3 的作用是要求 A 证明自己知道 K_{AB}。步骤(5)使 B 确信 A 已知 K_{AB}。至此，A 和 B 相互认证了对方的身份，并且建立了会话密钥 K_{AB}。

2. 基于公钥加密的双向认证

假设通信双方都已经通过安全的方式获得了对方的公钥，则基于公钥加密进行会话密钥分配的方法原理如图 4-4 所示。

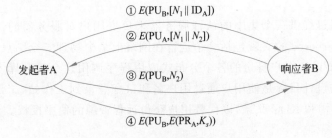

图 4-4　基于公钥密码的双向认证

（1）A 用 B 的公钥对含有其标识 ID_A 和挑战 N_1 的消息加密，并且发送给 B。其中 N_1 用来唯一标识本次交互。

（2）B 发送一条用 PU_A 加密的消息，该消息包含 A 的挑战 N_1 和 B 产生的新挑战 N_2。因为只有 B 可以解密消息①，所以消息②中的 N_1 可使 A 确信其通信伙伴是 B。

（3）A 用 B 的公钥对 N_2 加密并返回给 B，这样可使 B 确信其通信伙伴是 A。

至此，A 与 B 实现了双向认证。

（4）A 选择会话密钥 K_s，并将 $M = E(PU_B, E(PR_A, K_s))$ 发送给 B。使用 B 的公钥对消息加密可以保证只有 B 才能对它解密；使用 A 的私钥加密可以保证只有 A 才能发送该消息。

（5）B 计算 $D(PU_A, D(PR_B, M))$ 得到密钥。

步骤（4）和（5）实现了对称密钥分配，使得 A 和 B 共享了会话密钥 K_s，并且用 K_s 保护后续的数据传输。

4.2　Kerberos

教学课件

教学视频

Kerberos 是 20 世纪 80 年代美国麻省理工学院（MIT）开发的一种基于对称密码算法的网络认证协议，允许一个非安全网络上的两台计算机通过交换加密消息互相证明身份。一旦身份得到验证，Kerberos 协议就给这两台计算机提供密钥，以进行安全的通信。

Kerberos 阐述了这样一个问题：假设有一个开放的分布式环境，用户通过用户名和口令登录到工作站。从登录到登出这段时间称为一个登录会话。在某个登录过程中，用户可能希望通过网络访问各种远程资源，这些资源需要认证用户的身份。用户工作站替用户实施认证过程，以获得资源使用权，而用户不需要知道认证的细节。服务器能够只对授权用户提供服务并能鉴别服务请求的种类。

Kerberos 的设计目的就是解决分布式网络环境下用户访问网络资源时的安全问题，即工作站的用户希望获得服务器上的服务，服务器能够对服务请求进行认证并能限制授权用户的访问。

目前常用的 Kerberos 有两个版本。版本 4 被广泛使用，而版本 5 改进了版本 4 中的安全性并成为 Internet 标准草案（RFC 1510）。

4.2.1 Kerberos 版本 4

Kerberos 通过提供一个集中的认证服务器来负责用户对服务器的认证和服务器对用户的认证。Kerberos 的实现包括一个运行在网络上某个物理安全结点处的 KDC 以及一个函数库,需要认证用户身份的各个分布式应用程序调用这个函数库实现对用户的认证。Kerberos 的设计目标是使用户通过用户名和口令登录到工作站,工作站基于口令生成密钥并使用密钥和 KDC 联系,以代替用户获得远程资源的使用授权。

1. Kerberos 配置

Kerberos 版本 4 在协议中使用 DES 来提供认证服务。每个实体都有自己的密钥,称为该实体的主密钥,这个主密钥是和 KDC 共享的。用户主密钥从用户口令生成,因此用户需要记住自己的口令;而网络设备则存储自己的主密钥。Kerberos 服务器称为 KDC,包括两个重要的模块:认证服务器(Authentication Server,AS)和门票授权服务器(Ticket Granting Server,TGS)。KDC 有一个记录实体名称和相应主密钥的数据库。为保证 KDC 数据库的安全,这些实体主密钥用 KDC 的主密钥加密。

用户通过用户名和口令登录到工作站,主密钥根据其口令生成。工作站可以记住用户名和口令,并且使用这些信息来完成后面的认证过程;但这样做不是很安全。如果用户在登录会话过程中运行了不可信软件,则易造成口令的泄露。为降低风险,在用户登录后,工作站首先向 KDC 申请一个会话密钥,而且只用于本次会话。随后,工作站忘掉用户名和口令,使用这个会话密钥和 KDC 联系,完成认证的过程,获得远程资源的使用授权。会话密钥只在一段时间内有效,这大大降低了该密钥泄露造成安全问题的风险。

2. 服务认证交换:获得会话密钥和 TGT

在用户 A 登录工作站时,工作站向 AS 申请会话密钥。AS 生成一个会话密钥 S_A 并用 A 的主密钥加密发送给 A 的工作站。此外,AS 还发送一个门票授权门票(Ticket-Granting Ticket,TGT),TGT 包含用 KDC 主密钥加密的会话密钥 S_A、A 的 ID 以及密钥过期时间等信息。A 的工作站用 A 的主密钥解密,然后工作站就可以忘记 A 的用户名和口令,而只需要记住 S_A 和 TGT。每当用户申请一项新服务时,工作站就用 TGT 证明自己的身份,向 TGS 发出申请。此过程如图 4-5 所示。

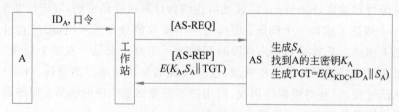

图 4-5　获得会话密钥和 TGT

用户 A 输入用户名和口令登录工作站,工作站以明文方式发送请求消息给 KDC,消息中包括 A 的用户名。收到请求后,KDC(AS 模块)使用 A 的主密钥加密访问 TGS 所需的证书,该证书包括如下内容。

· 会话密钥 S_A。

- TGT。TGT 包括会话密钥、用户名和过期时间并用 KDC 的主密钥加密，因此只有 KDC 才可以解密该 TGT。

证书使用 A 的主密钥 K_A 加密并发送给 A 的工作站。工作站将 A 的口令转换为 DES 密钥；工作站收到证书后，就用密钥解密证书。如果解密成功，则工作站抛弃 A 的主密钥，只保留 TGT 和会话密钥。

在 Kerberos 中，将工作站发送给 KDC 的请求称为 KRB_AS_REQ，即 Kerberos 认证服务器请求（Kerberos Authentication Server Request）；将 KDC 的应答消息称为 KRB_AS_REP，即 Kerberos 认证服务器响应（Kerberos Authentication Server Response）。消息交换过程可以简单描述如下。

(1) $A \rightarrow AS: ID_A \parallel ID_{TGS} \parallel TS_1$。

(2) $AS \rightarrow A: E(K_A, [S_A \parallel ID_{TGS} \parallel TS_2 \parallel Lifetime_2 \parallel TGT])$，$TGT = E(K_{KDC}, [S_A \parallel ID_A \parallel AD_A \parallel ID_{TGS} \parallel TS_2 \parallel Lifetime_2])$。

两条消息的具体元素如表 4-1 所示。

表 4-1　服务认证交换：获得 TGT

消　息	字　段	说　明
KRB_AS_REQ （用户申请 TGT）	ID_A	告知 AS 工作站的用户标识
	ID_{TGS}	告知 AS 用户请求访问 TGS
	TS_1	使 AS 能验证工作站时钟是否与 AS 时钟同步
KRB_AS_REP （AS 返回 TGT）	K_A	基于用户口令的密钥，使得 AS 与工作站能验证口令，保护消息的内容
	S_A	工作站可访问的会话密钥，由 AS 创建，使得工作站和 TGS 在不需要共享永久密钥的前提下安全交换信息
	ID_{TGS}	标识该门票是为 TGS 生成的
	TS_2	通知客户端门票发放的时间戳
	$Lifetime_2$	通知客户端门票的生命期
	TGT	客户端用于访问 TGS 的门票

3. 服务授权门票交换：请求访问远程资源

有了 TGT 和会话密钥，A 就可以与 TGS 通话。假设 A 请求访问远程服务器 B 的资源。由工作站向 TGS 发送消息，消息中包含 TGT 和所申请服务的标识 ID。另外，此消息中还包含一个认证值，包括 A 的用户标识 ID、网络地址和时间戳。与 TGT 的可重用性不同，此认证值仅能使用一次且生命期极短。Kerberos 中将这个请求消息称为 KRB_TGS_REQ。

当 TGS 接到 KRB_TGS_REQ 消息后，用 S_A 解密 TGT，TGT 包含的信息说明用户 A 已得到会话密钥 S_A，即相当于宣布"任何使用 S_A 的用户必为 A"。接着，TGS 使用该会话密钥解密认证消息，用得到的信息检查消息来源的网络地址。如果匹配，则 TGS 确认该门票的发送者与门票的所有者是一致的，从而验证了 A 的身份。

　　TGS 为 A 与 B 生成一个共享密钥 K_{AB}，并且给 A 生成一个访问 B 的服务授权门票，门票的内容是使用 B 的主密钥加密的共享密钥 K_{AB} 和 A 的 ID。A 无法读取门票中的信息，因为门票用 B 的主密钥加密。为获得 B 上的资源使用授权，A 将门票发送给 B，B 可以解密该门票，获得会话密钥 K_{AB} 和 A 的 ID。然后，TGS 给 A 发送一个应答消息，此消息称为 KRB_TGS_REP，用 TGS 和 A 的共享会话密钥加密。此应答消息内容包括 A 与服务器 B 的共享密钥 K_{AB}、服务器 B 的标识 ID 以及 A 访问 B 的服务授权门票。

　　服务授权门票的消息交换过程如图 4-6 所示。

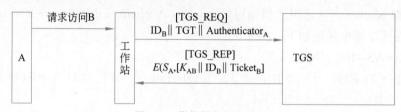

图 4-6　获得服务授权门票

　　这一消息交换过程可以简单描述如下。

（1）A→TGS：$ID_B \parallel TGT \parallel Authenticator_A$。

（2）TGS→A：$E(S_A, [K_{AB} \parallel ID_B \parallel TS_4 \parallel Ticket_B])$

$$TGT = E(K_{KDC}, [S_A \parallel ID_A \parallel AD_A \parallel ID_{TGS} \parallel TS_2 \parallel Lifetime_2])$$

$$Ticket_B = E(K_B, [K_{AB} \parallel ID_A \parallel AD_A \parallel ID_B \parallel TS_4 \parallel Lifetime_4])$$

$$Authenticator_A = E(S_A, [ID_A \parallel AD_A \parallel TS_3])。$$

　　两条消息的具体元素如表 4-2 所示。

表 4-2　服务授权门票交换

消　　息	字　　段	说　　明
KRB_TGS_REQ（客户端申请服务授权门票）	ID_B	告知 TGS 用户希望访问的服务器 B
	TGT	告知 TGS 该用户已被 AS 认证
	$Authenticator_A$	客户端认证值
KRB_TGS_REP（TGS 返回服务授权门票）	K_{AB}	客户端可访问的会话密钥，由 TGS 创建，使得客户端和服务器在不需要共享永久密钥的前提下安全交换信息
	ID_B	标识该门票是为服务器 B 生成的
	TS_4	通知客户端门票发放的时间戳
	$Ticket_B$	客户端用于访问服务器 B 的门票
	TGT	重用，以免用户重新输入口令
	K_{KDC}	KDC 主密钥
	S_A	TGS 可访问的会话密钥，用于解密认证消息即认证门票

续表

消　息	字　段	说　明
KRB_TGS_REP （TGS 返回服务授权门票）	ID_A	标识门票的合法所有者
	AD_A	防止门票在与申请门票时的不同工作站上使用
	ID_{TGS}	向服务器确保门票解密正确
	TS_2	通知 TGS 门票发放的时间
	$Lifetime_2$	防止门票过期后继续使用
	TS_3	通知 TGS 认证消息的生成时间

需要注意的是,某些字段(如 S_A、ID_A、AD_A)在多条消息中出现。实际上,这些字段都是相同的,但在不同消息中的作用不同。因此,基于多个不同的消息,这些字段会有多个不同的解释。

4. 客户/服务器认证交换:访问远程资源

用户 A 访问远程服务器 B 的过程如图 4-7 所示。

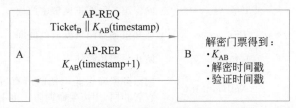

图 4-7　访问远程资源

用户 A 的工作站给服务器 B 发送一个请求消息,此消息在 Kerberos 中称为 KRB_AP_REQ,即"应用请求"消息。AP_REQ 包含访问 B 的门票和认证值。认证值的形式是用 A 和 B 共享的会话密钥 K_{AB} 加密当前时间。

B 解密 A 发送的门票得到密钥 K_{AB} 和 A 的 ID。然后,B 解密认证值以确认和他通信的实体确实知道密钥,同时检查时间,以保证这个消息不是重放消息。现在,B 已经认证了 A 的身份。B 的应答消息在 Kerberos 中称为 KRB_AP_REP。AP_REP 消息的作用是为了实现 A 对 B 的认证。具体实现机制是:B 将解密得到的时间值加 1,用 K_{AB} 加密后发回给 A。A 解密消息后可得到增加后的时间戳,由于消息是被会话密钥加密的,A 可以确信此消息只可能由服务器 B 生成。消息中的内容确保该应答不是一个对以前消息的应答。

至此,客户端 A 与服务器 B 实现了双向认证,并且共享一个密钥 K_{AB},该密钥可以用于加密在它们之间传递的消息或交换新的随机会话密钥。

这一消息交换过程可以简单描述如下。

(1) A→B:$Ticket_B \parallel Authenticator_A$。

(2) B→A:$E(K_{AB},[TS_5+1])$(对所有认证)

$$Ticket_B = E(K_B,[K_{AB} \parallel ID_A \parallel AD_A \parallel ID_B \parallel TS_4 \parallel Lifetime_4])$$

$$Authenticator_A = E(K_{AB},[ID_A \parallel AD_A \parallel TS_5])。$$

表 4-3 总结了这一阶段两条消息中的各元素。

表 4-3　客户/服务器认证交换

消　　息	字　段	说　　明
KRB_AP_REQ （客户端申请服务）	$Ticket_B$	向服务器证明该用户通过了 AS 的认证
	$Authenticator_A$	客户端生成的认证值
KRB_AP_REP （可选的客户端认证服务器）	K_{AB}	向客户端 A 证明该消息来源于服务器 B
	TS_5+1	向客户端 A 证明该应答不是对原来消息的应答
	$Ticket_B$	可重用，使得用户在多次使用同一服务器时不需要向 TGS 申请新门票
	K_B	用 TGS 与服务器共享的密钥加密的门票，防止仿造
	K_{AB}	客户端可访问的会话密钥，用于解密认证消息
	ID_A	标识门票的合法所有者
	AD_A	防止门票在与申请门票时的不同工作站上使用
	ID_B	确保服务器能正确解密门票
	TS_4	通知服务器门票发放的时间
	$Lifetime_4$	防止门票超时使用
	$Authenticator_A$	向服务器确保此门票的所有者与门票发放时的所有者相同，用短生命期防止重用
	TS_5	通知服务器认证消息的生成时间

5. Kerberos 域和多重 Kerberos

Kerberos 环境包括 Kerberos 服务器、若干客户端和若干应用服务器。

- Kerberos 服务器必须有存放用户标识（UID）和用户口令的数据库，所有用户必须在 Kerberos 服务器中注册。
- Kerberos 服务器必须与每个应用服务器共享一个特定的密钥，所有应用服务器必须在 Kerberos 服务器中注册。

这种环境称为一个 Kerberos 域。Kerberos 域是一组受管结点，它们共享同一 Kerberos 数据库。Kerberos 数据库驻留在 Kerberos 主控计算机系统上，该计算机系统应位于物理上安全的房间内。Kerberos 数据库的只读副本也可以驻留在其他 Kerberos 计算机系统上。但是，对数据库的所有更改都必须在主控计算机系统中进行。更改或访问 Kerberos 数据库要求有 Kerberos 主控密码。还有一个概念是 Kerberos 主体。Kerberos 主体是 Kerberos 系统知道的服务或用户。每个 Kerberos 主体通过主体名称进行标识。主体名称由 3 部分组成：服务或用户名称、实例名称以及域名。

隶属于不同机构的客户/服务器网络通常构成不同域。在一个 Kerberos 服务器中注册的客户与服务器属于同一个区域，但由于一个域中的用户可能需要访问另一个域中的服务器，而某些服务器也希望能给其他域的用户提供服务，因此也应该为这些用户提供认证。

Kerberos 提供了一种支持这种域间认证的机制。为支持域间认证,应满足一个需求：每个互操作域的 Kerberos 服务器应共享一个密钥,双方的 Kerberos 服务器应相互注册。

这种模式要求一个域的 Kerberos 服务器必须信任其他域的 Kerberos 服务器对其用户的认证。另外,其他域的应用服务器也必须信任第一域中的 Kerberos 服务器。

有了以上规则,可以用图 4-8 来描述该机制：当用户访问其他域的服务时,必须获得其他域中该服务的服务授权门票。用户按照通常的程序与本地 TGS 交互,并申请获得远程 TGS(另一个域的 TGS)的门票授权门票。客户端可以向远程 TGS 申请远程 TGS 域中服务器的服务授权门票。

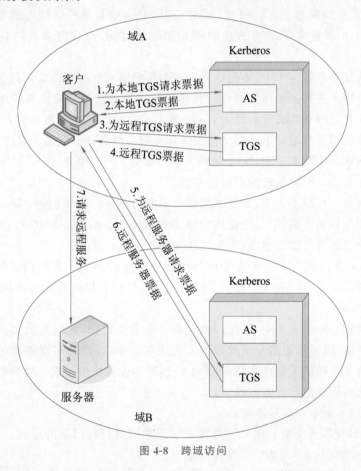

图 4-8　跨域访问

送往远程服务器的门票表明了用户原认证所在的域,服务器可以决定是否接收远程请求。

4.2.2　Kerberos 版本 5

Kerberos 版本 5 对版本 4 存在的一些缺陷进行了改进。

- 加密系统依赖性。版本 4 使用 DES，因此它依赖 DES 的强度，而 DES 的安全性一直受到人们的质疑，且 DES 还有美国的出口限制。版本 5 用加密类型标记密文，可以使用任何加密技术。加密密钥也加上类型和长度标记，允许不同的算法使用相同的密钥。

- Internet 协议依赖性。版本 4 需要使用 IP 地址，不支持其他地址类型。版本 5 用类型和长度标记网络地址，允许使用任何类型的网络地址。

- 消息字节顺序。在版本 4 中，由消息的发送者用标记说明消息的字节顺序，而不遵循已有的惯例。在版本 5 中，所有消息都遵循抽象语法表示（ASN.1）和基本编码规则（BER）的规定，提供一个明确无二义的消息字节顺序。

- 门票的生命期。在版本 4 中，门票的生命期用 8 位表示，每个单位代表 5min。因此，最大生命期为 $2^8 \times 5 = 1280$min，约为 21h。这对某些应用可能不够长。在版本 5 中，门票包含了精确的起始时间和终止时间，允许门票拥有任意长度的生命期。

- 向前认证。在版本 4 中，不允许发给一个客户端的证书被转发到其他主机或被其他用户用来进行其他相关操作。此操作是指服务器为了完成客户端请求的服务而请求其他服务器协作的能力。例如客户端申请打印服务器的服务，而打印服务器需要利用客户端证书访问文件服务器得到客户文件。版本 5 提供了这项功能。

- 域间认证。在版本 4 中，N 个域的互操作需要 N^2 个 Kerberos-to-Kerberos 关系。版本 5 支持一种需要较少连接的方法。

- 冗余加密。在版本 4 中，对提供给客户端的门票进行两次加密：第一次使用的是目标服务器的密钥，第二次使用的是客户端密钥。版本 5 取消了第二次加密，即用用户密钥进行的加密，因为第二次加密并不是必需的。

- PCBC 加密。版本 4 加密使用 DES 的非标准模式 PCBC，此种模式已被证明易受交换密码块攻击。版本 5 提供了精确的完整性检查机制并能够用标准的 CBC 模式加密。

- 会话密钥。在版本 4 中，每张门票包含一个会话密钥，此门票被多次用来访问同一服务器，因而可能遭受重放攻击。在版本 5 中，客户端与服务器可以协商一个用于特定连接的子会话密钥，每个子会话密钥仅被使用一次。这种新的客户端访问方式会降低重放攻击的机会。

图 4-9 描述了版本 5 的基本会话。

首先考虑认证服务交换。消息①是客户端请求门票授权门票的过程。如前所述，它包括用户和 TGS 的标识，新增的元素包括如下。

- Realm：标识用户所属的域。
- Options：用于请求在返回的门票中设置指定的标志，如表 4-4 所示。
- Times：用于客户端请求在门票中设置时间。
  - from：请求门票的起始时间。
  - till：请求门票的过期时间。
  - rtime：请求 till 更新时间。

(a) 认证服务交换：获取门票授权门票
① A→AS: Options $\parallel$ ID$_A$ $\parallel$ Realm$_A$ $\parallel$ ID$_{TGS}$ $\parallel$ Times $\parallel$ Nonce$_1$
② AS→A: Realm$_A$ $\parallel$ ID$_A$ $\parallel$ Ticket$_{TGS}$ $\parallel$ $E(K_A,\ [S_A \parallel$ Times $\parallel$ Nonce$_1$ $\parallel$ Realm$_{TGS}$ $\parallel$ ID$_{TGS}])$
$\qquad$ Ticket$_{TGS} = E(K_{TGS}, [$Flags $\parallel S_A \parallel$ Realm$_A$ $\parallel$ ID$_A$ $\parallel AD_A \parallel$ Times$])$
(b) 服务授权门票交换：获取服务授权门票
③ A→TGS: Options $\parallel$ ID$_B$ $\parallel$ Times $\parallel$ Nonce$_2$ $\parallel$ Ticket$_{TGS}$ $\parallel$ Authenticator$_A$
④ TGS→A: Realm$_A$ $\parallel$ ID$_A$ $\parallel$ Ticket$_B$ $\parallel$ $E(S_A,\ [K_{AB} \parallel$ Times $\parallel$ Nonce$_2$ $\parallel$ Realm$_B$ $\parallel$ ID$_B])$
$\qquad$ Ticket$_{TGS} = E(K_{TGS}, [$Flags $\parallel S_A \parallel$ Realm$_A$ $\parallel$ ID$_A$ $\parallel AD_A \parallel$ Times$])$
$\qquad$ Ticket$_B = E(K_B,\ [$Flags $\parallel K_{AB} \parallel$ Realm$_B$ $\parallel$ ID$_A$ $\parallel AD_A \parallel$ Times$])$
$\qquad$ Authenticator$_A = E(S_A,\ [$ID$_A \parallel$ Realm$_A \parallel TS_1])$
(c) 客户/服务器认证交换：获取服务
⑤ A→B: Options $\parallel$ Ticket$_B$ $\parallel$ Authenticator$_A$
⑥ B→A: $E(K_{AB}, [TS_2 \parallel$ Subkey $\parallel$ Seq#$])$
$\qquad$ Ticket$_B = E(K_B,\ [$Flags $\parallel K_{AB} \parallel$ Realm$_A$ $\parallel$ ID$_A$ $\parallel AD_A \parallel$ Times$])$
$\qquad$ Authenticator$_A = E(K_{AB},\ [$ID$_A \parallel$ Realm$_A \parallel TS_2 \parallel$ Subkey $\parallel$ Seq#$])$

图 4-9　Kerberos 版本 5 的消息交换

- Nonce：在消息②中重复使用的临时交互号，用于确保应答是刷新的，且未被攻击者使用。

消息②返回门票授权门票，标识客户端信息和一个用用户口令形成的密钥加密的数据块。该数据块包含客户端和 TGS 间使用的会话密钥、消息①中设定的时间和临时交互号以及 TGS 的标识信息。门票本身包含会话密钥、客户端的标识信息、需要的时间值、影响门票状态的标志和选项。这些标志为版本 5 带来的一些新功能将在以后讨论。

版本 4 和版本 5 的服务授权门票交换有一些不同。二者的消息③均包含认证码、门票和请求服务的名称。在版本 5 中，还包括与消息①类似的门票请求的时间、选项和一个临时交互号；认证码的作用与版本 4 中相同。

消息④与消息②结构相同，返回门票和一些客户端需要的信息，后者被客户端和 TGS 共享的会话密钥加密。

最后，版本 5 对客户/服务器认证交换进行了一些改进，如在消息⑤中，客户端可以请求选择双向认证选项。认证还增加了以下新域。

- Subkey：客户端选择一个子密钥保护某一特定应用会话，如果此域被忽略，则使用门票中的会话密钥。
- Sequence：可选域，用于说明在此次会话中服务器向客户端发送消息的序列号。将消息排序可以防止重放攻击。

如果请求双向认证，则服务器按消息⑥应答。该消息中包含从认证消息中得到的时间戳。在版本 4 中该时间戳被加 1，而在版本 5 中，由于攻击者不可能在不知道正确密钥的情况下创建消息⑥，因此不需要对时间戳进行上述处理。如果有子密钥域存在，则覆盖消息⑤中相应的子密钥域。选项序列号则说明了客户端使用的起始序列号。

版本 5 门票中的标志域支持版本 4 中没有的许多功能。表 4-4 总结了门票中可能包含的标志。

表 4-4 　 Kerberos 版本 5 的标志

标 志	说 明
INITIAL	按照 AS 协议发布的服务授权门票，而不是基于门票授权门票发布的
PRE-AUTHENT	在初始认证中，客户在授予门票前即被 KDC 认证
HW-AUTHENT	初始认证协议要求使用带名客户端独占硬件资源
RENEWABLE	告知 TGS 此门票可用于获得最近超时门票的新门票
MAY-POSTDATE	告知 TGS 事后通知的门票可能基于门票授权门票
POSTDATED	表示该门票是事后通知的，终端服务器可以检查 Authtime 域，查看认证发生的时间
INVALID	不合法的门票在使用前必须通过 KDC 使之合法化
PROXIABLE	告知 TGS 根据当前门票可以发放给不同网络地址新的服务授权门票
FORWARDABLE	告知 TGS 根据此门票授权门票可以发放给不同网络地址新的门票授权门票
FORWARDED	表示该门票是经过转发的门票或是基于转发的门票授权门票认证后发放的门票

标志 INITIAL 用于表示门票是由 AS 发放的，而不是由 TGS 发放的。当客户端向 TGS 申请服务授权门票时，必须拥有 AS 发放的门票授权门票。在版本 4 中，这是唯一能够获得服务授权门票的方法。版本 5 提供了一种可以直接从 AS 获得服务授权门票的手段，其机制是：一个服务器（如口令变更服务器）希望知道客户端口令近来已被验证。

标志 PRE-AUTHENT 如果被设置，则表示当 AS 接收初始请求（消息①）时，在发放门票前应先对客户端进行认证，其预认证的确切格式在此未作详细说明。例如，MIT 实现版本 5 时，加密的时间戳默认设置为预认证。当用户想得到一个门票时，它将一个带有临时交互号的预认证块、版本号和时间戳用基于客户口令的密钥加密后送往 AS。AS 解密后，如果预认证块中的时间戳不在允许的时间范围之内（时间间隔取决于时钟迁移和网络延迟），则不返回门票授权门票。另一种可能性是使用智能卡生成不断变化的口令，将其包含在预认证消息中。卡所生成的口令基于用户口令，但经过一定的变换使得生成的口令具有随机性，防止了简单猜测口令的攻击。如果使用智能卡或其他相似设备，则设置 HW-AUTHENT 标志。

当门票的生命期较长时，就在相当一段时间内存在门票被攻击者窃取并使用的威胁。而缩短门票的生命期可降低这种威胁，主要开销将花在获取新门票上，如对门票授权门票而言，客户端可以通过存储用户密钥（危险性较大）或重复向用户询问口令来解决。一种解决方案是使用可重新生成的门票。一个具有 RENEWABLE 标志的门票中包含两个有效期：一个是此特定门票的有效期；另一个是最大许可值的有效期。客户端可以通过将门票提交给 TGS 申请得到新有效期的方法获得新门票。如果这个新有效期在最大有效期的范围之内，则 TGS 发放一个具有新会话时间和有效期的新门票。这种机制的好处在于，TGS 可以拒绝更新已报告为被盗用的门票。

客户端可请求 AS 提供一个具有标志 MAY-POSTDATE 的门票授权门票。它可以使用此门票从 TGS 申请一个具有 POSTDATED 或 INVALID 标志的门票,然后提交合法的超时门票。这种机制在服务器运行批处理任务和经常需要门票时特别有用。客户端可以通过一次会话得到一组具有扩展性时间值的门票。如果第一个门票被初始化为非法标志,当执行进行到某一阶段需要某一特定门票时,客户端可将相应的门票合法化。通过这种方法,客户端就不再需要重复使用授权门票去获取服务授权门票。

在版本 5 中,服务器可以作为客户端的代理,获取客户端的信任和权限,并且向其他服务器申请服务。如果客户端想使用这种机制,需要申请获得一个带有 PROXIABLE 标志的门票授权门票。当此门票传给 TGS 时,TGS 发布一个具有不同网络地址的服务授权门票。该门票的 PROXY 标志被设置,接收到这种门票的应用可以接收它或请求进一步认证,以提供审计跟踪。

代理在转发时有一些限制。如果门票被设置为 FORWARDABLE,TGS 给申请者发放一个具有不同网址和 FORWARDED 标志的门票授权门票,则此门票可以被送往远程 TGS。这使得客户端可以在不需要每个 Kerberos 都与其他域中的 Kerberos 共享密钥的前提下访问不同域的服务器。例如,各域具有层次结构时,客户端可以向上遍历到一个公共结点后再向下到达目标域。每一步都是转发门票授权门票到域中的下一个 TGS。

4.3　X.509 认证服务

教学课件

X.509 是由国际电信联盟(ITU-T)制定的关于数字证书结构和认证协议的一种重要标准并被广泛使用。S/MIME、IPSec、SSL/TLS 与 SET 等都使用 X.509 证书格式。

教学视频

为了在公用网络中提供用户目录信息服务,ITU-T 于 1988 年制定了 X.500 系列标准。目录是指管理用户信息数据库的服务器或一组分布服务器,用户信息包括用户名到网络地址的映射等属性。在 X.500 系列标准中,X.500 和 X.509 是安全认证系统的核心。X.500 定义了一种命名规则,以命名树来确保用户名称的唯一性;X.509 则定义了使用 X.500 目录服务的认证服务。X.509 规定了实体认证过程中广泛使用的证书语法和数据接口,我们称之为证书。每个证书包含用户的 X.500 名称和公钥,并且由一个可信的认证中心用私钥签名,以确定名称和公钥的绑定关系。另外,X.509 还定义了基于公钥证书的一个认证协议。

X.509 是基于公钥密码体制和数字签名的服务。其标准中并未规定使用某个特定的算法,但推荐使用 RSA;其数字签名需要用到散列函数,但并没有规定具体的散列算法。

最初的 X.509 版本公布于 1988 年,版本 3 的建议稿于 1994 年公布,1995 年获得批准,2000 年被再次修改。

4.3.1　证书

X.509 的核心是与每个用户相关的公钥证书。所谓证书就是一种经过签名的消息,用来确定某个名称和某个公钥的绑定关系。这些用户证书由一些可信的认证中心(CA)创建并被 CA 或用户放入目录服务器中。目录服务器本身不创建公钥和证书,仅为用户获得证书提供一种简单的存取方式。如果用户 A 校验一个证书链,则 A 称为校验者,被校验公钥的拥有者称为当事人。校验者通过某种方法证实为可信的、能够签署证书的公钥称为信任锚。在一个可校验的证书链中,第一张证书就是由信任锚签署的,即某个 CA。

1. 证书格式

X.509 证书包含以下信息。

- 版本号。区分合法证书的不同版本。目前定义了 3 个版本,版本 1 的编号为 0,版本 2 的编号为 1,版本 3 的编号为 2。
- 序列号。一个整数,与签发证书的 CA 名称一起唯一标识该证书。
- 签名算法标识。指定证书中计算签名的算法,包括一个用来识别算法的子域和算法的可选参数。
- 签发者。创建和签名证书的 CA 的 X.500 格式名称。
- 有效期。包含两个日期,即证书的生效日期和终止日期。
- 证书主体名。持有证书的主体的 X.500 格式名称,证明此主体是公钥的拥有者。
- 证书主体的公钥信息。主体的公钥以及将被使用的算法标识,带有相关的参数。
- 签发者唯一标识。版本 2 和版本 3 中可选的域,用于唯一标识认证中心。
- 证书主体唯一标识。版本 2 和版本 3 中可选的域,用于唯一标识证书主体。
- 扩展。仅出现在版本 3 中,指一个或多个扩展域集。
- 签名。覆盖证书的所有其他域,以及其他域被 CA 私钥加密后的散列代码和签名算法标识。

X.509 使用如下格式定义证书。

$$CA《A》=CA\{V,SN,AI,CA,T_A,A,Ap\}$$

例如,$Y《X》$ 表示用户 X 的证书,是认证中心 Y 发放的;$Y\{I\}$ 为 Y 签名 I,包含 I 和 I 被加密后的散列代码。

CA 用它的私钥对证书签名,如果用户知道相应的公钥,则用户可以验证 CA 签名证书的合法性,这是一种典型的数字签名方法。

2. 证书获取

如果只有一个 CA,则所有用户都属于此 CA,并且普遍信任该 CA。所有用户的证书均可存放于同一个目录中,以被所有用户存取。另外,用户也可以直接将其证书传给其他用户。一旦用户 B 获得了 A 的证书,B 即可确信用 A 的公钥加密的消息是安全的且不可能被窃取,同时用 A 的私钥签名的消息也不可能仿造。

在实际应用中,用户数量众多,期望所有用户从同一个 CA 获得证书是不切实际的。因此,一般有多个 CA,每个 CA 给其用户群提供证书。由于证书是由 CA 签发的,因此每一个用户都需要拥有一个 CA 的公钥来验证其签名。该公钥必须用一种绝对安全的方式提供给每个用户,使得用户可以信任该证书。

假设存在两个认证机构 X_1 和 X_2,用户 A 获得了认证机构 X_1 的证书,而 B 获得了认证机构 X_2 的证书。如果 A 无法安全地获得 X_2 的公钥,则由 X_2 发放的 B 的证书对 A 而言就无法使用,A 只能读取 B 的证书,但无法验证其签名。然而,如果两个 CA 之间能安全地交换它们的公钥,则 A 可以通过下述过程获得 B 的公钥。

(1) 从目录中获得由 X_1 签名的 X_2 的证书,由于 A 知道 X_1 的公钥,因此他可从证书中获得 X_2 的公钥并用 X_1 的签名来验证证书。

(2) A 再到目录中获取由 X_2 颁发的 B 的证书,由于 A 已经得到了 X_2 的公钥,因此可利用它验证签名,从而安全地获得 B 的公钥。

A 使用一个证书链来获得 B 的公钥,在 X.509 中,该链表示如下。

$$X_1《X_2》X_2《B》$$

同样,B 可以逆向地获得 A 的公钥。

$$X_2《X_1》X_1《A》$$

上述模式并不仅限于两个证书,对长度为 N 的 CA 链的认证过程可表示如下。

$$X_1《X_2》X_2《X_3》\cdots X_N《B》$$

这种情况下,链中的每对 $CA(X_i, X_{i+1})$ 必须互相发放证书。

所有由 CA 发放给 CA 的证书必须放在一个目录中,用户必须知道如何找到一条路径获得其他用户的公钥证书。在 X.509 中,推荐采用层次结构放置 CA 证书,以利于建立强大的导航机制。

3. 证书撤销

与信用卡相似,每一个证书都有一个有效期。通常,新证书会在旧证书失效前发放。另外,还可能由于以下原因提前撤回证书。

- 用户密钥被认为不安全。
- 用户不再信任该 CA。
- CA 证书被认为不安全。

每个 CA 必须存储一张证书撤销列表(Certificate Revocation List,CRL),用于列出所有被 CA 撤销但还未到期的证书,包括发给用户和其他 CA 的证书。CRL 也应被放在目录中。

X.509 还定义了 CRL 的格式。X.509 版本 2 的 CRL 包括以下域。

(1) 版本。可选字段,用于描述 CRL 版本,为整数值,如为 1 则指明是 CRL v2。

(2) 签名算法标识。与证书中的"签名算法标识"相同,用于定义计算 CRL 签名的算法。

(3) 签发者名称。与证书中的"签名者名称"相同,用于定义签发该 CRL 的 CA 的 X.500 名称。

(4) 本次更新。它指明了 CRL 的签发时间。

(5) 下次更新。它指示下一次发布 CRL 的时间。

(6) 回收证书。它列出了所有已经撤销的证书。每一个已撤销证书都包括以下内容。

- 用户证书:包含该撤销证书的序列号,序列号唯一地标识该撤销证书。
- 撤销日期:指明该证书被撤销的日期。
- CRL 条目扩展:可选字段,用来描述各种可选信息,如证书撤销理由、撤销证书的
  CA 名称等。

（7）CRL 扩展。它包含各种可选信息，例如证书中心密钥标识符、签发者别名、CRL 编号、增量 CRL 指示符等。

（8）CRL 登记项扩展。它包括原因代码（证书撤销原因）、保持指令代码（指示在证书已被存储时采取的动作）、无效日期（证书将变为无效的日期）和证书签发者。

（9）CRL 签发者的数字签名。

当一个用户在一个消息中接收了一个证书时，他必须确定该证书是否已被撤销。用户可以在接到证书时检查目录，为避免目录搜索时的延迟，他可以将证书和 CRL 缓存。

4.3.2　认证的过程

X.509 也包含 3 种可选的认证过程：单向认证、双向认证和三向认证，这些过程可以应用于各种应用程序。3 种方法均采用了公钥签名。假设双方知道对方的公钥，则可通过目录服务获得证书，或由初始消息携带证书。

1. 单向认证

假设用户 A 发起与 B 的通信，单向认证指只需要 B 验证 A 的身份，而 A 不需要验证 B。

令 A 和 B 的公钥/私钥对分别为 (PU_A, PR_A) 和 (PU_B, PR_B)，单向认证包含一个从用户 A 到用户 B 的简单信息传递，具体认证过程包括以下步骤。

（1）A 产生一个随机会话密钥 k 和一个临时交互号 r_A，向 B 发送以下消息。

$$A \to B: ID_A \| PR_A(r_A \| T_A \| ID_B) \| E(PU_B, r_A \| T_A \| k)$$

其中，T_A 为时间戳，一般由两个日期组成：消息生成时间和有效时间。时间戳用来防止消息的延迟传递。临时交互号 r_A 用于防止重放攻击，其值在消息的起止时间之内是唯一的。这样，B 可以存储临时交互号直至它过期，并且拒绝接受其他具有相同临时交互号的新消息。ID_A 和 ID_B 分别是 A 和 B 的标识；$PR_A(r_A \| T_A \| ID_B)$ 代表 A 的签名；$E(PU_B, r_A \| T_A \| k)$ 则代表用 B 的公钥加密。

（2）B 收到消息后，获取 A 的 X.509 证书并验证其有效性，从而得到 A 的公钥，然后验证 A 的签名和消息完整性。验证时间戳是否为当前时间，检查临时交互号是否被重放。解密得到会话密钥。

对于纯认证而言，消息被用作简单地向 B 提供证书。消息也可以包含要传送的信息，将信息放在签名的范围内，保证其真实性和完整性。

2. 双向认证

双向认证是进行两次单向认证，不仅实现 B 对 A 的认证，而且实现 A 对 B 认证。具体过程如下。

（1）和单向认证过程一样，A 向 B 发送消息。

$$A \to B: ID_A \| PR_A(r_A \| T_A \| ID_B) \| E(PU_B, r_A \| T_A \| k)$$

（2）B 对 A 的消息进行验证，验证过程同单向认证的第（2）步。然后，B 产生另一个临时交互号 r_B 并向 A 发送消息。

$$B \to A: ID_B \| PR_B(r_A \| r_B \| T_B \| ID_A) \| E_k(r_A \| r_B \| T_B)$$

E_k 表示使用会话密钥 k 进行加密。

（3）A 收到消息后，用会话密钥解密得到 $r_A \parallel r_B \parallel T_B$ 并与自己发送的 r_A 比对；获取 B 的证书并验证其有效性，获得 B 的公钥，验证 B 的签名和数据完整性；验证时间戳 T_B 并检查 r_B。

3. 三向认证

三向认证是对双向认证的加强。在三向认证中，当 A 与 B 完成双向认证中的两条消息的交换时，A 再向 B 发送一条消息。

$$A \rightarrow B: PR_A(r_B \parallel ID_A)$$

此消息包含签过名的临时交互号 r_B，这样消息的时间戳就不用被检查，因为双方的临时交互号均被回送给了对方，各方可以使用回送的临时交互号来防止重放攻击。这种方法在没有同步时钟时使用。

4.3.3　X.509 版本 3

X.509 版本 2 中没有将设计和实践中需要的某些信息均包含进去。版本 3 增加了一些可选的扩展项。每一个扩展项有一个扩展标识、一个危险指示和一个扩展值。危险指示用于指出该扩展项是否能安全地被忽略，如果值为 TRUE 且实现时未处理它，则其证书将被当作非法的证书。

证书扩展项有 3 类：密钥和策略信息、证书主体和发行商属性以及证书路径约束。

1. 密钥和策略信息

密钥和策略信息类扩展项传递的是与证书主体和发行商密钥相关的附加信息，以及证书策略的指示信息。证书策略是一个带名的规则集，在普通安全级别上描述特定团体或应用类型证书的使用范围。例如，某个策略可用于电子数据交换（EDI）在一定价格范围内的贸易认证。

密钥和策略信息类扩展项包括以下几项。

- 授权密钥标识符。标识用于验证证书或 CRL 上的签名的公钥。同一个 CA 的不同密钥得以区分，该字段的一个用法是用于更新 CA 密钥对。
- 主体密钥标识符。标识被证实的公钥，用于更新主体的密钥对。同样，一个主体对不同目的的不同证书可以拥有许多密钥对（例如数字签名和加密密钥协议）。
- 密钥使用。说明被证实的公钥的使用范围和使用策略。可以包含数字签名、非抵赖性、密钥加密、数据加密、密钥一致性、CA 证书的签名验证和 CA 的 CRL 签名验证。
- 私钥使用期。表明与公钥相匹配的私钥的使用期。通常，私钥的使用期与公钥不同。例如，在数字签名密钥中，签名私钥的使用期一般比其公钥短。
- 证书策略。证书可以在应用多种策略的各种环境中使用。该扩展项中列出了证书所支持的策略集，包括可选的限定信息。
- 策略映射。仅用于其他 CA 发给 CA 的证书中。它允许发行 CA 将其一个或多个策略等同于主体 CA 域中的某个策略。

2. 证书主体和发行商属性

证书主体和发行商属性类扩展项支持证书主体或发行商以可变的形式拥有可变的名

称，并且可传递证书主体的附加信息（例如邮局地址、公司位置或一些图片等），使得证书所有者更加确信证书主体是一个特定的人或实体。

证书主体和发行商属性类扩展项包括以下几项。

- 主体可选名称。包括使用任何格式的一至两个可选名称。该字段对特定应用（如电子邮件、EDI、IPSec 等）使用自己的名称形式非常重要。
- 发行商可选名称。包括使用任何格式的一至两个可选名称。
- 主体目录属性。将 X.500 目录的属性值转换为证书的主体所需的属性值。

3. 证书路径约束

证书路径约束类扩展项允许在 CA 或其他 CA 发行的证书中包含限制说明。这些限制信息可以限制主体 CA 所能发放的证书种类或证书链中的种类。

证书路径约束类扩展项包括以下几项。

- 基本限制。标识该主体是否可作为 CA，如果可以，证书路径长度被限制。
- 名称限制。表示证书路径中所有后续证书的主体名的名称空间必须确定。
- 策略限制。说明对确定的证书策略标识的限制或证书路径中继承的策略映射的限制。

4.4　公钥基础设施

教学课件

4.4.1　PKI 体系结构

教学视频

简单地说，PKI 是基于公钥密码技术的具有普适性的安全基础设施。它支持公钥管理并提供真实性、保密性、完整性以及可追究性安全服务。PKI 的核心技术围绕建立在公钥密码算法之上的数字证书的申请、颁发、使用与撤销等整个生命周期进行展开，主要目的就是用来安全、便捷、高效地分发公钥。

PKI 技术采用数字证书管理用户公钥，通过可信第三方（即认证中心 CA）把用户公钥和用户的身份信息（如名称、电子邮件地址等）绑定在一起，产生用户的公钥证书。从广义上讲，所有提供公钥加密和数字签名服务的系统都可以称为 PKI。PKI 的主要目的是通过管理公钥证书为用户建立一个安全的网络环境，保证网络上信息的安全传输。IETF 的 PKI 小组制定了一系列的协议，定义了基于 X.509 证书的 PKI 模型框架，即 PKIX。PKIX 系列协议定义了证书在 Internet 上的使用方式，包括证书的生成/发布/获取、各种密钥产生和分发的机制，以及实现这些协议的轮廓结构。狭义的 PKI 一般指 PKIX。

一个完整的 PKI 应用系统必须具有权威认证机构（CA）、数字证书库、密钥备份及恢复系统、证书作废系统、应用接口（API）等基本构成部分，如图 4-10 所示。构建 PKI 时将围绕这 5 个关键元素来着手。

- CA。CA 是 PKI 的核心执行机构，也是主要组成部分，人们通常称它为认证中心。CA 是数字证书生成、发放的运行实体，一般情况下也是证书撤销列表（CRL）的发布点，在其上常常运行着一个或多个注册机构（RA）。CA 必须具备权威性的特征。

图 4-10 PKI 体系结构

- 数字证书库。证书库是 CA 颁发证书和撤销证书的集中存放地,可供公众进行开放式查询。一般来说,查询的目的有两个:其一是想得到与之通信实体的公钥;其二是要验证通信对方的证书是否已进入"黑名单"。此外,证书库还提供了存取 CRL 的方法。目前广泛使用的是 X.509 证书。
- 密钥备份及恢复系统。如果用户丢失了用于解密数据的密钥,则数据将无法被解密,这将造成合法数据丢失。为避免这种情况,PKI 提供备份与恢复密钥的机制,但密钥的备份与恢复必须由可信机构来完成。同时,密钥备份与恢复只能针对解密密钥,签名私钥为确保其唯一性而不能够作备份。
- 证书作废系统。证书作废系统是 PKI 的一个必备组件。证书在有效期以内也可能需要作废,原因是密钥介质丢失或用户身份变更等。在 PKI 体系中,作废证书一般通过将证书列入 CRL 来完成。通常,系统中由 CA 负责创建并维护一个及时更新的 CRL,而由用户在验证证书时负责检查该证书是否在 CRL 之列。
- 应用接口。PKI 的价值在于使用户能够方便地使用加密、数字签名等安全服务,因此一个完整的 PKI 必须提供良好的应用接口系统,使得各种各样的应用能够以安全、一致、可信的方式与其交互,确保安全网络环境的完整性和易用性。

4.4.2 认证机构

PKI 系统的关键是实现对公钥密码体制中公钥的管理。在公钥密码体制中,数字证书是存储和管理密钥的文件,主要作用是证明证书中列出的用户名称与证书中的公开密钥相对应,并且所有信息都是合法的。为验证证书的合法性,则必须有一个可信任的主体对用户的证书进行公证,证明证书主体与公钥之间的绑定关系。认证机构(CA)便是一个能够提供相关证明的机构。CA 是基于 PKI 进行网上安全活动的关键,主要负责生成、分配并管理参与活动的所有实体需要的数字证书,其功能类似于办理身份证、护照等证件的权威发证机关。CA 必须是各行业、各部门及公众共同信任并认可的、权威的、不参与交易的第三方网上身份认证机构。

在 PKI 系统中,CA 管理公钥的整个生命周期,其功能包括签发证书、规定证书的有效期限，同时在证书发布后还要负责对证书进行撤销、更新和归档等操作。从证书管理的角度看，每一个 CA 的功能都是有限的，需要按照上级 CA 的策略，负责具体的用户公钥的签发、生成和发布以及 CRL 的生成和发布等职能。CA 的主要职能如下。

- 制定并发布本地 CA 策略。本地策略只是对上级 CA 策略的补充，不能与之相违背。
- 对下属各成员进行身份认证和鉴别。
- 发布本 CA 的证书或者代替上级 CA 发布证书。
- 产生和管理下属成员的证书。
- 证实 RA 的证书申请，返回证书制作的确认信息或者返回已制作的证书。
- 接收和认证对所签发证书的撤销申请。
- 产生和发布所签发的证书和 CRL。
- 保存证书、CRL 信息、审计信息和所制定的策略。

一个典型的 CA 系统包括安全服务器、注册机构（RA）、CA 服务器、LDAP 目录服务器和数据库服务器，如图 4-11 所示。

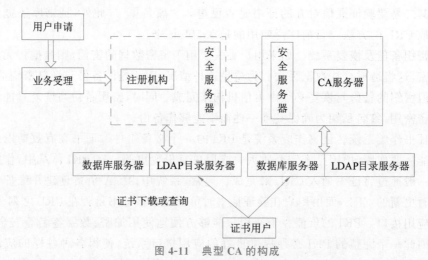

图 4-11 典型 CA 的构成

安全服务器是面向证书用户提供安全策略管理的服务器，主要用于保证证书申请、浏览、证书申请列表及证书下载等安全服务。CA 颁发证书后，该证书首先交给安全服务器，用户一般从安全服务器上获得证书。用户与安全服务器之间一般采用 SSL 安全通信方式，但不需要对用户身份进行认证。

CA 服务器是整个认证机构的核心，负责证书的签发。CA 首先产生自身的私钥和公钥（长度至少 1024 位），然后生成数字证书并将数字证书传输给安全服务器。CA 还负责给操作员、安全服务器和注册机构服务器生成数字证书。CA 服务器中存储 CA 的私钥和发行证书的脚本文件。出于安全考虑，一般将 CA 服务器与其他服务器隔离，以保证其安全。

注册机构（RA）是可选的元素，可以承担一些认证机构（CA）的管理任务。RA 在 CA 体系结构中起着承上启下的作用：一方面向 CA 转发安全服务器传过来的证书申请请求,另一方面向 LDAP 目录服务器和安全服务器转发 CA 颁发的数字证书和证书撤销列表。

LDAP 服务器提供目录浏览服务,负责将 RA 传输过来的用户信息及数字证书加到服务器上。用户访问 LDAP 服务器就可以得到数字证书。

数据库服务器是 CA 的关键组成部分,用于数据(如密钥和用户信息等)、日志等统计信息的存储和管理。在实际应用中,此数据库服务器采用多种安全措施,如双机备份和分布式处理等,以维护其安全性、稳定性、可伸缩性等。

4.4.3　PKIX 相关协议

PKIX 体系中定义了一系列的协议,可分为以下几部分。

1. PKIX 基础协议

PKIX 基础协议以 RFC 2459 和 RFC 3280 为核心,定义了 X.509 v3 公钥证书和 X.509 v2 CRL 的格式、数据结构和操作等,以保证 PKI 基本功能的实现。此外,PKIX 还在 RFC 2528、RFC 3039、RFC 3279 等文件中定义了基于 X.509 v3 的相关算法和格式等,以加强 X.509 v3 公钥证书和 X.509 v2 CRL 在各应用系统之间的通用性。

2. PKIX 管理协议

PKIX 体系中定义了一系列的操作,它们是在管理协议的支持下进行工作的。管理协议主要完成以下任务。

- 用户注册。这是用户第一次认证之前进行的活动,它优先于 CA 为用户颁布一个或多个证书。这个进程通常包括一系列的在线和离线的交互过程。
- 用户初始化。在用户进行认证之前,必须使用公钥和其他一些来自受信认证机构的确认信息(确认认证路径等)进行初始化。
- 认证。在这个进程中,认证机构通过用户的公钥向用户提供一个数字证书并保存在数字证书库中。
- 密钥对的备份和恢复。密钥对可用于数字签名和数据加解密。对于数据加解密来说,当用于解密的私钥丢失时,必须提供机制来恢复解密密钥,这对于保护数据非常重要。密钥的丢失通常是由密钥遗忘、存储器损坏等原因造成的。可以在用数字签名的密钥认证后恢复加解密密钥。
- 自动的密钥对更新。出于安全原因,密钥有其一定的生命期,所有的密钥对都需要经常更新。
- 证书撤销请求。一个授权用户可以向认证机构提出撤销证书的要求。当发生密钥泄露、从属关系变更或更名等时,需要提交这种请求。
- 交叉认证。如果两个认证机构之间要交换数据,则可以通过交叉认证建立信任关系。一个交叉认证证书中包含认证机构用来发布证书的数字签名。

3. PKIX 安全服务和权限管理的相关协议

PKIX 中安全服务和权限管理的相关协议主要是进一步完善和扩展 PKI 安全架构的功能,这些协议通过 RFC 3029、RFC 3161、RFC 3281 等定义。

在 PKIX 中,不可抵赖性通过数字时间戳(Digital Time Stamp,DTS)和数据有效性验证服务器（Data Validation and Certification Server，DVCS）实现。在 CA/RA 中使用的 DTS 是对时间信息的数字签名，主要用于确定在某一时间某个文件确实存在或者确定多个文件在时间上的逻辑关系，是实现不可抵赖性服务的核心。DVCS 的作用则是验证签名文档、公钥证书或数据存在的有效性，其验证声明被称为数据有效性证书。DVCS 是一个可信第三方，是用来实现不可抵赖性服务的一部分。权限管理通过属性证书来实现。属性证书利用属性和属性值来定义每个证书主体的角色、权限等信息。

4.4.4　PKI 信任模型

选择正确的信任模型以及与它相应的安全级别是非常重要的，同时也是部署 PKI 所要做的较早和基本的决策之一。所谓实体 A 信任实体 B，即 A 假定 B 严格地按 A 所期望的那样行动。如果一个实体认为 CA 能够建立并维持一个对公钥属性的准确绑定，则它信任该 CA。所谓信任模型就是提供用户双方相互信任机制的框架，是 PKI 系统的整个网络结构的基础。

信任模型主要明确回答以下几个问题。

- 一个 PKI 用户能够信任的证书是如何被确定的？
- 这种信任是如何建立的？
- 在一定的环境下，这种信任如何被控制？

1. 层次模型

层次模型可以被描绘为一棵倒立的树，如图 4-12 所示。

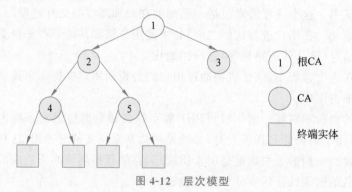

图 4-12　层次模型

在这棵倒立的树上，根代表一个对整个 PKI 系统的所有实体都有特别意义的 CA，通常叫作根 CA，是整个 PKI 的信任锚，所有实体都信任它。根 CA 一般不直接给终端用户颁发证书，而是认证直接连接在它下面的 CA，每个 CA 都认证零个或多个直接连接在它下面的 CA，倒数第二层的 CA 认证终端用户。在这种模型中，认证方只需要验证从根 CA 到认证结点的这条路径就可以，不需要建立从根结点到认证发起方的路径。

2. 交叉模型

在交叉模型中，如果没有名称空间的限制，那么任何 CA 都可以对其他 CA 发证，因此这种结构非常适合动态变化的组织结构。但是在构建有效的认证路径时，很难确定一个 CA 是否是另一个 CA 的适当证书颁发者。交叉模型如图 4-13 所示。

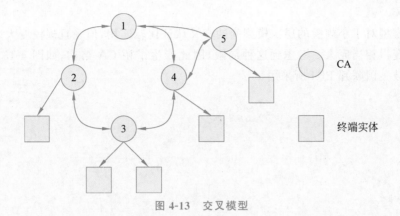

图 4-13 交叉模型

因为交叉模型在路径构造上比层次模型复杂得多,验证时需要对 CA 发布的证书进行反复的比较,所以跨越很多结点的信任路径会被视为不可信的。

3. 混合模型

混合模型是将层次结构和交叉结构相混合而得到的模型。如果独立的组织或企业建立了各自的层次结构,同时又想要相互认证,则要将完全的交叉认证加到层次模型中,产生这种混合模型,如图 4-14 所示。混合模型的特点是:存在多个根 CA,任意两个根 CA 间都要交叉认证;每个层次结构都在根级有一个单一的交叉证书通向另一个层次结构。

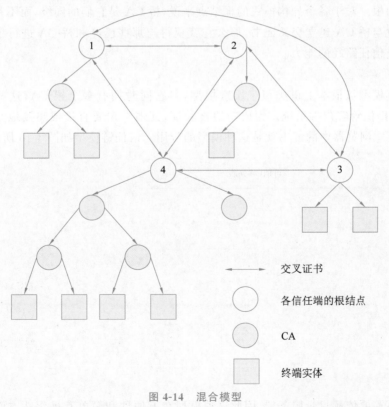

图 4-14 混合模型

4. 桥 CA 模型

混合模型对于小规模的层次模型间的交叉认证比较实用，但一旦规模变大，根间的交叉认证就变得相当庞大。考虑到这种局限，因此产生了桥 CA 结构，如图 4-15 所示。这种结构已被美国联邦 PKI 所采用。

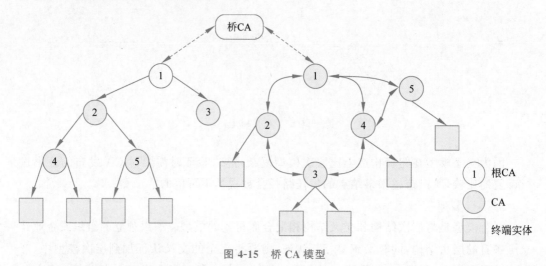

图 4-15　桥 CA 模型

桥 CA 模型实现了一个集中的交叉认证中心，它的目的是提供交叉证书，而不是作为证书路径的根。对于各个异构模式的根结点来说，桥 CA 是它们的同级，而不是上级。如果一个企业与桥 CA 建立交叉证书，那么它就获得与那些已经和桥 CA 进行了交叉认证的企业构建信任路径的能力。

5. 信任链模型

信任链模型从根本上讲类似于层次模型，但它同时拥有多个根 CA，这些可信的根 CA 被预先提供给客户端系统。为成功地被验证，证书一定要直接或间接地与这些可信根 CA 连接。浏览器中的证书就是这种模型的应用。信任链模型如图 4-16 所示。

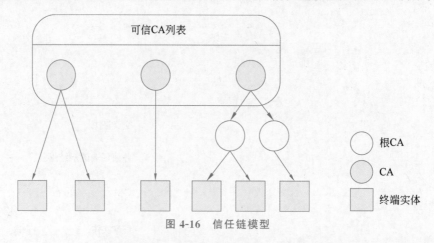

图 4-16　信任链模型

由于不需要依赖目录服务器，因此这种模型在方便性和简单互操作性方面有明显的优势,但也存在许多安全隐患。例如,因为浏览器的用户自动地信任预安装的所有公钥,所以即使这些根 CA 中只有一个是"坏的"(例如,该 CA 从没有认真核实被认证的实体),安全性也将被完全破坏。另一个潜在的安全隐患是没有实用的机制来撤销嵌入浏览器中的根密钥。

思　考　题

1. 用户认证的主要方法有哪些? 各自具有什么特点?

2. 设计 Kerberos 是为了解决什么问题?

3. 在 Kerberos 中,什么是门票? 什么是门票授权门票?

4. 简述 Kerberos 中用户工作站获得会话密钥和 TGT 的过程以及获得服务授权门票的过程。

5. 什么是证书? 证书的基本功能是什么?

6. 简述 X.509 证书包含的信息。

7. 简述 X.509 双向认证过程。

8. 一个完整的 PKI 应用系统包括哪些组成部分? 各自具有什么功能?

9. 简述 CA 的基本职责。

10. 简述常见的信任模型。

课程思政

第 5 章

Internet 通信安全

导　　读

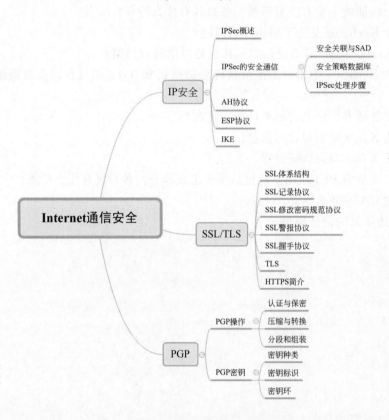

教学课件

TCP/IP 体系结构是当前 Internet 的基础,TCP/IP 网络已基本成为现代计算机网络的代名词。但是,由于 TCP/IP 体系结构在设计之初的局限性,Internet 存在的安全问题日益突出,因此人们设计了不同的安全机制来应对。

事实上,可以在 TCP/IP 体系结构上的任何层次实现安全机制,各层机制有不同的特点,提供不同的安全性。本章介绍在 TCP/IP 不同层次提供安全的 3 种典型协议:IPSec、SSL/TLS 和 PGP。这些安全协议解决了本书图 1-2 的安全模型所关注的问题:如何在公开网络中保护传输数据的安全。

教学视频

5.1 IP 安 全

在 TCP/IP 协议的分层模型中,IP 层是可能实现端到端安全通信的最底层。通过在

IP 层上实现安全性,不仅可以保护各种带安全机制的应用程序,而且可以保护许多无安全机制的应用程序。IP 协议一般实现在操作系统中,因此在 IP 层实现安全功能时可以不修改应用程序。

IETF 于 1998 年颁布了一套开放标准网络安全协议 IPSec,其目标是为 IPv4 和 IPv6 提供具有较强的互操作能力、高质量和基于加密的安全。IPSec 将密码技术应用在网络层,提供端对端通信数据的私有性、完整性、真实性和防重放攻击等安全服务。

IPSec 能支持各种应用的原理在于它可以在 IP 层实现加密/认证功能,这样就可以在不修改应用程序的前提下保护所有的分布式应用,包括远程登录、电子邮件、文件传输和 Web 访问等。

IPSec 通过多种手段提供 IP 层安全服务:允许用户选择所需安全协议;允许用户选择加密和认证算法;允许用户选择所需的密码算法的密钥。IPSec 可以安装在路由器或主机上。若 IPSec 安装在路由器上,则可在不安全的 Internet 上提供一个安全的通道;若安装在主机上,则能提供主机端对端的安全性。

5.1.1　IPSec 概述

1. IPSec 应用

IPSec 提供了跨局域网、广域网甚至跨 Internet 进行端到端安全通信的能力,为主机到主机的通信流提供机密性、完整性、真实性等安全服务。

图 5-1 展示了 IPSec 的典型应用场景。

- 场景 1:分支机构安全互联。某一组织在不同的城市有分支机构,每个分支机构拥有一个局域网;在局域网内部,各主机之间的通信无须保护;但是,不同分支机构之间的通信需要通过公用的 Internet,因此需要以安全的方式交换数据。为此,在分支机构连接外部 Internet 的边界网络设备(如路由器)上部署 IPSec。部署了 IPSec 的边界网络设备将对进入 Internet 的流量进行加密、附加完整性校验码等操作,而对来自 Internet 的流量进行解密、完整性校验等操作。这些操作对局域网内部所有主机都是透明的。基于这些安全操作,流入流出分支结构的 IP 流量得到机密性、完整性、真实性等安全保护。

- 场景 2:远程安全访问。某位员工居家办公或者临时出差在外时需要访问公司内部网络的资源。为了以安全的方式达到这一目的,员工主机和公司网络边缘的网络设备部署 IPSec,对发送和接收的 IP 数据流提供安全保护。在连接企业网络和 Internet 的边缘设备上部署 IPSec 可以对通过网络边界的所有通信提供安全保护,而且这些安全操作对企业网络内部所有主机和设备是透明的,企业网络的内部通信没有安全操作带来的开销。IPSec 实现在传输层以下,对所有应用都是透明的,不需要对应用系统做任何改变;同时 IPSec 对用户也是透明的,无须对用户进行任何安全相关的培训。

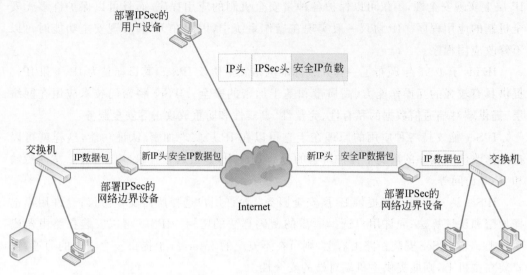

图 5-1　IPSec 的典型应用场景

2. IPSec 体系结构

IPSec 不是定义了一个单独的协议，而是给出了在 IP 层提供安全的一整套体系结构，包括认证头（AH）协议、封装安全载荷（ESP）协议、密钥管理（IKE）协议以及用于加密和认证的一些算法。IPSec 的主要构成组件如图 5-2 所示。

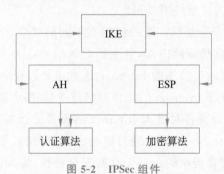

图 5-2　IPSec 组件

IPSec 的安全功能主要通过 IP 认证头（Authentication Header，AH）协议以及封装安全载荷（Encapsulating Security Payload，ESP）协议实现。AH 提供数据的完整性、真实性和防重放攻击等安全服务，但不包括机密性。ESP 除实现 AH 所实现的功能外，还可以实现数据的机密性。

完整的 IPSec 还应包括 AH 和 ESP 中所使用密钥的交换和管理机制，也就是 Internet 密钥交换（Internet Key Exchange，IKE）协议。IKE 用于动态地认证 IPSec 参与各方的身份，并且协商后续数据交换所使用的算法、协议和密钥。

IPSec 规范中要求强制实现的加密算法是 CBC 模式的 DES 和 NULL 算法，而认证算法包括 HMAC-MD5、HMAC-SHA-1 和 NULL 算法。NULL 加密和认证分别是不加密和不认证。

3. IPSec 工作模式

IPSec 的安全功能主要通过 AH 协议和 ESP 协议实现,这两个协议以 IP 扩展头的方式增加了安全相关的处理,可以对 IP 数据包或上层协议数据进行安全保护。

AH 和 ESP 均支持两种模式(传输模式和隧道模式),如图 5-3 所示。

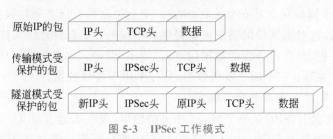

| 原始IP的包 | IP头 | TCP头 | 数据 |

| 传输模式受
保护的包 | IP头 | IPSec头 | TCP头 | 数据 |

| 隧道模式受
保护的包 | 新IP头 | IPSec头 | 原IP头 | TCP头 | 数据 |

图 5-3 IPSec 工作模式

(1) 传输模式。

传输模式为 IP 的上层协议提供保护,即 IP 数据包的载荷(如 TCP 报文段、UDP 数据报或 ICMP 消息)得到保护,但 IP 头并没有被保护。当一个主机在 IPv4 上运行 AH 或 ESP 时,其载荷是附在 IP 报头后面的数据;对 IPv6 而言,其载荷是附在 IP 报头后面的数据和 IPv6 的任何扩展头。

传输模式的 ESP 可以加密和认证 IP 载荷,但不包括 IP 头。传输模式的 AH 可以认证 IP 载荷和 IP 报头的选中部分。传输模式在数据包的 IP 头和载荷之间插入 IPSec 信息;原始 IP 头未进行任何安全处理,以明文方式传输,将暴露给沿途所有路由器。

传输模式一般用于两台主机之间的端到端通信,为直接运行在 IP 层之上的协议(如 TCP、UDP 和 ICMP)提供安全保护。

(2) 隧道模式。

隧道模式对整个 IP 数据包提供保护。为达到这个目的,当 IP 数据包附加 AH 或 ESP 字段之后,整个数据包加安全字段被当作一个新 IP 包的载荷,并且拥有一个新的外部 IP 包头。原来(内部)的整个 IP 包利用隧道在网络之间传输,沿途路由器不能检查内部 IP 包头。由于原来的包被封装,因此新的、更大的包可以拥有完全不同的源地址与目的地址,以增强安全性。

通常,当通信的一端或两端为安全网关(例如部署了 IPSec 的防火墙或路由器)时,使用隧道模式。企业网络内部的主机在没有部署 IPSec 时也可以实现安全通信:当主机生成的未保护包通过网络边缘的防火墙或路由器时,该部署了 IPSec 的防火墙或路由器对整个 IP 数据包进行加密和封装,以提供隧道模式的安全性。例如,假设网络中的主机 A 生成以另一个网络中主机 B 作为目的地址的 IP 数据包,该 IP 包从源主机 A 被发送到 A 所在网络的边界防火墙或安全路由器。如果此数据包需要 IPSec 处理,则防火墙或安全路由器执行 IPSec 处理,给该 IP 包添加外层 IP 头,外层 IP 头的源 IP 地址为此防火墙或安全路由器的 IP 地址,目的地址可能为 B 所在网络的边界防火墙地址。这样,新的 IP 包被传送到 B 的防火墙,而其间经过的中间路由器仅检查外部 IP 头;在 B 的防火墙处,外部 IP 头被剥除,内部的原始 IP 包被送往主机 B。

隧道模式的 ESP 加密和认证(可选)整个内部 IP 包,包括内部 IP 包头;隧道模式的

AH 认证整个内部 IP 包和外部 IP 头中的选中部分。

5.1.2 IPSec 安全通信

1. 安全关联

IPSec 的一个核心概念是安全关联(SA)。安全关联是发送方和接收方之间受到密码保护的单向关系,它对所携带的通信流量提供安全服务:要么对通信实体收到的 IP 数据包进行"进入"保护,要么对外发的数据包进行"流出"保护。如果需要双向安全交换,则需要建立两个安全关联:一个用于发送数据,另一个用于接收数据。

一个安全关联由 3 个参数唯一确定。

- 安全参数索引(SPI):一个与 SA 相关的位串,仅在本地有意义。这个参数被分配给每一个 SA,并且每一个 SA 都通过 SPI 进行标识。发送方把这个参数放置在每一个流出数据包的 SPI 域中,使得接收系统能选择合适的 SA 处理接收包。SPI 并非全局指定,因此它要与目标 IP 地址、安全协议标识一起唯一标识一个 SA。
- 目标 IP 地址:目前 IPSec SA 管理机制中仅允许单播地址。这个地址表示 SA 的目的端点地址,可以是用户终端系统、防火墙或路由器。目标 IP 地址决定了关联方向。
- 安全协议标识:标识该关联是一个 AH 安全关联还是一个 ESP 安全关联,即使用 AH 协议还是 ESP 协议保护数据流量。

在 IPSec 中,对一个 IP 数据包应用什么样的安全处理由两个数据库的交互来决定:安全关联数据库(Security Association Database,SAD)和安全策略数据库(Security Policy Database,SPD)。

2. SAD

在任何 IPSec 实现中,都有一个安全关联数据库(SAD)。从概念上讲,SAD 包含多个条目,每个条目对应一个 SA,定义与此 SA 相关联的参数,特别是安全相关的参数。一个 SA 通常用以下参数定义。

- 序列号计数器:AH 或 ESP 报头中序列号的 32 位值。
- 序列号溢出标志:标志序列号计数器是否溢出。溢出时,停止在此 SA 上继续传输包。
- 反重放窗口:判定一个 AH 或 ESP 数据包是否是重放。
- AH 信息:认证算法、密钥、密钥生存期和 AH 的相关参数。
- ESP 信息:加密和认证算法、密钥、初始值、密钥生存期和 ESP 的相关参数。
- 生存期:一个特定的时间间隔或字节计数。超过生存期后,此 SA 要么终止,要么由一个具有新 SPI 的新 SA 替代。
- IPSec 协议模式:隧道、传输或通配符。
- Path MTU:路径最大传输单元(不需要分段传输的最大包长度)和迟滞变量。

3. SPD

IP 流量和特定 SA 的关联是通过 SPD 实现的。在概念上,一个 SPD 包括多个条目;

每一个条目定义一个 IP 流量的子集并指向一个 SA,即将一个特定 SA 应用于此 IP 流量子集。在更复杂的情况下,多个 IP 流量子集可与一个 SA 相连或者多个 SA 与一个 IP 流量子集相关。读者可以参见相关的 IPSec 文档。

每个 SPD 条目由 IP 和上层协议的某些字段定义,这些字段称为选择子(selector),因为基于这些字段可以选择一个特定的流量子集并指向一个特定的 SA。选择子包括以下协议字段。

- 目的 IP 地址:可以是单一 IP 地址、一组或一定范围的地址和地址掩码。后二者要求多个目的系统共享相同的 SA(例如位于防火墙之后)。
- 源 IP 地址:可以是单一 IP 地址、一组或一定范围的地址和地址掩码。后二者要求多个源系统共享相同的 SA(例如位于防火墙之后)。
- 用户标识:来自操作系统的用户标识。用户操作系统提供该标识,而不是 IP 或上层报头域提供。
- 数据敏感性级别:用于系统提供信息流安全级别(如秘密或未分类)。
- 传输层协议:从 IPv4 或 IPv6 的邻接头域中获得,可以是单个协议号,也可以是一组或一定范围的协议号。
- 源端口和目的端口:可以是单个 TCP 或 UDP 端口、一组端口和端口通配符。

表 5-1 是一个简单的 SPD 例子,其中 * 代表通配符,Action 表示将要应用于此 IP 流量子集的安全策略:PROTECT、BYPASS 或 DISCARD。

表 5-1　一个简单的 SPD 例子

Protocol	LocalIP	Port	RemoteIP	Port	Action
*	100.1.2.3	*	198.1.2.0/24	*	PROTECT:ESP in transport-mode
TCP	100.1.2.3	*	198.1.3.2	80	PROTECT:ESP in transport-mode
TCP	100.1.2.3	*	198.1.3.2	443	BYPASS
*	100.1.2.3	*	198.1.3.2/24	*	DISCARD

各条目含义如下。

- IP 地址 100.1.2.3 的主机发往子网 198.1.2.0/24 的 IP 流量,将用传输模式 ESP 进行保护;
- IP 地址 100.1.2.3 的主机发往服务器 198.1.3.2 的 HTTP 请求数据,将用传输模式 ESP 进行保护;
- IP 地址 100.1.2.3 的主机发往服务器 198.1.3.2 的 HTTPS 数据,不用 IPSec 进行保护;
- IP 地址 100.1.2.3 的主机发往子网 198.1.3.3/24 的 IP 流量,将被丢弃,不被发送出去。

4. IPSec 处理

当实现 IPSec 时,每一个发往外部的 IP 数据包在发送之前都由 IPSec 先进行安全相关的处理,而每一个收到的 IP 包在传递给上一层协议前也由 IPSec 首先进行处理。

发送 IP 数据包的处理过程如图 5-4 所示，包括以下步骤。

图 5-4　IP 数据包的发送

（1）搜索 SPD，试图发现应用于此 IP 包的安全策略。

（2）如果没有找到，则丢弃此 IP 包并产生一个错误信息；否则转下一步。

（3）如果对这个 IP 包的处理策略是 DISCARD，则丢弃；如果是 BYPASS，那么 IPSec 不再对此 IP 包进行安全处理。

（4）如果对这个 IP 包的处理策略是 PROTECT，则搜索 SAD 以匹配一个应用于此 IP 数据包的 SA；如果没有找到，则执行 IKE 生成一个 SA 并加入 SAD 中。

（5）SAD 中匹配的 SA 决定如何对这个 IP 数据包进行处理：加密、认证或者两者同时执行，采用隧道模式还是传输模式，以及使用的算法和密钥。

（6）发送此 IP 包。

接收 IP 数据包的处理过程如图 5-5 所示，包括以下步骤。

（1）判断包的类型，即是未经安全处理的 IP 数据包，还是经过 IPSec 处理的安全数据包。

（2）对于未经安全处理的 IP 数据包，搜索 SPD。如果发现一个匹配并且策略是 BYPASS，则处理并剥除 IP 头并将载荷交给上层相应的协议；如果发现一个匹配并且策略是 PROTECT 或 DISCARD，或者未发现匹配，则将丢弃此数据包。

（3）对于经过 IPSec 处理的安全数据包，搜索 SAD。如果没有发现匹配，则丢弃；如果发现一个匹配，则应用匹配的 SA 进行处理并将 IP 数据包的载荷交给上层协议。

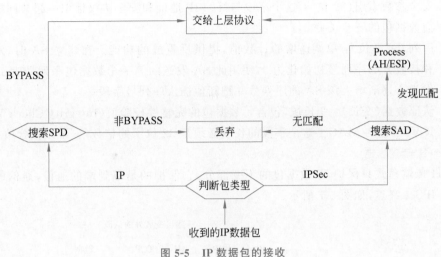

图 5-5　IP 数据包的接收

5.1.3　AH 协议

IP 认证头(AH)协议为 IP 数据包提供数据完整性校验和身份认证,还有可选择的抗重放攻击保护,但不提供数据加密服务。数据完整性确保包在传输过程中内容不可更改;认证确保终端系统或网络设备能对用户或应用程序进行认证,并且相应地提供流量过滤功能,同时还能防止地址欺诈攻击和重放攻击。认证基于消息鉴别码(MAC),双方必须共享同一个密钥。

由于 AH 不提供机密性保证,因此它不需要加密算法。AH 可用来保护一个上层协议(传输模式)或一个完整的 IP 数据报(隧道模式)。它可以单独使用,也可以和 ESP 联合使用。

认证头由如下几个域组成,如图 5-6 所示。

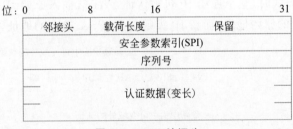

图 5-6　IPSec 认证头

- 邻接头(8 位):标识 AH 字段后面下一个负载的类型。
- 有效载荷长度(8 位):字长为 32 位的认证头长度减 2。例如,认证数据域的默认长度是 96 位或 3 个 32 位字,另加 3 个字长的固定头,总共 6 个字,则载荷长度域的值为 4。
- 保留(15 位):保留给未来使用。当前,这个字段的值设置为 0。

- 安全参数索引(32位): 这个字段与目的 IP 地址和安全协议标识一起共同标识当前数据包的安全关联。
- 序列号(32位): 单调递增的计数值,提供反重放的功能。在建立 SA 时,发送方和接收方的序列号初始化为0,使用此 SA 发送的第一个数据包序列号为1,此后发送方逐渐增大该 SA 的序列号并把新值插入序列号字段。
- 认证数据(变长): 变长域,包含了数据包的完整性校验值(Integrity Check Value, ICV)或包的 MAC。这个字段的长度必须是 32 位字的整数倍,可以包含填充。

1. AH 传输模式

AH 传输模式只保护 IP 数据包的不变部分,它保护的是端到端的通信,通信的终点必须是 IPSec 终点,如图 5-7 所示。

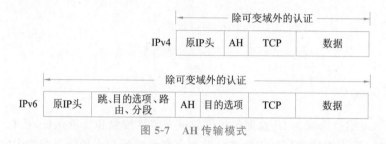

图 5-7　AH 传输模式

在 IPv4 的传输模式 AH 中,AH 插入原始 IP 头之后,且在 IP 载荷(如 TCP 分段)之前。认证包括除 IPv4 报头中可变的、被 MAC 计算置为 0 的域以外的整个包。

在 IPv6 中,AH 被作为端到端载荷,即不被中间路由器检查或处理。因此,AH 出现在 IP 头以及跳、路由和分段扩展头之后。目的选项作为可选报头在 AH 前面或后面,由特定语义决定。同样,认证包括除 IPv6 报头中可变的、被 MAC 计算置为 0 的域以外的整个包。

2. AH 隧道模式

AH 用于隧道模式时,整个原始 IP 包被认证,AH 被插入原始 IP 头和新 IP 头之间。原 IP 头中包含通信的原始地址,而新 IP 头则包含 IPSec 端点的地址,如图 5-8 所示。

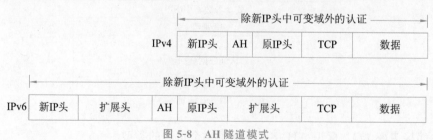

图 5-8　AH 隧道模式

通过使用隧道模式,整个内部 IP 包(包括整个内部 IP 头)均被 AH 保护。外部 IP 头(IPv6 中的外部 IP 扩展头)除可变且不可预测的域外均被保护。隧道模式可用来替换端到端安全服务的传输模式。但由于这一协议中没有提供机密性,相当于没有隧道封装这一保护措施,因此它没有什么用处。

5.1.4 ESP 协议

封装安全载荷(ESP)协议为 IP 数据包提供数据完整性校验、身份认证和数据加密，还有可选择的抗重放攻击保护；即除 AH 提供的所有服务外，ESP 还提供数据保密服务，包括报文内容保密和流量限制保密。ESP 用一个密码算法提供机密性，数据完整性则由身份验证算法提供。ESP 通过插入一个唯一的、单向递增的序列号提供抗重放服务。保密服务可以独立于其他服务而单独选择，数据完整性校验和身份认证用作保密服务的联合服务。只有选择了身份认证，才可以选择抗重放服务。

ESP 可以单独使用，也可以和 AH 联合使用，还可以通过隧道模式使用。ESP 可以提供主机到主机、防火墙到防火墙、主机到防火墙之间的安全服务。

图 5-9 是 ESP 包的格式，它包含如下各域。

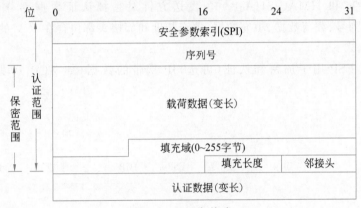

图 5-9 ESP 包格式

- 安全参数索引 SPI(32 位)：标识安全关联。ESP 中的 SPI 是强制字段，总是要提供。
- 序列号(32 位)：单调递增计数值，提供反重放功能。这是强制字段，并且总是要提供，即使接收方没有选择对特定 SA 的反重放服务。如果开放了反重放服务，则计数值不允许折返。
- 载荷数据(变长)：变长的字段，包括被加密保护的传输层分段(传输模式)或 IP 包(隧道模式)。该字段的长度是字节的整数倍。
- 填充域(0~255 字节)：可选字段，但所有实现都必须支持该字段。该字段满足加密算法的需要(如果加密算法要求明文是字节的整数倍)，还可以提供通信流量的保密性。发送方可以填充 0~255 字节的填充值。
- 填充长度(8 位)：紧跟填充域，指示填充数据的长度，有效值范围是 0~255。
- 邻接头(8 位)：标识载荷中第一个报头的数据类型(如 IPv6 中的扩展头或上层协议 TCP 等)。
- 认证数据(变长)：一个变长域(必须为 32 位字长的整数倍)，包含根据除认证数据域外的 ESP 包计算的完整性校验值。该字段长度由所选择的认证算法决定。

载荷数据、填充数据、填充长度和邻接头域在 ESP 中均被加密。如果加密载荷的算法需要初始向量 IV 这样的同步数据，则必须从载荷数据域头部取。IV 通常作为密文的开头，但并不被加密。

对加密来说，发送方封装 ESP 字段，添加必要的填充并加密结果。发送方使用 SA 和 IV（密码同步数据）指定的密钥、加密算法、算法模式来加密字段。如果加密算法要求 IV，则这个数据被显式地携带在载荷字段中。加密在认证之前执行，并且不包含认证数据。这种方式有利于接收方在解密之前快速地检测数据包，拒绝重放和伪造的数据包。

接收方使用密钥、解密算法和 IV 来解密 ESP 载荷数据、填充、填充长度和邻接头。如果指明使用显式 IV，则这个数据从负载中取出，输入解密算法中。如果使用隐式 IV，则接收方构造一个本地 IV 输入解密算法中。

认证算法由 SA 指定。与 AH 相同，ESP 支持使用默认为 96 位的 MAC，且应支持 HMAC-MD5-96 和 HMAC-SHA-1-96。发送方针对去掉认证数据部分的 ESP 计算 ICV。SPI、序列号、载荷数据、填充数据、填充长度和邻接头都包含在 ICV 的计算中。

1. 传输模式 ESP

传输模式 ESP 用于加密和认证（可选）IP 携带的数据（如 TCP 分段），如图 5-10 所示。

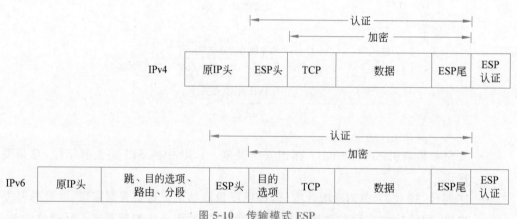

图 5-10　传输模式 ESP

在此模式下使用 IPv4 时，ESP 头位于传输头（TCP、UDP、ICMP）之前，ESP 尾（填充数据、填充长度和邻接头域）放入 IP 包尾部。如果选择了认证，则将 ESP 的认证数据域置于 ESP 尾之后。整个传输层分段和 ESP 尾一起加密。认证覆盖 ESP 头和所有密文。

在 IPv6 中，ESP 被视为端到端载荷，即不被中间路由器校验和处理。因此，ESP 头出现在 IPv6 基本头以及跳、路由和分段扩展头之后，目的选项扩展头可根据安全防护的需求出现在 ESP 头之前或之后。如果选项扩展头在 ESP 头之后，则加密包括整个传输段、ESP 尾和目的可选扩展头。认证覆盖 ESP 头和所有密文。

传输模式 ESP 操作可归纳如下。

- 在源端，包括 ESP 尾和整个传输层分段的数据块被加密，块中的明文被密文替代，形成要传输的 IP 包。如果选择了认证，则加上认证。
- 将包送往目的地。中间路由器需要检查和处理 IP 头和任何附加的 IP 扩展头，但不需要检查密文。

- 目的结点对 IP 报头和任何附加的 IP 扩展头进行处理后,利用 ESP 头中的 SPI 解密包的剩余部分,恢复传输层分段数据。

传输模式操作为任何使用它的应用提供保护,而不需要在每个单独的应用中实现。同时,这种方式也是高效的,仅增加了少量的 IP 包长度。它的一个弱点是可能对传输包进行流量分析。

2. 隧道模式 ESP

隧道模式 ESP 用于加密整个 IP 包,如图 5-11 所示。

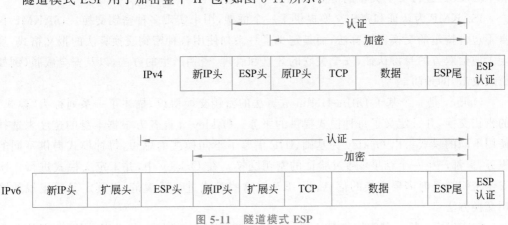

图 5-11　隧道模式 ESP

在此模式中,将 ESP 头作为包的前缀,并且在包后附加 ESP 尾,然后对其进行加密。该模式用于对抗流量分析。

由于 IP 头中包含目的地址和可能的路由以及跳的信息,因此不可能简单地传输带有 ESP 头的被加密的 IP 包,因为这样中间路由器就不能处理该数据包。我们必须用新 IP 报头封装整个数据块(ESP 头、密文和可能的认证数据),其中拥有足够的路由信息,但没有为流量分析提供信息。

传输模式适用于保护支持 ESP 特性的主机之间的连接,而隧道模式则适用于防火墙或其他安全网关,保护内部网络,隔离外部网络。后者加密仅发生在外部网络和安全网关之间或两个安全网关之间,从而内部网络的主机不负责加密工作,通过减少所需密钥数目简化密钥分配任务。另外,它阻碍了基于最终目的地址的流量分析。

5.1.5　IKE

IPSec 的密钥管理包括密钥的建立和分发。密钥建立是依赖密码的数据保护的核心,密钥分发则是数据保护的基础。IPSec 体系结构文档要求支持以下两种密钥管理类型。

- 手动。系统管理员手动地为每个系统配置自己的密钥和其他通信系统密钥。这种方式适用于小规模、相对静止的环境。
- 自动。在大型分布系统中使用可变配置为 SA 动态地按需创建密钥。

Internet 密钥交换(IKE)用于动态建立 SA 和会话密钥。在建立安全会话之前,通信双方需要一种协议，用于自动地以受保护的方式进行双向认证，建立共享的会话密钥和生成 IPSec 的 SA，这一协议叫作 Internet 密钥交换协议。IKE 的目的是使用某种长期密钥（如共享的秘密密钥、签名公钥和加密公钥）进行双向认证并建立会话密钥，以保护后续通信。IKE 代表 IPSec 对 SA 进行协商，并且对安全关联数据库（SAD）进行填充。

IETF 设计了 IKE 的整个规范，主要由 3 个文档定义：RFC 2407、RFC 2408 和 RFC 2409。RFC 2407 定义了因特网 IP 安全解释域（IPSec DOI），RFC 2408 描述了因特网安全关联和密钥管理协议（ISAKMP），RFC 2409 则描述了 IKE 如何利用 Oakley、SKEME 和 ISAKMP 进行安全关联的协商。

ISAKMP 为认证和密钥交换提供了一个框架，用来实现多种密钥交换。ISAKMP 自身不包含特定的交换密钥算法，而是定义了一系列使用各种密钥交换算法的报文格式，规定了通信双方的身份认证、安全关联的建立和管理、密钥产生的方法，以及安全威胁（例如重放攻击）的预防。

Oakley 是一个基于 Diffie-Hellman 算法的密钥交换协议，描述了一系列称为"模式"的密钥交换，并且定义了每种模式提供的服务。Oakley 允许各方根据本身的速度来选择使用不同的模式。以 Oakley 为基础，IKE 借鉴了不同模式的思想，每种模式提供不同的服务，但都产生一个结果：通过验证的密钥交换。在 Oakley 中，并未定义模式进行一次安全密钥交换时需要交换的信息，而 IKE 对这些模式进行了规范，将其定义成正规的密钥交换方法。

SKEME 是另一种密钥交换协议，定义了验证密钥交换的一种类型。其中，通信各方利用公钥加密实现相互间的验证，同时"共享"交换的组件。每一方都要用对方的公钥来加密一个随机数字，两个随机数（解密后）都会对最终的会话密钥产生影响。通信的一方可选择进行一次 Diffie-Hellman 交换，或者仅使用另一次快速交换对现有的密钥进行更新。IKE 在它的公共密钥加密验证中直接借用了 SKEME 技术，同时也借用了快速密钥刷新的概念。

DOI（Domain Of Interpretation，解释域）是 ISAKMP 的一个概念，规定了 ISAKMP 的一种特定用法，其含义是：对于每个 DOI 值，都应该有一个与之相对应的规范，以定义与该 DOI 值有关的参数。IKE 实际上是一种常规用途的安全交换协议，适用于多方面的需求，如 SNMPv3、OSPFv3 等。IKE 采用的规范是在 DOI 中制定的，它定义了 IKE 具体如何协商 IPSec SA。如果其他协议要用到 IKE，每种协议都要定义各自的 DOI。

因此，由 RFC 2409 文档描述的 IKE 属于一种混合型协议。它创建在 ISAKMP 定义的框架上，沿用了 Oakley 的密钥交换模式以及 SKEME 的共享和密钥更新技术，还定义了它自己的两种密钥交换方式，从而定义出自己独一无二的验证加密材料生成技术以及协商共享策略。

IKE 定义了两个阶段的 ISAKMP 交换。阶段 1 建立 IKE SA，对通信双方进行双向身份认证并建立会话密钥；阶段 2 使用阶段 1 的会话密钥，建立一个或多个 ESP 或 AH 使用的 SA。IKE SA 定义了双方的通信形式，如使用哪种算法来加密 IKE 通信、如何对远程通信方的身份进行验证等。随后，便可用 IKE SA 在通信双方之间建立任意数量的 IPSec SA。因此，在具体的 IPSec 实现中，IKE SA 保护 IPSec SA 的协商，IPSec SA 保护最终网络中的数据流量。

1. IKE 阶段 1

阶段 1 的交换有两种模式：积极模式和主模式，如图 5-12 所示。

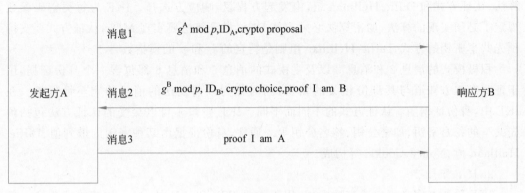

（a）积极模式

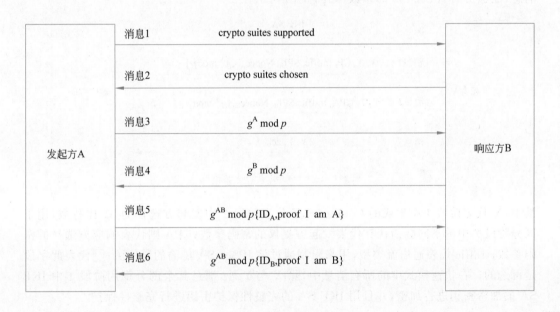

（b）主模式

图 5-12　IKE 阶段 1 的模式

　　积极模式使用 3 条消息完成，前两条消息是 Diffie-Hellman 交换，用于建立会话密钥；消息 2 和消息 3 完成双向认证。在消息 1 中，发起方可以提议密码算法。但是因为发起方还要发送一个 Diffie-Hellman 数，所以必须指定唯一的 Diffie-Hellman 组并期望响应方能够支持。如果不能支持，则响应方会拒绝本次链接请求，而且不会告诉发起方自己能够支持的算法。

　　主模式则需要 6 条消息。在第一对消息中，发起方发送一个 Cookie 并请求对方的密码算法，响应方回应自己的 Cookie 和能够接受的密码算法。消息 3 和消息 4 是一次 Diffie-Hellman 交换过程。消息 5 和消息 6 用消息 3 和消息 4 商定的 Diffie-Hellman 数值进行加密，完成双向身份认证的过程。主模式可以协商所有密码参数：加密算法、散列算法、认证方式和 Diffie-Hellman 组，由发起方提议，响应方选择。IKE 为每类密码参数规定了必须实现的算法，加密算法必须支持 DES，散列算法要实现 MD5，认证方式要支持预先共享密钥的方式，Diffie-Hellman 组则是特定的 g 和 p 的模指数。

积极模式的消息 2 和消息 3 以及主模式的消息 5 和消息 6 都包含一个身份证据，用于证明发送方知道与其身份相关的秘密，同时作为以前发送的消息的完整性保护。在 IKE 中，身份证据随着认证方式的不同而不同。IKE 阶段 1 可以接受的认证方法包括预先共享的秘密密钥、加密公钥、签名公钥等。通常，身份证据由某种密钥的散列值、Diffie-Hellman 值、Nonce、Cookie 等构成。

2. IKE 阶段 2

IKE 阶段 2 定义了快速交换模式，用于建立 ESP 和 AH 的 SA。快速模式包含 3 条消息，能够协商 IPSec SA 的参数，如图 5-13 所示。

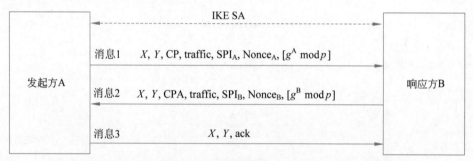

图 5-13　IKE 阶段 2 的快速模式

其中，X 代表阶段 1 中生成的 Cookie 对；Y 代表阶段 2 中发起方选择的 32 比特数，用于区分阶段 2 中的不同会话；CP 代表发起方提议的密码参数；CPA 则代表响应方选择的密码参数；traffic 代表通信流类型，用来限制通过该 IPSec SA 传输的通信流；[]代表此字段是可选的。在快速模式中的所有消息中，除 X 与 Y 外，消息其余部分都用阶段 1 中 IKE SA 的加密密钥进行加密，并且用 IKE SA 的完整性保护密钥进行完整性保护。

5.2　SSL/TLS

教学课件

教学视频

安全套接层（Secure Socket Layer，SSL）协议由 Netscape 公司于 1994 年设计而成，主要目标是为 Web 通信协议（HTTP 协议）提供保密和可靠通信。1996 年，Netscape 公司发布 SSL 3.0，该版本发明了一种全新的规格描述语言以及一种全新的记录类型和数据编码，还弥补了加密算法套件反转攻击这个安全漏洞。SSL 3.0 与 SSL 2.0 是向后兼容的。SSL 3.0 与 SSL 2.0 相比更加成熟和稳定，因此很快成为事实上的工作标准。

1997 年，IETF 基于 SSL 协议发布传输层安全（Transport Layer Security，TLS）协议的 Internet 草案。1999 年，IETF 正式发布关于 TLS 的 RFC 2246。TLS 是 IETF 的

TLS 工作组在 SSL 3.0 基础之上提出的,最初版本是 TLS 1.0。TLS 1.0 可看作 SSL 3.1, 它与 SSL 3.0 的差别不大,且考虑了和 SSL 3.0 的兼容性。

SSL/TLS 被设计为运行在 TCP/IP 协议栈的 TCP 协议之上,使得该协议可以被部署在用户级进程中,而不需要对操作系统进行修改。基于 TCP 协议而不是 UDP 协议使得 SSL/TLS 更简单,因为不需要考虑超时和数据丢失重传的问题(TCP 已经处理了这些问题)。通过使用 TCP 提供的可靠的数据流服务,SSL/TLS 对传输的数据不作变更,只是分割成带有报文头和密码学保护的记录。一端写入的数据完全是另一端读取的内容,这种透明性使得几乎所有基于 TCP 的协议稍加改动就可以在 SSL 上运行。

SSL/TLS 协议提供的服务具有以下 3 个特性。

- 保密性。在初始化连接后,数据以双方商定的密钥和加密算法进行加密,以保证其机密性,防止非法用户破译。
- 认证性。协议采用非对称密码体制对对端实体进行鉴别,使得客户端和服务器端确信数据将被发送到正确的客户机和服务器上。
- 完整性。协议通过采用散列函数来处理消息,提供数据完整性服务。

5.2.1　SSL 体系结构

1. SSL 协议的分层模型

SSL 是一个中间层协议,它位于 TCP 层和应用层之间,为 TCP 提供可靠的端到端安全服务。SSL 不是简单的单个协议而是两层协议,如图 5-14 所示。

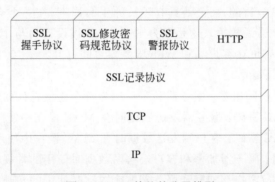

图 5-14　SSL 协议的分层模型

在底层,SSL 记录协议建立在可靠的传输协议 TCP 协议之上,基于此可靠的传输协议向上层提供机密性、真实性和抗重放保护。发送时,SSL 记录协议接收上层应用消息,将数据分段为可管理的块,可选择地压缩数据,应用 MAC 并加密,添加一个头部并将结果传送给 TCP。接收到的数据则被解密、验证、解压缩、重组后交付给高层。记录层上有 3 个高层协议:SSL 握手协议、SSL 修改密码规范协议和 SSL 警报协议。握手协议允许客户端和服务器彼此认证对方,并且在应用协议发出或收到第一个数据之前协商密码算法和密钥。这样做的原因是保证应用协议的独立性,使低层协议对高层协议是透明的。为 Web 客户端与服务器交互提供传送服务的 HTTP 协议可以在上层访问 SSL 记录协议。

SSL 中包含两个重要概念：SSL 会话和 SSL 连接。

2. SSL 会话

SSL 会话是一个客户端和服务器间的关联，是通过握手协议创建的，定义了一组密码安全参数，这些密码安全参数可以由多个连接共享。会话可用于减少为每次连接建立安全参数的昂贵协商费用。SSL 会话协调服务器和客户端的状态。

每个会话具有多种状态。一旦会话建立，则进入针对读和写（即接收和发送）的当前操作状态。在握手协议中创建了读挂起状态和写挂起状态。在握手协议成功完成后，挂起状态成为当前状态。

一个会话状态由以下参数定义。

- 会话标识符：一个由服务器生成的数值，用于标识活动的或恢复的会话状态。
- 对等实体证书：对等实体的一个 X.509 v3 证书，此状态元素可以为空。
- 压缩方法：在加密前使用的压缩数据的算法。
- 密码规范：描述了大量数据的加密算法（如 NULL、AES 等）和用于计算 MAC 的散列算法（如 MD5 或 SHA-1），同时也定义了散列值大小等密码学属性。
- 主密码：一个由客户端和服务器共享的 48B 的秘密数值，提供用于生成加密密钥、MAC 秘密和初始化向量的秘密数据。
- 可恢复性标志：一个标志，表明会话能否用于初始化一个新连接。

3. SSL 连接

连接是提供合适服务类型的一种传输（OSI/RM 的定义）。对 SSL 来说，连接表示的是对等网络关系，且是短暂的；而会话具有较长的生命周期，在一个会话中可以建立多个连接，每个连接与一个会话相关。这是因为 SSL/TLS 被设计为与 HTTP 1.0 协同工作，而 HTTP 1.0 协议具有可在客户端和 Web 服务器之间打开大量 TCP 连接的特点。

连接状态可用以下参数定义。

- 服务器和客户端随机数：服务器和客户端为每个连接选择的随机字节序列。
- 服务器写 MAC 密码：服务器发送数据时在 MAC 操作中使用的密钥。
- 客户端写 MAC 密码：客户端发送数据时在 MAC 操作中使用的密钥。
- 服务器写密钥：服务器加密和客户端解密数据时使用的常规密钥。
- 客户端写密钥：客户端加密和服务器解密数据时使用的常规密钥。
- 初始化向量：当使用 CBC 模式的分组密码时，需要为每个密钥维护一个初始化向量（IV）。该字段首先由 SSL 握手协议初始化，其后每个记录的最后一个密文分组被保存，以作为下一个记录的 IV。在加密之前，IV 与第一个明文分组进行异或运算。
- 序列号：会话的各方为每个连接传送和接收消息维护一个单独的序列号。当接收或发送一个修改密码规范协议报文时，消息序列号被设为 0。序列号不能超过 $2^{64}-1$。

4. SSL 基本流程

简化的 SSL 协议如图 5-15 所示。在基本流程中，客户端 A 发起与服务器 B 的连接，然后 B 把自己的证书发送给 A。A 验证 B 的证书，从中提取 B 的公钥，然后选择一个用

来计算会话密钥的随机数,将其用 B 的公钥加密发送给 B。基于这个随机数,双方计算出
会话密钥(主密钥)。然后通信双方使用会话密钥对会话数据进行加密和完整性保护。

图 5-15　简化的 SSL 协议

消息 1:A 发起会话请求,并且发送自己支持的密码算法列表和一个随机数 S_A。

消息 2:B 把自己的证书以及另一个随机数 S_B 发送给 A,同时在消息 1 的密码算法
列表中选择自己能够支持的算法响应给 A。

消息 3:A 选择一个随机数 S,根据 S、S_A 和 S_B 计算会话密钥(主密钥)K。然后 A 用
B 的公钥加密 S 后发送给 B,同时发送的还有会话密钥 K 和握手消息的散列值,用来证
明自己的身份,同时还可以防止攻击者对消息的篡改。这个散列值是经过加密和完整性
保护的。用于加密这个散列值的加密密钥同时也是对将来的会话数据进行加密的密钥,
它是根据主密钥 K、S_A 和 S_B 计算出来的。用于数据发送的密钥称为写密钥,用于数据接
收的密钥称为读密钥。发送和接收两个方向都需要加密密钥、完整性保护密钥和初始向
量,因此共需要 6 个密钥。这 6 个密钥都是通过会话主密钥生成的。

消息 4:B 也根据 S、S_A 和 S_B 计算会话密钥 K。B 发送此前所有握手消息的散列值,
此散列值用 B 的写加密密钥进行加密保护,用 B 的写完整性保护密钥进行完整性保护。
通过这个消息,B 证明自己知道会话密钥,同时也证明自己知道 B 的私钥,因为 K 是从 S
导出的,而 S 是使用 B 的公钥加密的。

至此,A 完成对 B 的认证,但 B 没有对 A 的身份进行认证。这是因为实际应用中很
少需要双向认证,只需要客户端认证服务器,而不需要服务器认证客户端。如果客户端拥
有证书,则也可以实现双向认证。但实际应用中,服务器通常通过要求客户端把会话密钥
加密的用户名和口令发送过来实现对客户端的认证。

5.2.2　SSL 记录协议

在 SSL 协议中,所有的传输数据都被封装在记录中。记录是由记录头和长度不为 0
的记录数据组成的。所有的 SSL 通信(包括握手消息、安全空白记录和应用数据)都使用
SSL 记录层。SSL 记录协议包括了记录头和记录数据格式的规定。

SSL 记录协议为 SSL 连接提供两种服务。

· 保密性。握手协议定义了加密 SSL 载荷的加密密钥。

- 消息完整性。握手协议也定义了生成 MAC 的共享密钥。

SSL 记录的格式如图 5-16 所示。

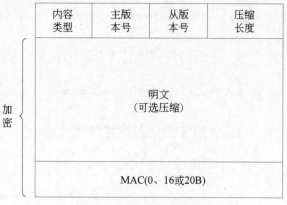

图 5-16　SSL 记录的格式

SSL 记录头由以下字段构成。

- 内容类型(8 位)：用于指明处理封装分段的高层协议。已经定义的内容类型包括修改密码规范协议、警报协议、握手协议和应用数据。
- 主版本号(8 位)：表明在用的 SSL 主版本号。对于 SSL 3.0，这个值为 3。
- 从版本号(8 位)：表明在用的 SSL 从版本号。对于 SSL 3.0，这个值为 0。
- 压缩长度(16 位)：指示明文段或压缩分段(如果应用了压缩)的字节长度，最大为 $2^{14}+2048$。

SSL 记录可能的有效载荷如图 5-17 所示。

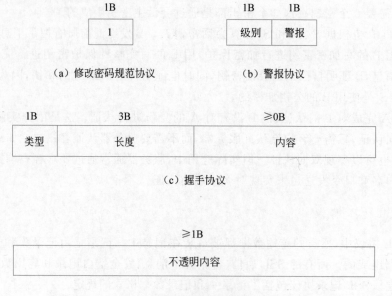

图 5-17　SSL 记录的有效载荷

图 5-18 描述了 SSL 记录协议的整个操作过程。发送时,SSL 记录协议从高层协议接收一个要传送的任意长度的数据,将数据分成多个可管理的段,可以有选择地进行压缩,然后应用 MAC,利用 IDEA、DES、3DES 或其他加密算法进行数据加密,再加上一个 SSL 记录头,将得到的最终数据单元(即一个 SSL 记录)放入一个 TCP 报文段中发送出去。接收数据则与发送数据过程相反。接收的数据被解密、验证、解压、重组后,再传递给高层应用。

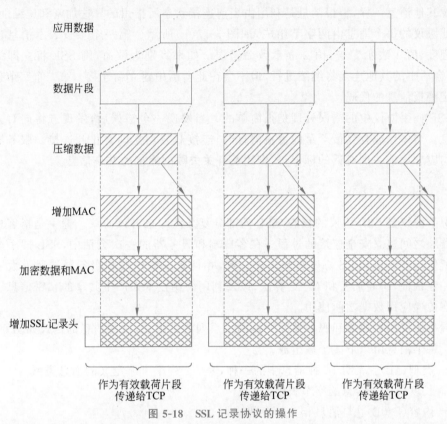

图 5-18　SSL 记录协议的操作

5.2.3　SSL 修改密码规范协议

修改密码规范协议是 SSL 的 3 个特定协议之一,也是最简单的一个。该协议由一条消息组成,该消息只包含一个值为 1 的单个字节,如图 5-17(a)所示。客户端和服务器端都能发送改变密码说明消息,通知接收方将使用刚刚协商的密码算法和密钥进行后续的记录保护。这条消息的接收会引起未决状态被复制到当前状态,更新本连接中使用的密码组件,包括加密算法、散列算法以及密钥等。客户端在完成握手密钥交换和验证服务器端证书后发送修改密码规范消息,服务器则在成功处理它从客户端接收的密钥交换消息后发送该消息。

为保障 SSL 传输过程的安全性,双方应该每隔一段时间就改变加密规范。

5.2.4 SSL 警报协议

警报协议用于向对等实体传递 SSL 相关的警报。如果在通信过程中某一方发现任何异常,则需要给对方发送一条警示消息通告。警报消息传达此消息的严重程度的编码和对此警报的描述。最严重的警报消息将立即终止连接。这种情况下,本次对话的其他连接还可以继续进行,但对话标识符必须设置为无效,以防止此失败的对话重新建立新连接。像其他消息一样,警报消息是利用由当前连接状态所指出的算法加密和压缩的。

此协议的每个消息由两字节组成,如图 5-17(b)所示。第一个字节表示消息出错的严重程度,值 1 表示警告,值 2 表示致命错误。如果级别为致命,则 SSL 将立即终止连接,而会话中的其他连接将继续进行,但不会在此会话中建立新连接。第二个字节包含描述特定警报信息的代码。

SSL 握手协议中的错误处理是很简单的。当发现一个错误后,发现方将向对方发一个消息。当传输或收到最严重的警报消息时,连接双方均立即终止此连接。服务器和客户端均应忘记前一次对话的标识符、密钥及有关失败的连接的共享信息。

5.2.5 SSL 握手协议

握手协议是 SSL 协议的核心,SSL 的部分复杂性即来自该协议。握手是指客户端与服务器端之间建立安全连接的过程。在客户端和服务器的一次会话中,SSL 握手协议对它们所使用的 SSL/TLS 协议版本达成一致,并且允许客户端和服务器端通过数字证书实现相互认证,协商加密和 MAC 算法,以及利用公钥技术来产生共享的私密信息。握手协议在传递应用数据之前使用。

握手协议由客户端和服务器间交换的一系列消息组成,这些消息的格式如图 5-17(c)所示。每个消息由以下 3 个域组成。

- 类型(1B):表明 10 种消息中的一种,表 5-2 列举了所定义的消息类型。
- 长度(3B):消息的字节长度。
- 内容(≥0B):与消息相关的参数。

表 5-2 握手协议消息类型

消息类型	参数
hello_request	空
client_hello	版本号、随机数、会话标识、密码组、压缩方法
server_hello	版本号、随机数、会话标识、密码组、压缩方法
certificate	X.509 v3 证书链
server_key_exchange	参数、签名
certificate_request	类型、认证机构
server_done	空
certificate_verify	签名

续表

消 息 类 型	参　数
client_key_exchange	参数、签名
finished	散列值

图 5-19 表明了在客户端与服务器之间建立逻辑连接的初始交换。此交换过程包括 4 个阶段。

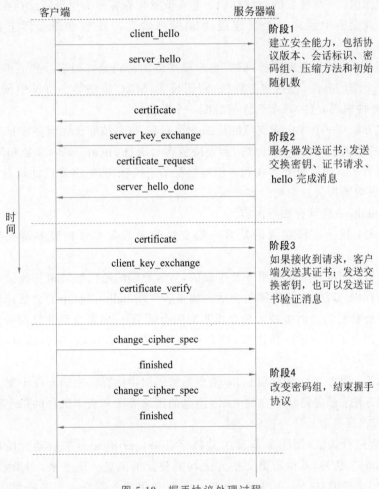

图 5-19　握手协议处理过程

1. 阶段 1：建立逻辑连接

此阶段用于建立初始的逻辑连接并建立与之相连的安全能力。客户端向服务器发送一条客户端 hello 消息（client_hello），服务器必须使用服务器 hello 消息（server_hello）进行响应，否则就会造成致命错误，同时连接失败。在客户端 hello 消息中，客户端提供给服务器端一个算法和压缩方式列表，排列顺序与偏好（多个选择的不同优先级）相一致。服务器从中进行选择并把选择结果通过服务器 hello 消息反馈给客户端。经过这一阶段，客户端与服务器双方对以下参数达成共识：协议版本、随机数、会话 ID、密码组件以及压缩算法等。

客户端发起这个交换，发送具有如下参数的 client_hello 消息。

- 版本号：客户端希望在本次会话中用于通信的 SSL 协议版本号，它应该是客户端能够支持的最新版本。
- 随机数：由客户端生成的随机数结构，用 32 位时间戳和一个安全随机数生成器生成的 28B 随机数组成。这些值作为 Nonce，在密钥交换时防止重放攻击。
- 会话标识：一个变长的会话标识。非 0 值意味着客户端想更新已存在连接的参数或在此会话中创建一个新连接；0 值意味着客户端想在新会话上创建一个新连接。
- 密码组：按优先级降序排列的、客户端支持的密码套件列表。列表的每个元素定义一个密码套件，包括加密算法、密钥长度、MAC 算法等。协议中预先定义好大约 30 种密码套件，每个套件被分配一个数值。
- 压缩方法：一个客户端支持的压缩方法列表，也是按照优先级降序排列的。

客户端发出消息 client_hello 后，会等待包含与消息 client_hello 参数相同的 server_hello 消息的到来。如果服务器找到一组可接受的密码算法，它将发送此消息；否则，服务器将以握手失败警报消息来响应客户端。

server_hello 消息具有如下内容。

- 版本号：这个字段包含的是客户端支持的最低版本号和服务器支持的最高版本号。
- 随机数：随机数域是由服务器生成的，与客户端的随机数域相互独立。
- 会话标识：对应当前连接的会话。如果客户端 hello 消息中的会话标识非 0，服务器将查看它的会话缓冲区来寻找匹配的会话 ID。如果找到并且服务器愿意使用指定的会话状态建立新连接，则它将使用与客户端 hello 中会话 ID 相同的值来回应。
- 密码组：服务器从客户端 hello 消息的密码组中选择的密码套件子集。
- 压缩方法：服务器从客户端 hello 消息的压缩方法列表中选择的单个压缩方法。

2. 阶段 2：服务器认证和密钥交换

如果需要进行认证，则服务器发送其数字证书（certificate）来启动此阶段。除匿名 Diffie-Hellman 方法外，其他密钥交换方法均需要证书消息。接下来，如果需要，可以发送服务器密钥交换消息（server_key_exchange）。如果服务器是一个非匿名服务器（服务器不使用匿名 Diffie-Hellman），则它需要请求验证客户端的证书（certificate_request）；此时客户端必须发送自己的证书。最后，服务器发送服务器 hello 完成消息（server_hello_done），此消息不带参数。在此消息发送之后，服务器将等待客户端应答。

服务器证书消息（certificate）通常包含一个或多个 X.509 证书，它必须包含一个与密钥交换方法相匹配的密钥。

服务器密钥交换消息（server_key_exchange）只在需要时由服务器发送。如果服务器发送了带有固定 Diffie-Hellman 参数的证书或者使用 RSA 密钥交换，则不需要发送

server_key_exchange 消息。server_key_exchange 消息包含以下内容。

- params：服务器的密钥交换参数。
- signed params：对于非匿名密钥交换，此项是对 params 的散列值的签名。

通常情况下，通过对消息使用散列函数并使用发送者私钥加密获得签名。在此，散列函数定义如下。

hash(ClientHello.random ‖ ServerHello.random ‖ ServerParams)

散列不仅包含 Diffie-Hellman 或 RSA 参数，还包含初始 hello 消息中的两个 Nonce，可以防止重放攻击和伪装。对 DSS 签名而言，散列函数使用 SHA-1 算法；对 RSA 签名而言，将要计算 MD5 和 SHA-1，将两个散列结果串接(36B)后用服务器私钥加密。

证书请求消息(certificate_request)包含两个参数：证书类型和认证机构。证书类型是一个请求证书类型列表，按照服务器的喜好排序。认证中心则列出了一个可接受的认证机构名称列表。

服务器完成消息(server_hello_done)通常是需要的。此消息由服务器发送，指示服务器的 hello 和相关消息结束。这个消息意味着服务器已经完成发送支持密钥交换的消息，客户端可以处理自己的密钥交换阶段。在接收到服务器完成消息之后，客户端需要验证服务器是否提供合法证书，并且检查 server_hello 参数是否可接受。如果所有的条件均满足，则客户端向服务器发回一个或多个消息。

3. 阶段 3：客户端认证和密钥交换

如果服务器请求了证书，则客户端在此阶段开始发送一条证书消息(certificate)。如果不能提供合适的证书，则客户端将发送一个"无证书警报"。接下来是此阶段必须发送的客户端密钥交换消息(client_key_exchange)，消息的内容依赖密钥交换的类型。

- RSA：客户端生成 48B 的预主密钥，并且使用服务器证书中的公钥或服务器密钥交换消息中的临时 RSA 密钥加密。此密钥用于主密钥的计算。
- 瞬时或匿名 Diffie-Hellman：发送客户端的 Diffie-Hellman 公钥参数。
- 固定 Diffie-Hellman：由于证书消息中包括 Diffie-Hellman 公钥参数，因此该消息内容为空。
- Fortezza：发送客户端的 Fortezza 参数。

在此阶段的最后，客户端可以发送一个证书验证消息(certificate_verify)来提供对客户端证书的精确认证。此消息只有在客户端证书具有签名能力时发送(除带有固定 Diffie-Hellman 参数外的所有证书)，它对一个基于前述消息的散列编码的签名定义如下。

CertificateVerify.signature.md5_hash

MD5(master_secret ‖ pad_2 ‖ MD5(handshake_messages ‖ master_secret ‖ pad_1));

Certificate.signature.sha_hash

SHA(master_secret ‖ pad_2 ‖ SHA(handshake_messages ‖ master_secret ‖ pad_1));

其中，pad_1 和 pad_2 是前面 MAC 定义的值，握手消息指的是从 client_hello 开始

（但不包括这条消息）发送或接收的所有握手协议消息。如果用户私钥是 DSS，则被用于加密 SHA-1 散列；如果用户私钥是 RSA，则被用于加密 MD5 和 SHA-1 散列连接。

4. 阶段 4：完成

此阶段完成安全连接的设置。客户端发送修改密码规范消息（change_cipher_spec）并将挂起的 CipherSpec 复制到当前 CipherSpec 中。之后客户端立即使用新的算法、密钥和密码发送新的完成消息（finish）。完成消息对密钥交换和认证过程的正确性进行验证，它是两个散列值的拼接。

$$\mathrm{MD5}(master\_secret \parallel pad\_2 \parallel \mathrm{MD5}(handshake\_messages \parallel sender \parallel$$
$$master\_secret \parallel pad\_1))$$

$$\mathrm{SHA}(master\_secret \parallel pad\_2 \parallel \mathrm{SHA}(handshake\_messages \parallel sender \parallel$$
$$master\_secret \parallel pad\_1))$$

在应答这两个消息时，服务器发送自己的修改密码规范消息（change_cipher_spec）并向当前 CipherSpec 中复制挂起的 CipherSpec，发送完成消息（finish）。一旦一方发送了自己的完成消息并验证了对方的完成消息，则可以在这个连接上发送和接收应用数据。应用数据被透明处理，由记录层携带，并且基于当前连接状态被分段、压缩和加密。

5.2.6　TLS

传输层安全（TLS）是 IETF 标准的初衷，其目标是成为 SSL 的互联网标准。TLS 1.0 协议本身基于 SSL 3.0，很多与算法相关的数据结构和规则十分相似。因此，虽然 TLS 1.0 与 SSL 3.0 存在些许区别，但差别并不大，在此不再详述。

5.2.7　HTTPS

从互联网诞生之日起，Web 就是互联网上最重要、最广泛的应用之一。HTTP 协议作为最主要的 Web 数据的传输通道，也成为互联网上最重要也是最常见的应用层协议之一。但 HTTP 协议存在两个主要的安全缺陷：一是数据明文传送；二是不对数据进行完整性检测。

为增强 Web 的安全性，HTTPS 协议被提出，以解决 HTTP 协议中的安全性问题。RFC 2818 描述了 HTTPS 的细节。基于 SSL 和 TLS 的 HTTP 几乎没有区别，这两种实现都被称为 HTTPS。本书对这两个实现不加区分。

HTTPS（HTTP over SSL）是 HTTP 和 SSL 的结合，旨在实现 Web 服务器和 Web 浏览器之间的安全通信。HTTPS 将 SSL 作为 HTTP 应用层的子层，通过 SSL 协议来加强安全性，实现 HTTP 数据安全传输，有效地避免 HTTP 数据的窃听、篡改及信息的伪造。在传输过程中，HTTPS 的两个子层（HTTP 和 SSL）各司其职。其中，上层的 HTTP 协议只负责提供或接收 HTTP 数据包，数据的加解密工作对其是透明的，均由 SSL 协议负责。

几乎所有流行的浏览器都内置对 HTTPS 的支持，但并不是所有的 Web 服务器都支持 HTTPS。从用户角度讲，直观地判断 Web 服务器是否支持 HTTPS 的方法就是观察 URL 是否以 https://开始。例如，有两个 URL 都可以访问 Google 主页（http://google.

com 和 https://google.com），后者就是基于 HTTPS 的安全访问通道。

具体来说，HTTPS 实现了以下安全特征。

（1）客户端与服务器的双向身份认证。

客户端与服务器在传输 HTTPS 数据之前需要对双方的身份进行认证，认证过程通过交换各自的 X.509 数字证书的方式实现。

（2）传输数据的机密性。

如果 Web 浏览器和 Web 服务器之间基于 HTTPS 协议进行通信，则通信的以下部分被加密保护。

- 浏览器请求的服务器端文档的 URL。
- 浏览器请求的服务器端文档的内容。
- 用户在浏览器端填写的表单内容。
- 在浏览器和服务器之间传递的 Cookie。
- HTTP 消息头。

（3）传输数据的完整性检验。

HTTPS 通过消息验证码的方式对传输数据进行数字签名，从而实现了数据的完整性检验。

HTTPS 协议在通信的安全性方面对 HTTP 协议进行了一定程度的增强，基本保证了客户端与服务器端的通信安全，因此被广泛应用于互联网上敏感信息的通信，例如网上银行账户、电子邮箱账户以及电子交易支付等各方面。

5.3　PGP

教学课件

教学视频

通过在 IP 层上实现安全性，IPSec 对终端用户和应用均是透明的，提供通用的解决方案；SSL/TLS 则在 TCP 之上实现安全性。一般来说，SSL/TLS 可以作为潜在的协议对应用透明，也可以在特定包中使用，如 Netscape 和 IE 浏览器均提供 SSL。另一方面，不同的应用对安全有着不同的需求。因此，人们设计了各种与具体应用相关的安全机制。PGP 就是一种流行的安全电子邮件系统。

电子邮件是一种用电子手段提供信息交换的通信方式。它不是一种"端到端"的服务，而是"存储-转发"式的服务，属异步通信方式。信件发送者可随时随地发送邮件，不要求接收者同时在场，即使对方当时不在，仍可将邮件立刻送往对方的信箱，且存储在对方的电子邮箱中。接收者可在他认为方便时读取信件，不受时空限制。电子邮件作为 Internet 上最重要的服务的同时，也是安全漏洞最多的服务之一。缺乏安全机制的电子邮件会给人们的隐私和安全带来严重的威胁，甚至严重影响人与人之间的交流。

PGP（Pretty Good Privacy）是 Phillip Zimmermann 在 1991 年提出来的，它可以在电子邮件和文件存储应用中提供保密和认证服务，已经成为全球范围内流行的安全邮件系统之一。

PGP 综合使用了对称加密算法、非对称加密算法、单向散列算法以及随机数产生器。PGP 通过运用诸如 3DES、IDEA、CAST-128 等对称加密算法对邮件消息或存储在本地的数据文件进行加密来保证机密性，通过使用散列函数和公钥签名算法提供数字签名服务，以提供邮件消息和数据文件的完整性和不可否认性。通信双方的公钥发布在公开的地方，而公钥本身的权威性则可由第三方（特别是接收方信任的第三方）进行签名认证。

PGP 迅速普及的原因可大致归纳如下。

- PGP 由志愿者开发团体在 Phillip Zimmermann 的指导下开发后继版本。PGP 提供各种免费的版本，可运行于各种平台，包括 Windows、UNIX、Macintosh 等。
- PGP 使用经过充分的公众检验且被认为非常安全的算法，包括 RSA、DSS、Diffie-Hellman 等公钥算法，CAST-128、IDEA 和 3DES 等对称加密算法，以及散列算法 SHA-1。
- PGP 应用范围较为广泛，既可作为公司、团体中加密文件时所选择的标准模式，也可以对互联网或其他网络上个人间的消息通信加密。
- PGP 不受任何政府或标准制定机构控制。

5.3.1　PGP 操作

PGP 的实际操作与密钥管理紧密相关，提供了 5 种服务：认证、保密、压缩、电子邮件兼容性和分段，参见表 5-3。

表 5-3　PGP 服务

功　　能	使用的算法	描　　述
认证	DSS/SHA 或 RSA/SHA	利用 SHA-1 算法计算消息的散列值，并且将此消息摘要用发送方的私钥按 DSS 或 RSA 加密，和消息串接在一起发送
保密	CAST-128、IDEA 或使用 Diffie-Hellman 的 3DES 或 RSA	发送方生成一个随机数作为一次性会话密钥，用此会话密钥将消息按 CAST-128、IDEA 或 3DES 算法加密；然后用接收方公钥按 Diffie-Hellman 或 RSA 算法加密会话密钥并与消息一起加密
压缩	ZIP	消息在应用签名之后、加密之前可用 ZIP 压缩
电子邮件兼容性	Radix-64 转换	为了对电子邮件应用提供透明性，一个加密消息可以用 Radix-64 转换为 ASCII 串
分段	—	为符合最大消息尺寸限制，PGP 执行分段和重新组装

1. 认证

PGP 使用散列函数和公钥签名算法提供数字签名服务，如图 5-20 所示。

图中符号的含义如下。

- PR_A：用户 A 的私钥，用于公钥加密体制中。
- PU_A：用户 A 的公钥，用于公钥加密体制中。
- EP：公钥加密。

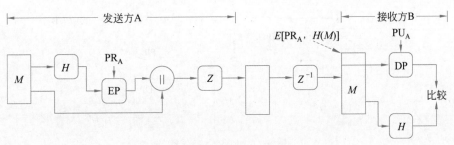

图 5-20　PGP 数字签名服务

- DP：公钥解密。
- H：散列函数。
- ‖：串接。
- Z：用 ZIP 算法压缩。
- Z^{-1}：解压缩。

图 5-20 所示的签名过程如下。

（1）发送方创建消息。

（2）发送方使用 SHA-1 计算消息的 160 位散列码。

（3）发送方使用自己的私钥，采用 RSA 算法对散列码加密，得到数字签名，并且将签名结果串接在消息前面。

（4）接收方使用发送方的公钥按 RSA 算法解密，恢复散列码。

（5）接收方使用 SHA-1 计算新的散列码并与解密得到的散列码比较。如果匹配，则证明接收到的消息是完整的，并且来自真实的发送方。

SHA-1 和 RSA 的组合提供了一种有效的数字签名模式。由于 RSA 的安全强度，接收方可以确信只有相应私钥的拥有者才能生成签名；由于 SHA-1 的安全强度，接收方可以确信其他方都不可能生成一个与该散列编码相匹配的消息，从而确保是原始消息的签名。

作为一种替代方案，可以基于 DSS/SHA-1 生成数字签名。

2. 保密

PGP 通过运用 3DES、IDEA、CAST-128 等对称加密算法，使用 64 位密文反馈模式（CFB）对待发送的邮件消息或存储在本地的数据文件进行加密来保证机密性服务。由于电子邮件具有“存储转发”的属性，使用安全握手协议来协商双方拥有相同的会话密钥是不实际的。因此，PGP 中的会话密钥是一次性密钥，只使用一次，即对每一个消息都要生成一个 128 位的随机数作为新的会话密钥。由于会话密钥仅使用一次，因此发送方必须将此会话密钥与消息绑定在一起，随消息一块传送。为保护此会话密钥，发送方使用接收方的公钥对其加密。实现保密性的过程如图 5-21 所示。

图中的符号除前面已经说明的外，含义如下。

- K_s：一次性会话密钥，用于对称加密体制中。
- EC：对称加密。

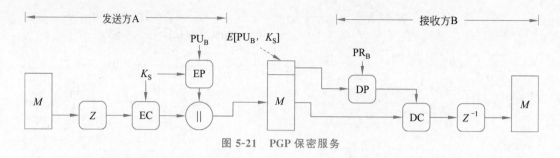

图 5-21 PGP 保密服务

• DC：对称解密。

图 5-21 所示的保密服务过程如下。

（1）发送方创建消息并生成一个 128 位随机数作为会话密钥。

（2）发送方对消息进行压缩，然后用会话密钥按 CAST-128（或 IDEA、3DES）加密压缩后的消息。

（3）发送方用接收方的公钥按 RSA 加密会话密钥，并且和消息密文串接在一起。

（4）接收方使用其私钥按 RSA 解密，恢复出会话密钥。

（5）接收方使用会话密钥解密消息。如果消息被压缩，则执行解压缩。

PGP 也可以使用 ElGamal 代替 RSA 进行密钥加密。

为减少加密时间，PGP 通常使用对称加密和公钥加密的组合方式，而不是直接使用 RSA 或 ElGamal 加密消息。CAST-128 和其他传统算法比 RSA 或 ElGamal 算法快得多。在 PGP 中，使用公钥算法的目的是解决一次性会话密钥的分配问题，因为只有接收方能恢复绑定在消息中的会话密钥。使用一次性的对称密钥加强了已经是强加密算法的安全性。每个密钥仅加密少量原文，并且密钥之间没有联系。这种情况下，公钥算法是安全的，从而整个模式是安全的。

在 PGP 中，可以将保密和认证两种服务同时应用于一个消息，如图 5-22 所示。

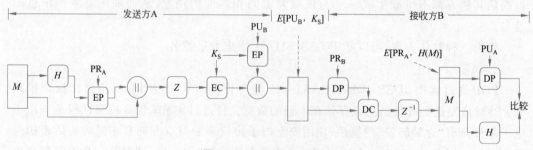

图 5-22 PGP 保密和认证

操作过程如下。

（1）发送方创建消息，生成原始消息的签名并与消息串接。

（2）发送方用会话密钥并基于 CAST-128（或 IDEA、3DES）加密压缩后的带签名的明文消息，并且用 RSA（或 ElGamal）加密会话密钥。两次加密的结果被串接在一起，发送给接收方。

（3）接收方使用自己的私钥按照 RSA（或 ElGamal）解密会话密钥，并且使用会话密钥解密，恢复压缩的带签名的明文消息。

（4）接收方执行解压缩，得到签名和原始消息。

（5）接收方解密签名并计算消息的散列值，通过比较两个结果实现认证。

简单地说，当需要同时提供保密和认证时，发送方首先用自己的私钥对消息签名，然后用会话密钥加密消息和签名，再用接收方的公钥加密会话密钥。

3. 压缩

作为一种默认处理，PGP 在应用签名之后、加密之前要对消息进行压缩，使用的压缩算法是 ZIP。使用压缩使得发送的消息比原始明文更短，这就节省了网络传输的时间和存储空间。

在图 5-21 中，消息加密在压缩后进行，这是因为压缩实际上是一次变换，而且压缩后消息的冗余信息比原始消息少，使得密码分析更加困难。

图 5-22 的操作过程是在压缩前生成签名，主要是基于如下考虑：对未压缩的消息签名可以将未压缩的消息和签名一起存放，以在将来验证时直接使用。而如果对一个压缩的文档签名，则将来要么将消息的压缩版本存储下来用于验证，要么在需要验证时再对消息进行压缩。

PGP 使用称为 ZIP 的压缩包，ZIP 算法是应用最广泛的跨平台压缩技术。

4. Radix-64 转换

使用 PGP 时，通常至少部分块将要被加密传输。如果仅使用了签名服务，就必须用发送方的私钥对消息摘要进行加密。如果还使用了保密服务，就需要将消息和签名（如果有）用一次性的会话密钥、按对称密码算法进行加密，因此得到的部分或全部数据块由任意的 8 比特流组成。然而，许多电子邮件系统仅允许由 ASCII 文本组成的数据块通过。为适应这个限制，PGP 提供了将原始 8 位二进制流转换为可打印的 ASCII 码字符的服务。为此目的的服务的模式称为 Radix-64 转换（基数 64 转换）或 ASCII 封装。原始二进制数据的 3 个 8 位二进制字节组成一组并被映射为 4 个 ASCII 码字符，同时加上 CRC 校验以检测传送错误。

编码过程将 3 个 8 位输入组看作 4 个 6 位组，每一组变换成 Radix-64 编码表中的一个字符。6 位组到字符的映射如表 5-4 所示。

Radix-64 转换算法盲目地将输入串转换为 Radix-64 格式而与上下文无关，即使在输入是 ASCII 文本时也是如此。因此，如果一个消息被签名但未加密，且转换作用于整个块，则输出对窃听者不可读，从而提供了一定程度的保密性。PGP 可以选择只对消息的签名部分进行 Radix-64 转换，使得接收方可以不使用 PGP 直接阅读消息；PGP 也可用于验证签名。

在接收端，首先将收到的块从 Radix-64 转换为二进制。然后，如果消息加密过，则接收方恢复会话密钥，解密消息，再将得到的块解压；如果消息被签名，则接收方恢复传送过来的散列码，并且与原散列码比较。

5. 分段和组装

电子邮件工具通常限制消息的最大长度，任何大于该长度的消息必须分成若干小段，单独发送。

表 5-4 Radix-64 编码

6 位值	字符编码	6 位值	字符编码	6 位值	字符编码	6 位值	字符编码
0	A	16	Q	32	g	48	w
1	B	17	R	33	h	49	x
2	C	18	S	34	i	50	y
3	D	19	T	35	j	51	z
4	E	20	U	36	k	52	0
5	F	21	V	37	l	53	1
6	G	22	W	38	m	54	2
7	H	23	X	39	n	55	3
8	I	24	Y	40	o	56	4
9	J	25	Z	41	p	57	5
10	K	26	a	42	q	58	6
11	L	27	b	43	r	59	7
12	M	28	c	44	s	60	8
13	N	29	d	45	t	61	9
14	O	30	e	46	u	62	+
15	P	31	f	47	v	63	/
						Pad	=

为适应这个限制，PGP 自动将长消息分段，使之可以通过电子邮件发送。分段在所有其他操作之后进行，包括 Radix-64 转换。因此，会话密钥和签名部分仅在第一段的段首出现。在接收方，PGP 必须剥掉所有的电子邮件头并组装得到原始邮件。

图 5-23 描述了 PGP 的消息发送和接收过程。在发送端，如果需要签名，可用明文的散列码生成签名，再将签名和明文一起压缩。接着，如果需要保密，可对由压缩的明文或压缩的签名加原文构成的块加密，与用公钥加密的会话密钥一起转换为 Radix-64 格式。

5.3.2 PGP 密钥

PGP 使用 4 种类型的密钥：一次性会话对称密钥、公钥、私钥、基于对称密钥的口令。这些密钥需要满足 3 种需求。

- 一次性会话密钥是不可预测的。
- 允许用户拥有多个公钥/私钥对。因为用户可能希望能经常更换他的密钥对，而当更换时，许多流水线中的消息往往仍使用已过时的密钥。另外，接收方在更新到达之前只知道旧的公钥，为了能改变密钥，用户希望在某一时刻拥有多对密钥与不同的人进行应答或限制用一个密钥加密消息的数量以增强安全性。所有这些情况导致用户与公钥之间的应答关系不是一对一的，因此需要能鉴别不同的

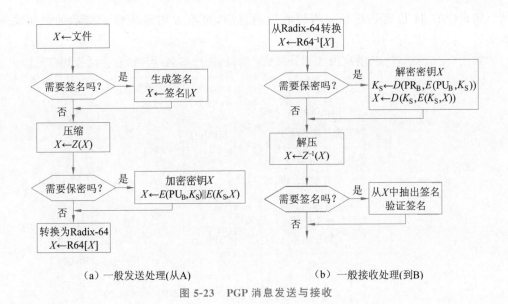

（a）一般发送处理(从A)　　　　　　　（b）一般接收处理(到B)

图 5-23　PGP 消息发送与接收

密钥。
- 每个 PGP 实体必须管理一个自己的公钥/私钥对的文件和一个其他用户公钥的文件。

1. 会话密钥的产生

在 PGP 中,对每一个消息都生成一个会话密钥,用于加密和解密该消息。PGP 的会话密钥是一个随机数,它是基于 ANSI X9.17 算法由随机数生成器产生的。随机数生成器从用户敲键盘的时间间隔上取得随机数种子。对于磁盘上的随机数种子(randseed.bin文件)采用和邮件同样强度的加密。这有效地防止了他人从 randseed.bin 文件中分析出实际加密密钥的规律。

2. 密钥标识

PGP 允许用户拥有多个公开/私有密钥对。用户可能经常改变密钥对;而且同一时刻多个密钥对在不同的通信组中使用。因此,用户和他们的密钥对之间不存在一一对应关系。例如 A 给 B 发信,如果没有密钥标识方法,B 可能就不知道 A 使用自己的哪个公钥加密会话密钥。

一个简单的解决方案是将公钥和消息一起传送。这种方式可以工作,但却浪费了不必要的空间,因为一个 RSA 的公钥可以长达几百个十进制数。另一种解决方案是每个用户的不同公钥与唯一的标识一一对应,即用户标识和密钥标识相组合来唯一标识一个密钥。这时,只需要传送较短的密钥标识即可。但这个方案产生了管理和开销问题:密钥标识必须确定并存储,使发送方和接收方能获得密钥标识和公钥间的映射关系。

因此,PGP 给每个用户公钥指定一个密钥 ID,在很大程度上与用户标识一一对应。它由公钥的最低 64 位组成,这个长度足以使密钥 ID 重复概率非常小。

PGP 的数字签名也需要使用密钥标识。因为发送方需要使用一个私钥加密消息摘要,接收方必须知道应使用发送方的哪个公钥解密。相应地,消息的数字签名部分必须包括公钥对应的 64 位密钥标识。当接收到消息后，接收方用密钥标识指示的公钥验证签名。

如图 5-24 所示，PGP 消息由 3 部分组成：消息部分、签名（可选）和会话密钥（可选）。

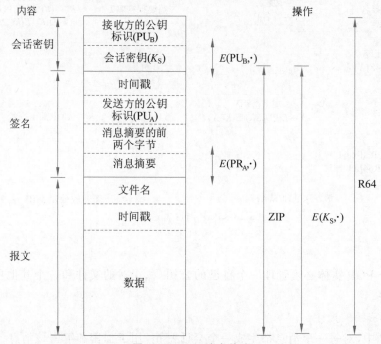

图 5-24　PGP 消息格式

图中符号的含义如下。

- $E(PU_B, \cdot)$：用用户 B 的公钥加密。
- $E(PR_A, \cdot)$：用用户 A 的公钥加密。
- $E(K_S, \cdot)$：用会话密钥加密。
- ZIP：ZIP 压缩函数。
- R64：Radix-64 转换函数。

消息部分包括将要存储或传输的数据，如文件名、消息产生的时间戳等。

签名部分包括如下内容。

- 时间戳：签名产生的时间戳。
- 消息摘要：160 位的 SHA-1 摘要，用发送方的私钥加密。摘要是计算签名时间戳和消息的数据部分得到的。摘要中包含的时间戳可以防止重放攻击。不包括消息部分的文件名和时间戳保证了分离后的签名与分离前的签名一致。基于单独的文件计算分离的签名，不包含消息头。
- 消息摘要的前两个字节：为使接收方能够判断是否使用了正确的公钥解密消息摘要，可以比较原文中的前两个字节和解密后摘要中的前两个字节。这两个字节作为消息的 16 位校验序列。
- 发送方的公钥密钥标识：标识解密所应使用的公钥，从而标识加密消息摘要的私钥。

消息和可选的签名可以使用 ZIP 压缩后再用会话密钥加密。

会话密钥部分包括会话密钥和发送方加密会话密钥时所使用的接收方公钥标识。

整个块使用 Radix-64 转换编码。

3. 密钥环

密钥标识对 PGP 操作很关键,PGP 消息中包含的两个密钥标识可以提供保密性和认证功能。这些密钥必须采用有效的、系统的方式存储和组织,以供各方使用。PGP 为每个结点提供一对数据结构:一个用于存放本结点自身的公钥/私钥对;另一个用于存放本结点知道的其他用户的公钥。这两种数据结构被称为私钥环和公钥环。可以认为,环是一个表结构,其中每一行表示用户拥有的一对公钥/私钥。

在私钥环表中,每一行包含如下表项。

- 时间戳:密钥对生成的日期/时间。
- 密钥标识:至少 64 位的公钥标识。
- 公钥:密钥对的公钥部分。
- 私钥:密钥对的私钥部分,此域被加密。
- 用户标识:一般使用用户的电子邮件地址。但用户可以为不同密钥对选择不同的用户标识,也可以多次重复使用同一个用户标识。

私钥环可用用户标识或密钥标识索引。

虽然私钥环只在用户创建和拥有密钥对的机器上存储并只能被该用户存取,但私钥的存储应尽可能地安全。因此,私钥并不直接存储在密钥环中,而是用 CAST-128(或 IDEA、3DES)加密后存储。处理过程如下。

(1) 用户选择加密私钥的口令。

(2) 当系统使用 RSA 生成新的公钥/私钥对后,向用户询问口令。应用 SHA-1 为口令生成 160 位的散列编码并废弃口令。

(3) 系统用 CAST-128 和作为密钥的 128 位散列编码加密私钥,并且废弃该散列编码,将加密后的私钥存于私钥环。

接着,当用户从私钥环中重新取得私钥时,他必须提供口令。PGP 将生成口令的散列编码,并且用 CAST-128 和散列编码一起解密私钥。

公钥环用来存储该用户知道的其他用户的公钥。公钥环表中每一行主要包含以下信息。

- 时间戳:该表项生成的日期/时间。
- 密钥标识:至少 64 位的公钥标识。
- 公钥:表项的公钥部分。
- 用户标识:公钥的拥有者。多个用户标识可与一个公钥相关。

图 5-25 描述了消息传递中密钥环的使用方式。假设应对消息进行签名和加密,则发送的 PGP 实体执行下列步骤。

步骤 1:签名消息。

(1) PGP 以用户标识作为索引从发送方的私钥环中取出选定的私钥,如果在命令中

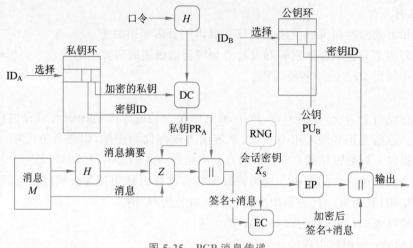

图 5-25　PGP 消息传递

不提供用户标识,则取出私钥环中的第一个私钥。

(2) PGP 提示用户输入口令恢复私钥。

(3) 创建消息的签名。

步骤 2:加密消息。

(1) PGP 生成会话密钥并加密消息。

(2) PGP 用接收方的用户标识作为索引从公钥环中获得接收方的公钥。

(3) 创建消息的会话密钥。

接收方 PGP 实体执行的步骤参见图 5-26,主要包括以下几个步骤。

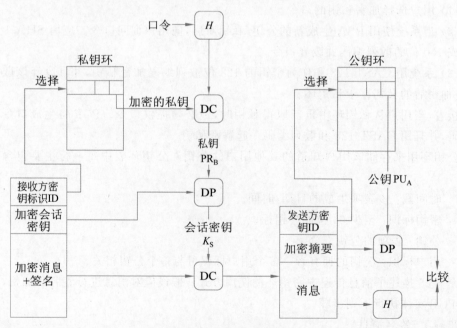

图 5-26　PGP 消息接收

步骤 1：解密消息。

（1）PGP 用消息的会话密钥的密钥标识域作为索引从私钥环中获取接收方的私钥。

（2）PGP 提示用户输入口令以恢复私钥。

（3）PGP 恢复会话密钥，解密消息。

步骤 2：认证消息。

（1）PGP 用消息的签名密钥中包含的密钥标识从公钥环中获取发送方的公钥。

（2）PGP 恢复消息摘要。

（3）PGP 计算接收到的消息摘要，并且将其与恢复的消息摘要进行比较来认证。

思 考 题

1. IPSec 提供哪些服务？

2. 什么是 SA？SA 由哪些参数来表示？

3. 传输模式与隧道模式有何区别？

4. AH 协议和 ESP 协议各自提供哪些安全服务？

5. 简述 IKE 定义的两阶段 ISAKMP 交换。

6. SSL 由哪些协议组成？各自完成什么功能？

7. 描述 SSL 协议的基本流程。

8. 发送时，SSL 记录协议执行哪些操作？分别完成什么功能？

9. 简述 SSL 握手协议的流程。

10. PGP 提供的 5 种主要服务是什么？

11. 简述 PGP 的密钥保存机制。

12. 假设应对消息进行签名和加密，则发送方 PGP 实体应当执行哪些操作？

第6章

网络攻击技术

课程思政

教学课件

教学视频

导　　读

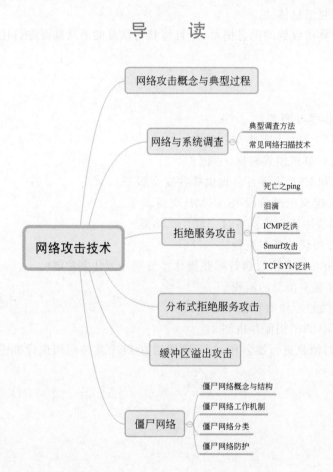

近些年来,随着社会信息化水平的进一步提高,计算机网络基础设施建设发展迅猛,几乎所有企业、政府部门、教育机构等各种组织都建立了自己的计算机网络并接入Internet。事实上,Internet就是一个"网络的网络",由这些大小不一、技术各异的网络组成。这些形形色色的计算机网络已成为各个组织开展业务和服务的重要平台,承载了巨大的利益,因此也成为攻击的主要目标。

网络攻击是利用网络与计算机系统中的漏洞实施的入侵和破坏。随着相关技术的发展,网络攻击的方法和手段也在不断发展丰富。一次完整的攻击往往需要综合应用多项技术和手段,体现了技术的力量。分析并了解网络攻击的基本原理和方法是对网络攻击进行及时检测和响应的关键,也是构建安全网络基础设施的前提。

6.1　网络攻击概述

6.1.1　网络攻击的概念

从广义上讲,任何在非授权的情况下试图存取信息、处理信息或破坏网络系统以使网络系统不可靠、不可用的故意行为都被称为网络攻击。一般意义上的网络攻击是指利用网络与计算机系统中存在的漏洞和安全缺陷,对企业、政府部门或校园等计算机网络的硬件、软件及其维护的数据进行的入侵与破坏。这些漏洞可能是在硬件、软件、网络协议的设计与开发过程中被引入的,也可能是在部署过程中由于不恰当的配置而产生的,如弱口令、权限设置错误等。

另一个常见的概念是网络入侵。对计算机网络系统而言,入侵与攻击没有本质的区别,仅是在形式和概念描述上有所不同。攻击成功的结果就是入侵,入侵伴随着攻击。在入侵者没有侵入目标网络之前,会采取一些方法或手段对目标网络进行攻击;当攻击者侵入目标网络之后,入侵者利用各种手段窃取和破坏别人的资源。

6.1.2　网络攻击的典型过程

网络攻击针对特定对象具有明确的攻击目的,利用相关技术手段实施攻击和破坏。典型的网络攻击包括以下几个阶段。

(1) 网络与系统调查。

这一阶段的任务是搜集攻击目标的相关信息(如设备型号、操作系统、网络拓扑结构、采用的安全措施、可能存在的漏洞等信息),以设计有效的攻击手段,为攻击做准备。常用手段有社会工程学、网络扫描、网络拓扑结构探测等。

(2) 入侵与破坏。

基于调查阶段获得的攻击目标的信息,设计具体的入侵方案并实施入侵与破坏。这一阶段的主要任务是解决如何进入目标系统的问题,常用手段包括口令破解获得管理员权限、利用软件和协议漏洞执行恶意代码等。

(3) 控制与维持。

在侵入对方系统并获得相关权限的基础之上,谋求长期保留和巩固对目标系统的控制权,以完成既定的攻击和破坏任务,如窃取机密信息、作为攻击其他目标的工具等。这一阶段的主要任务是如何长期隐蔽潜伏,主要手段是利用后门或木马等恶意代码。

(4) 痕迹清理。

在成功侵入目标主机并留下网络后门之后,一般被侵入的目标主机会存储相关的日志信息,这样攻击行为容易被管理员发现。因此,在入侵完毕后通常需要清除登录日志及其他相关日志,解决可能被追查的问题。常用手段是利用目标系统自身功能或专门的数据清理工具。

当然,实践中攻击的实施过程会有差异。例如,拒绝服务攻击不需要入侵目标系统,也不需要控制与维持;网络钓鱼不会主动调查目标系统的信息,而是采取被动的方式等待受害者访问。在实际的攻击过程中，这几个阶段也不是泾渭分明的，相关工作可能交替进行，例如完成一个阶段工作立刻清理痕迹，然后开展下一阶段的攻击。

6.2　网络与系统调查

网络与系统调查是发起主动攻击必不可少的步骤，实质上是一个信息收集的过程，本身并不对目标造成危害，只是为攻击提供有用的信息。调查对象包括网络拓扑结构、目标主机的 IP 地址与操作系统、开放的应用和服务、开放的端口等技术方面的信息。基于这些信息，攻击者可以寻找目标网络与计算机系统的技术漏洞和缺陷；可以利用软硬件工具（如网络扫描工具）对这些技术方面的信息进行自动的收集与判断。调查对象也可能包括网络与系统管理员的姓名、生日、电子邮件等非技术信息，基于这些信息可以进行社会工程攻击。

6.2.1　典型的调查方法

在实践中，下列几种方法被频繁地应用在网络与系统调查中。

（1）直接访问。

攻击者可以直接访问攻击的目标系统，以了解基本的平台和配置信息。例如，通过访问主页可以判断目标 Web 系统是基于 Windows 的 IIS，还是基于 Linux 的 Apache。

（2）利用网络协议。

网络协议是计算机网络系统的灵魂，是数据通信和资源共享的基础。但另一方面，也可以利用这些协议获取目标系统的相关信息。例如，利用 ICMP 协议的 ping 命令，可以探测目标网络上哪些主机是活动的以及是否安装了防火墙。而且，不同操作系统对 ICMP 消息的回应略有不同，可以利用这一点判断目标主机的操作系统。攻击者还可以利用 SNMP 网络管理协议获得目标网络的拓扑结构信息。

（3）网络扫描。

攻击者使用一些专用的扫描工具，向目标网络发送一系列探测数据包，根据响应消息得到扫描目标的信息。

（4）非技术手段。

例如，根据系统管理员的个人信息猜测其密码，或者用社会工程学方法收集攻击目标的信息。

6.2.2　网络扫描

在以上几种网络与系统调查方法中，网络扫描是攻击者获取活动主机、开放服务、操作系统、安全漏洞等关键信息的重要技术。网络扫描是指利用一些扫描工具向目标系统发送一些探测数据，根据返回的数据判断被扫描系统的情况。扫描工具软件不仅可在网络通信协议栈的较高层次发送和接收数据（如通过普遍支持的套接字方式），而且可以非正常方式在较低层次发送数据和接收返回的响应数据（如利用 UNIX 平台下的原始套接字）。扫描工具可以综合利用这些方法，非常灵活地发起一个会话，通过这个会话获取被扫描系统的信息。

网络扫描是最常用的调查方法,是攻击者进行系统调查最强大的工具。常见的扫描包括 ping 扫描(确定哪些主机处于活动状态)、端口扫描(确定有哪些开放端口)、安全漏洞扫描(确定目标存在哪些可以利用的安全漏洞)等。

1. 端口扫描

一个端口就是一个潜在的通信通道,也是一个潜在的入侵通道。通过对目标计算机进行端口扫描,能得到许多有用的信息。

以下列举一些常见的扫描类型。

- TCP 连接扫描:这是最基本的扫描方式。通过 connect()系统调用向目的主机某端口(如 80 端口)发送 TCP 连接请求,尝试建立正常的连接。如果能够顺利完成三次握手过程,则可以判定目的端口是开放的。这种方法比较容易被操作系统检测到。

- TCP SYN 扫描:也称为"半连接"扫描,因为其没有完成一个完整的三次握手过程。扫描工具向目的主机只发送 TCP 连接请求(SYN 请求)。如目标主机返回 SYN/ACK,则说明目的主机相应端口处于开放状态;如收到 RST/ACK 应答,则说明端口未开放。这种方法比完整的连接扫描更隐蔽,操作系统一般不予记录。

- TCP FIN 扫描:扫描工具向目的端口发送 FIN 请求。按照 RFC 793 的要求,当一个 FIN 数据包到达一个关闭的端口,数据包会被丢掉,并且返回一个 RST 数据包;如果 FIN 数据包到达一个开放的端口,该数据包只是被简单地丢弃,不会返回 RST。由于仅 UNIX 系统主机遵守 RFC 793,Windows 系统没有遵守 RFC 793,因此这种方法还可以判断目标主机的操作系统类型。

- TCP ACK 扫描:向目标主机某端口发送一个只有 ACK 标志的 TCP 数据包,如果目标主机该端口是开放状态,则返回一个 TCP RST 数据包;否则不回复。根据这一原理可以判断对方端口是处于开放还是关闭状态,进而判断是否安装防火墙、防火墙类型(简单的包过滤还是基于状态)等信息。

- TCP 窗口扫描:根据返回包的窗口值,检测目标系统端口是否开放和是否过滤。

- TCP RPC 扫描:用于 UNIX 系统,检查远程过程调用的端口、对应的应用程序及其版本等信息。

- UDP 扫描:向目标端口发送 UDP 包,如返回 ICMP PORT UNREACHABLE,则表明目标端口关闭,否则端口开放。

- ICMP 扫描:向目的主机发送 ICMP 探测包,分析应答包数据可以探测目的主机的操作系统类型等信息。由于 ICMP 探测包的隐蔽性(和正常数据包类似),因此目标主机较难发现。

2. 漏洞扫描

漏洞扫描是指基于漏洞数据库,通过扫描手段对指定的计算机系统的安全脆弱性进行检测,以发现可利用的漏洞。

漏洞扫描主要通过以下两种方法来检查目标主机是否存在漏洞。

- 在通过端口扫描后得知目标主机开启的端口以及端口上的网络服务后,将这些相关信息与网络漏洞扫描系统提供的漏洞库进行匹配,查看是否有满足匹配条件的漏洞存在。

- 通过模拟黑客的攻击手法,对目标主机系统进行主动的、攻击性的安全漏洞扫描,若模拟攻击成功,则表明目标主机系统存在安全漏洞。

6.3　拒绝服务攻击

拒绝服务攻击(Denial of Service,DoS)是造成目标主机拒绝向合法用户提供服务的一种攻击,是出现较早、实施较为简单的一种攻击方法。DoS攻击的基本原理很简单:利用 TCP/IP 协议本身的缺陷或操作系统漏洞,向目标主机发起大量的服务请求,耗尽目标主机的通信、存储或计算资源,迫使目标主机暂停服务甚至导致系统崩溃。这种情况下,被攻击主机将无法响应正常的用户请求。

DoS攻击的典型过程包括几个步骤:攻击者向目标服务器发送众多的、带有虚假地址的请求;服务器接收这些请求,分配资源处理这些请求,发送回复信息并等待响应信息。但是,由于请求来自攻击者,请求的源地址是伪造的,因此服务器一直等不到响应信息,分配给这次请求的资源就始终不能释放。当服务器等待一定的时间后,连接会因超时而被切断,攻击者会再度传送新一批的请求。在这种反复发送伪地址请求的情况下,服务器资源最终会被耗尽。

DoS攻击主要是用来攻击域名服务器、路由器以及其他网络服务器,攻击之后造成被攻击的服务器无法正常工作和提供服务。由于 DoS 攻击工具的技术要求不高,效果却比较明显,因此成为曾经流行一时的攻击手段。

常见的拒绝服务攻击主要有以下几种。

1. 死亡之 ping

死亡之 ping 利用 ping 命令发送超长的 ICMP 包来使被攻击者无法正常工作,是最简单的、基于 IP 的拒绝服务攻击手段,也是互联网发展初期最常被使用的。

在 TCP/IP 网络中,较长的 IP 数据包会被分片为多个 IP 包,封装在多个链路层帧中传送。但是,在分片的情况下,每个分片所在的 IP 包头部不包含原始数据包长度,仅包含分片长度。因此,接收方只有在接收到所有分片后才能确定原始 IP 包的长度。另外,IP协议规范规定了一个 IP 包的最大尺寸,大多数的 IP 实现会假设数据包的长度超过这个最大尺寸的情况不会出现。因此,数据包接收方的重组代码所分配的内存区域也不会超过这个最大尺寸。当攻击者发送的 ICMP 包的大小超过该最大尺寸时,就会导致接收方的内存分配错误,进而导致 TCP/IP 协议栈崩溃,最终使被攻击主机无法正常工作。

在基于 TCP/IP 协议的 Internet 广泛使用的今天,为阻止死亡之 ping,现在所使用的网络设备(如交换机、路由器和防火墙等)和操作系统(如 UNIX、Linux、Windows 和 Solaris 等)都能够过滤掉超大的 ICMP 包。以 Windows 操作系统来说,单机版从 Windows 98 之后以及 Windows NT 从 Service Pack 3 之后都具有抵抗一般死亡之 ping 攻击的能力。

2. 泪滴

不同的网络对数据链路层帧大小有不同的规定,从而能够传送的 IP 包的大小也不同。例如,以太网帧能够封装的 IP 数据包最大为 1500B,令牌总线网络则为 8182B,而令牌环网和 FDDI 对 IP 数据包没有大小限制。如果令牌总线网络中一个大小为 8000B 的 IP 数据包要发送到以太网中,则需要根据以太网对数据包的大小要求,将来自令牌总线网络的 IP 数据包分成多个部分,这一过程称为分片。

在 IP 报头中有一个偏移字段和一个分片标志(MF)。如果 MF 标志设置为 1,则表明这个 IP 数据包是一个大 IP 数据包的片段,其中偏移字段指出了这个片段在整个 IP 数据包中的位置。例如,对一个 4500B 的 IP 数据包以 1500B 为单位进行分片,则 3 个片段中偏移字段的值依次为 0、1500、3000。基于这些信息,接收端就可以成功地重组该 IP 数据包。

如果一个攻击者打破这种正常的分片和重组 IP 数据包的过程,把偏移字段设置成不正确的值(假如把上面的偏移设置为 0、1300、3000),在重组 IP 数据包时可能会出现重合或断开的情况,就可能导致目标操作系统崩溃。这就是所谓的泪滴攻击。

防范泪滴攻击的有效方法是给操作系统安装最新的补丁程序,修补操作系统漏洞。同时,对防火墙进行合理地设置,在无法重组 IP 数据包时将其丢弃,而不进行转发。

3. ICMP 泛洪

ICMP 泛洪是利用 ICMP 报文进行攻击的一种方法。在平时的网络连通性测试中,经常使用 ping 命令来诊断网络的连接情况。当输入一个 ping 命令后,就会发出 ICMP 响应请求报文,即 ICMP ECHO 报文;接收主机在接收到 ICMP ECHO 后,会回应一个 ICMP ECHO REPLY 报文。在这个过程中,当接收端收到 ICMP ECHO 报文进行处理时需要占用一定的 CPU 资源。如果攻击者向目标主机发送大量的 ICMP ECHO 报文,将产生 ICMP 泛洪,目标主机会将大量的时间和资源用于处理 ICMP ECHO 报文,而无法处理正常的请求或响应,从而实现对目标主机的攻击。

防范 ICMP 泛洪的有效方法是对防火墙、路由器和交换机进行相应设置,过滤来自同一台主机的、连续的 ICMP 报文。对于网络管理员来说,在网络正常运行时建议关闭 ICMP 报文,即不允许使用 ping 命令。

4. Smurf 攻击

Smurf 攻击的命名是因为第一个实现该类型攻击的软件名为 Smurf,其原理是向一个局域网的广播地址或组播地址发出 ICMP ECHO 请求报文,并且将请求报文的源地址设为目标主机的地址。收到 ICMP ECHO 请求报文的所有主机会向目标主机回送 ICMP ECHO REPLY 报文,导致目标主机被大量 ICMP ECHO REPLY 报文淹没,进而崩溃。在这种攻击方式中,攻击者不直接向目标主机发送数据,而是引导大量其他主机向目标主机发送数据,因此也被称为"反弹攻击"。

另一种变形是,攻击者向目标主机发送 ICMP ECHO 请求报文,并且把 ICMP ECHO 的源地址设置为一个广播地址。这样目标主机就会以广播形式回复 ICMP ECHO REPLY,会消耗目标主机的大量资源,并且会导致网络中产生大量的广播报文,形成广播风暴。

为防止 Smurf 攻击，可在路由器、防火墙和交换机等网络硬件设备上关闭广播、组播等特性。对于位于网络关键部位的防火墙，则可以关闭 ICMP 数据包的通过。

5. TCP SYN 泛洪

众所周知，在 TCP/IP 传输层，TCP 连接的建立要通过三次握手机制来完成。客户端首先发送 SYN 信息（第 1 次握手），服务器发回 SYN/ACK 信息（第 2 次握手），客户端再发回 ACK 信息（第 3 次握手），此时连接建立完成。若客户端不发回 ACK，则服务器在超时后处理其他连接。在连接建立后，TCP 层实体即可在已建立的连接上开始传输 TCP 报文段。

TCP 的三次握手过程常常被利用进行 DoS 攻击。TCP SYN 泛洪攻击的原理是：客户机先进行第 1 次握手，服务器收到信息进行第 2 次握手，正常情况下客户机应该进行第 3 次握手。但是，因为被攻击者控制的客户机在进行第 1 次握手时修改了 IP 数据包的地址，即将一个实际上不存在的 IP 地址填充在自己的 IP 数据包的源 IP 字段中。这样，服务器发送的第 2 次握手信息实际上没有接收方，因此服务器不会收到第 3 次握手的确认消息。这种情况下，服务器端会一直等待直至超时。当存在大量这样的无效请求时，服务器端就会有大量的信息在排队等待，直到所有资源被用光而不能再接收客户机的请求。当正常的用户向服务器发出请求时，由于没有了资源就会被拒绝服务。

SYN 泛洪攻击是典型的 DoS 攻击。要防止 SYN 数据段攻击，应对系统设定相应的内核参数，使得系统强制对超时的 SYN 请求连接数据包复位，同时通过缩短超时常数和加长等候队列使得系统能迅速处理无效的 SYN 请求数据包。

6.4　分布式拒绝服务攻击

早期的 DoS 攻击一般采用一对一方式，其效果是被攻击目标的 CPU 速度、内存和网络带宽等各项性能指标变低。如果被攻击目标是处理能力较弱的主机，则可能会导致其崩溃。随着计算机处理能力、内存容量和通信带宽的迅速增加，目标主机对恶意攻击包的"消化能力"得到增强，这就降低了 DoS 攻击的风险和危害。因此，DDoS 攻击手段应运而生。

分布式拒绝服务攻击（Distributed Denial of Service，DDoS）是在传统 DoS 攻击的基础之上衍生出来的一种攻击手段。DDoS 借助客户/服务器技术将大量主机联合起来作为攻击平台，采用一种分布、协作的大规模攻击方式向一台主机发起攻击，其攻击的强度和造成的威胁要比 DoS 攻击严重得多，当然其破坏性也要强得多。DDoS 攻击是目前黑客经常采用而难以防范的攻击手段，主要瞄准如商业公司、搜索引擎和政府部门网站等比较大的站点。为最大限度地阻止 DDoS 攻击，了解 DDoS 的攻击方式和防范手段已是网络安全人员所必备的技能。

通常，攻击者运行一个主控程序，以控制预先植入大量傀儡主机中的代理程序。代理程序收到特定指令就同时发动攻击。利用客户/服务器技术，主控程序能在极短时间内激活成百上千次代理程序的运行，因此能够产生比 DoS 攻击更大的危害。DDoS 攻击的原理如图 6-1 所示。

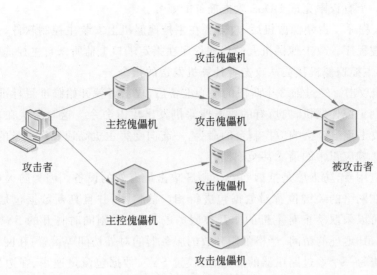

图 6-1　DDoS 攻击原理

整个 DDoS 攻击由 4 部分组成:攻击者、主控端、代理服务器和被攻击者,其中每个部分在攻击中扮演不同的角色。

- 攻击者。由攻击者本人使用,攻击者通过它发布实施 DDoS 的指令,是整个 DDoS 攻击中的主控台。DDoS 攻击中的攻击者对计算机的配置和网络带宽的要求并不高,只要能够向主控端正常发送攻击命令即可。
- 主控傀儡机。不属于攻击者所有的计算机,而是攻击者非法侵入并控制的一些主机。攻击者首先需要入侵主控傀儡机,在获得对主控傀儡机的写入权限后,在主控傀儡机上安装特定的控制程序。控制程序能够接收攻击者发来的特殊指令,而且可以把这些指令发送到攻击傀儡机上。
- 攻击傀儡机。同样也是攻击者入侵并控制的一批主机。攻击者也需要在入侵这些主机并获得对这些主机的写入权限后,在上面安装并运行代理程序,接收和运行主控傀儡机发来的命令。攻击傀儡机是攻击的直接执行者,直接向目标发起攻击。
- 被攻击者。这是 DDoS 攻击的直接受害者,目前多为一些大型企业的网站或数据库系统。

在整个 DDoS 攻击过程中,DDoS 攻击包是从攻击傀儡机上发出的,主控傀儡机只发布命令而不参与实际的攻击。由于攻击者在幕后操纵,因此在攻击时不会受到监控系统的跟踪,身份不容易被发现。

一般来说,攻击者的 DDoS 攻击分为以下几个阶段。

(1) 准备阶段。在这个阶段,攻击者搜集和了解目标的情况(主要是目标主机数目、地址、配置、性能和带宽)。该阶段对于攻击者来说非常重要,因为只有完全了解目标的情况,才能有效地实施攻击。

(2) 掌控傀儡机。在 Internet 上寻找并入侵有漏洞的主机,取得最高的管理权限,或者至少得到一个有权限完成 DDoS 攻击任务的账号。

（3）植入程序。占领傀儡机后，攻击者在主控傀儡机上安装主控制软件，在攻击傀儡机上安装代理程序。攻击傀儡机上的代理程序在指定端口上监听来自主控傀儡机发送的攻击命令，而主控傀儡机接受从攻击者计算机发送的指令。

（4）实施攻击。经过前 3 个阶段的精心准备后，攻击者就开始瞄准目标准备攻击了。攻击者登录到主控傀儡机，向所有的攻击傀儡机发出攻击命令。这时潜伏在攻击傀儡机中的 DDoS 攻击程序就会响应控制台的命令，一起向受害主机高速发送大量的数据包，导致受害机无法响应正常的请求甚至崩溃。

从实际应用看，防火墙是抵御 DoS/DDoS 攻击最有效的设备。因为防火墙的主要功能之一就是在网络的关键位置对数据包进行相应的检测，并且判断数据包是否被放行。在防火墙上可以采取禁止对主机的非开放服务的访问、限制同时打开的 SYN 最大连接数、限制特定 IP 地址的访问、严格限制开放的服务器的对外访问等设置；在网络的路由器上可采取检查每一个经过路由器的数据包、设置 SYN 数据包流量速率、在边界路由器上部署策略、使用 CAR 限制 ICMP 数据包流量速率等设置。

6.5　缓冲区溢出攻击

缓冲区是程序运行时在计算机中申请的一段连续的内存，以保存给定类型的数据。所谓缓冲区溢出，简单地说就是程序对输入数据没有进行有效的检测，向缓冲区内填充数据时超过了缓冲区本身的容量，而导致数据溢出到被分配空间之外的内存空间，使得溢出的数据覆盖了其他内存空间的数据。缓冲区溢出是一种很普遍的漏洞，在各种操作系统、软件和协议中广泛存在。

缓冲区溢出攻击就是利用缓冲区漏洞所进行的攻击活动，会导致应用运行错误、系统崩溃等严重后果；精心设计的缓冲区溢出攻击还可以执行非授权指令，甚至取得系统最高权限，进而完全控制系统。目前公开的安全漏洞有相当一部分属于缓冲区溢出漏洞，而据有关资料统计，80% 的攻击事件与缓冲区溢出漏洞有关。

缓冲区溢出攻击的基本原理是：攻击者通过向目标程序的缓冲区写超出其长度的内容，造成缓冲区溢出。这时可能产生两种结果：一是过长的数据覆盖了相邻的存储单元而造成程序瘫痪，甚至造成系统崩溃；二是可让攻击者运行恶意代码，执行任意指令，甚至获得管理员用户的权限等。造成缓冲区溢出的原因是程序中没有仔细检查输入的参数。

例如下面的程序代码：

```
void function(char * in)
{
  char buffer[64];
   strcpy(buffer in);
}
```

在这个简单的程序代码段中，函数 strcpy()把输入的字符串 in 中的内容复制到

buffer 中。如果输入 in 的长度大于 64,就会造成缓冲区溢出,即输入数据覆盖了程序的正确返回地址,造成程序运行出错。在 C 语言中,存在这类问题的标准函数还有 strcat()、gets()、scanf()等。

通常情况下,往缓冲区中填入过多的数据造成溢出只会出现分段错误,进而出现程序或系统错误,但不能达到控制目标主机的目的。因此,攻击者会通过制造缓冲区溢出使得程序转而执行攻击者植入内存中的特殊指令。如果该受到溢出攻击的程序具有管理权限,则攻击者很容易获得一个有管理员权限的 shell,从而实现对目标主机的控制。为达到这个目的,攻击者要完成两个任务。

- 在目标程序的地址空间安排适当的代码。如果要执行的代码已经包含在目标程序中,那么就简单地对代码传递一些参数,然后使程序跳转到目标代码即可。否则,就要将攻击代码植入目标程序中。
- 通过适当地初始化寄存器和内存,控制目标程序转移到攻击代码。例如在堆栈溢出攻击中,攻击者通过溢出堆栈中的自动变量,使返回地址指向攻击代码。通过改变程序的返回地址,当函数调用结束时,程序就跳转到攻击者设定的地址,而不是原先的地址。

很多 Windows、Linux、UNIX 和数据库的开发依赖 C 或 C++ 语言,而 C 和 C++ 语言的缺点是缺乏类型安全。缓冲区溢出攻击屡屡奏效,主要就是利用 C 或 C++ 程序中数组边界条件、函数指针等设计不当的漏洞。这种攻击易于实现且危害严重,给系统的安全带来了极大的隐患。值得关注的是,防火墙对这种攻击方式无能为力,因为攻击者传输的数据分组并无异常特征,没有任何欺骗。另外,可以用来实施缓冲区溢出攻击的数据非常多样化,无法与正常数据进行有效区分。

可以采用以下几种级别的方法保护缓冲区免受溢出攻击。

(1) 编写正确的代码。人们开发了一些工具和技术来帮助程序员编写安全正确的程序,如编程人员可以使用类型安全的语言 Java 以避免 C 的缺陷;在 C 开发环境下编程应避免使用 gets、sprintf 等未限边界溢出的危险函数;使用检查堆栈溢出的编译器等。

(2) 非执行缓冲区保护。通过使被攻击程序的数据段堆栈空间不可执行,从而使得攻击者不可能植入缓冲区的代码,这就是非执行缓冲区保护。

(3) 数组边界检查。这种检查可防止缓冲区溢出的产生。为实现数组边界检查,对数组的读写操作都应当被检查以确保在正确的范围内对数组的操作。最直接的方法是检查所有的数组操作,但通常可以采用一些优化的技术来减少检查的次数。

(4) 程序指针完整性检查。这种检查可在程序指针被引用之前检测到它的改变。因此,即便一个攻击者成功地改变了程序的指针,由于系统事先检测到了指针的改变,这个指针就不会被使用。

此外,在产品发布前仍需要仔细检查程序溢出情况,将威胁降至最低。作为普通用户或系统管理员,应及时为自己的操作系统和应用程序更新补丁,以修补公开的漏洞,减少不必要的开放服务端口,合理配置自己的系统。

6.6　僵尸网络

近些年来，僵尸网络（Botnet）逐渐发展成为攻击者手中最有效的攻击平台，是当前互联网面临的主要安全威胁之一。

1. 概念与结构

僵尸网络是出于恶意目的、通过入侵网络空间内若干非合作用户终端构建的、可被攻击者远程控制的计算机群。攻击者传播僵尸程序传染大量主机，并通过一对多的命令与控制（Command and Control，C&C）信道控制被感染的主机，搭建一个能发起多种大规模攻击的平台。一个僵尸网络可以控制大量的用户终端，可以获得强大的分布式计算能力和丰富的信息资源储备。利用僵尸网络，攻击者可以实现多种恶意活动，如分布式拒绝服务攻击、垃圾邮件、钓鱼网站、信息窃取等。

典型的僵尸网络包括以下组成部分。

- 控制者：命令的发起者，即控制僵尸网络的攻击者。控制者通过控制程序给僵尸网络发布攻击命令、更新僵尸程序、设置攻击类型等。
- 僵尸主机：被僵尸程序感染的主机，俗称"肉鸡"。在其上运行僵尸程序可以接收控制者发布的命令并执行命令。僵尸程序的本质就是一个网络客户端，会按照服务器的命令执行相应的代码。
- 命令与控制服务器：控制者与僵尸主机通信的平台。控制者通过命令与控制服务器向僵尸主机发布命令，僵尸主机执行命令并通过命令与控制服务器返回命令执行报告。命令与控制服务器通过专门的 C&C 信道和僵尸主机进行通信。

僵尸程序的功能结构如图 6-2 所示。

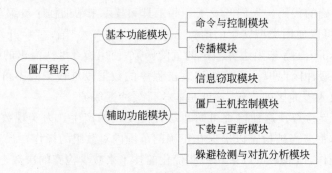

图 6-2　僵尸程序的功能结构

从功能上，一个僵尸程序可分为基本功能模块和辅助功能模块。基本功能模块包括实现僵尸网络特性的命令与控制模块，以及实现网络传播特性的传播模块。辅助功能模块使僵尸程序具有更强大的攻击功能和更好的生存能力。

命令与控制模块是整个僵尸程序的核心，实现了僵尸主机与控制器的交互，接收攻击者的控制命令，进行解析和执行。传播模块通过各种不同的方式将僵尸程序传播到新的主机，使其加入僵尸网络接受攻击者的控制，从而扩展僵尸网络的规模。

辅助功能模块是对僵尸程序除主体功能外其他功能的归纳,主要包括如下。

- 信息窃取模块:用于获取感染主机的信息(包括系统资源情况、进程列表、开启时间、网络带宽和速度情况等),以及搜索并窃取感染主机上有价值的敏感信息(如软件注册码、电子邮件列表、账号口令等)。

- 僵尸主机控制模块:这是攻击者利用受控的大量僵尸主机完成各种不同攻击目标的模块集合,包括 DDoS 攻击模块、发送垃圾邮件模块以及点击欺诈模块等。

- 下载与更新模块:为攻击者提供向受控主机注入二次感染代码以及更新僵尸程序的功能。

- 躲避检测与对抗分析模块:对僵尸程序进行多态、变形、加密等,并且通过各种方式进行实体隐藏,以及检查调试器的存在、识别虚拟机环境、杀死反病毒进程、阻止反病毒软件升级等功能,使得僵尸程序能够躲避受控主机使用者和反病毒软件的检测。

2. 工作机制

僵尸网络利用其所控制的僵尸主机群发起攻击,其活动大致分为 4 个阶段。

(1) 感染目标主机,构建僵尸网络。

攻击者会通过各种方式侵入主机,植入僵尸程序来构建僵尸网络。传播方式主要有远程漏洞攻击、弱口令扫描入侵、邮件附件、恶意文档、文件共享等。早期的僵尸网络主要以类似蠕虫的主动扫描结合远程漏洞攻击进行传播,这种方式的主要弱点是不够隐蔽,容易被检测到。近年来,僵尸网络逐渐以更为隐蔽的网页或邮件挂马为主要传播方式,而且还加入了更多社会工程手段,更具有欺骗性。例如,根据近期的新闻和热点事件来变换其传播邮件的标题和内容,以增加其成功传播的概率。感染目标主机之后,攻击者会加载隐藏模块,通过变形技术、多态技术、Rootkit 技术等,使得僵尸程序隐藏于被控主机中。同时攻击者会加载通信模块,构建命令与控制信道,实现一对多的控制关系。

(2) 发布命令,控制僵尸程序。

根据命令获取方式的不同,可分为推模式和拉模式。推模式是指僵尸主机在平时处于等待状态,僵尸控制程序主动向僵尸主机发送命令,僵尸主机只有被动接收到控制端命令后才进入下一步动作。拉模式是指控制端程序会将命令代码放置在特定位置,僵尸程序会定期从该位置主动去读取代码,作为进行下一步动作的命令。

(3) 展开攻击。

根据攻击位置可将僵尸网络发起的攻击分为本地攻击和远程攻击。本地攻击指发起针对僵尸网络内部被控主机的攻击,如对用户隐私信息的窃取等。远程攻击指攻击非僵尸网络内部的主机,根据目的不同又分为两类:一类是扩展僵尸网络规模,这类攻击的目的是让外部主机感染同样的僵尸程序,最终成为僵尸网络的一部分;另一类攻击是打击、渗透方式,如分布式拒绝服务、垃圾邮件等。

(4) 攻击善后。

主要目的是隐藏攻击痕迹,防止被追踪溯源。

3. 僵尸网络分类

僵尸网络的命令与控制机制决定了僵尸网络的拓扑结构、通信效率、可扩展性以及是否容易被防守者发现和破坏，是僵尸网络工作机制的核心部分。基于命令与控制信道使用的通信协议，可将僵尸网络分成 IRC 僵尸网络、HTTP 僵尸网络、P2P 僵尸网络等。

IRC 僵尸网络是最早产生并且现在仍然大量存在的一类僵尸网络，基于标准 IRC (Internet Relay Chat，互联网中继聊天)协议构建其命令与控制信道。IRC 僵尸网络控制者加入 IRC 聊天频道，通过聊天频道控制所属频道的 IRC 僵尸主机。IRC 僵尸网络控制服务器可构建在公用 IRC 聊天服务器上，但为了保证对控制服务器的绝对控制权，攻击者一般会利用其完全控制的主机架设专门的控制服务器。典型的 IRC 僵尸网络包括 GT-Bot、SdBot、AgoBot、SpyBot 等。

基于 IRC 协议，攻击者向受控僵尸程序发布命令的方法有 3 种：设置频道主题(TOPIC)命令，当僵尸程序登录到频道后立即接收并执行这条频道主题命令；使用 PRIVMSG 消息向频道内所有僵尸程序或指定僵尸程序发布命令，这种方法最为常用；通过 NOTICE 消息发送命令，这种方法在效果上等同于发送 PRIVMSG 消息。

HTTP 僵尸网络与 IRC 僵尸网络的功能结构相似，所不同的只是 HTTP 僵尸网络控制器是以 Web 网站方式构建。典型的采用 HTTP 协议构建命令与控制机制的僵尸程序有 Bobax、Clickbot、MegaD、iKee.B 等。相对于 IRC 协议，HTTP 是目前网络应用最主要的通信方式之一，基本不会被屏蔽。僵尸网络的通信可以隐藏在大量正常应用流量之中，另外，攻击者还可以很容易地升级到 HTTPS 来加密整个通信过程，从而具有更好的隐蔽性。少数僵尸网络(如 Naz)还直接利用流行的社交网站(如 Facebook、Twitter 等)作为控制服务器，进一步增加了检测和封锁的难度。

基于 IRC 协议和 HTTP 协议的僵尸网络都是集中式的，其命令与控制机制均具有集中控制点，拓扑结构为客户端-服务器架构，容易被跟踪、检测和反制。为了让僵尸网络更具韧性和隐蔽性，一些新出现的僵尸程序开始使用 P2P 协议构建其命令与控制机制。

P2P 僵尸网络一般采用 P2P 协议并呈现出 P2P 结构。在这种僵尸网络中，僵尸结点也可以传播命令与控制信息，这为攻击者提供了灵活多变的操纵接口，而无须固定的操纵设施。典型的采用结构化 P2P 协议的僵尸网络有 Storm 等，而非结构化 P2P 僵尸网络有 Nugache 等。

4. 僵尸网络防护

(1) 僵尸网络检测。

检测的目的是发现新出现的僵尸网络，这包括单机上发现僵尸程序并检测到 C&C 通信，通过网络边界流量监测或单点探测发现控制服务器的存在，或者在网络安全事件日志或网络应用数据中发现若干主机或账号的行为疑似由僵尸网络产生。

当前，检测僵尸网络的主要方法可归纳为 4 类：①终端检测。在终端上首先利用蜜罐获取恶意代码，然后对捕获的恶意代码进行主机层面的分析进而筛选出僵尸程序。②网络流量分析检测。僵尸网络 C&C 通信具有时空相似性，与正常用户的网络通信模式具有较大差异。所谓时空相似性，指的是大量僵尸程序在维持连接、收发控制命令和执行攻击任务时经常表现出协同性，使得多个僵尸程序会在同一时间窗内进行内容相似的通信。网络流量分析一般与网络安全事件检测联动，来筛选可疑流并对流进行聚类分析。③协议特征检测。利用僵尸网络的协议特征来开展检测工作。④基于网络攻击检测。某些特定安全事件有很大概率是由僵尸网络发起的,定位到这些安全事件的源头就可能发现僵尸程序。

(2) 僵尸网络追踪。

追踪的目的是发现控制者的攻击意图和僵尸网络的内部活动,即掌握控制者发布的控制命令及其触发的僵尸程序动作。基于所掌握的 C&C 协议,可采用的追踪方法可归纳为两类:①以渗透的方式加入僵尸网络中以求掌握僵尸网络内部活动情况,这种渗透的行为主体被称为僵尸网络渗透者。②在可控环境中运行 Sandbot 并对其通信内容进行审计,从而可获知僵尸网络的活动。Sandbot 的优点是可以在不掌握 C&C 协议的条件下即可迅速开始追踪,但掌握了 C&C 协议有助于提高追踪有效性。

(3) 僵尸网络对抗。

利用技术手段对抗僵尸网络,将其危害降至最低是僵尸网络防护的最终目标。根据对抗效果可把当前对抗技术分为 4 类:①劫持僵尸网络,接管其全部控制权。例如,通过伪装成控制者向僵尸网络注入良性控制命令(如自删除命令、下载运行专杀工具命令),不仅可以清除整个僵尸网络,还可以接管其控制权。②挖掘并利用僵尸程序存在的溢出漏洞获得僵尸主机控制权,从而进行主机层面的僵尸程序清除。③污染僵尸网络,改变其拓扑结构和结点关系,从而遏制控制信息分发。④对僵尸网络关键结点进行拒绝服务攻击,降低关键结点的处理能力,从而降低僵尸网络的可用性。

思 考 题

1. 什么是网络攻击?常见的攻击手段有哪些?
2. 简述网络攻击的过程。
3. 网络与系统调查的常用手段有哪些?
4. 在整个 DDoS 攻击过程中有哪些角色?分别完成什么功能?
5. 简述僵尸网络的工作原理。

第7章

网络接入控制

课程思政

教学课件

教学视频

导　读

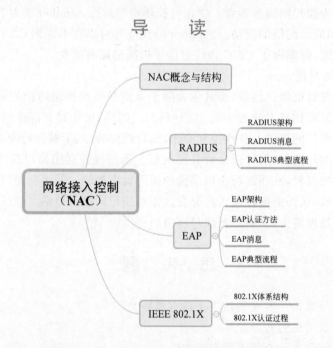

在大规模动态网络环境中,用户使用各种各样的设备随时接入网络。在接入网络之前,网络管理员无法确定用户的身份,也不了解用户设备的状态。网络接入控制(Network Access Control,NAC)试图确保合法的用户和设备以适当的方式接入网络并满足安全策略的要求,从而构建一个健康的本地网络环境。

7.1　网络接入控制的概念

网络接入控制是网络的第一层访问控制,目的是只允许授权用户所使用的终端接入网络,防止非授权的主体接入并访问受保护的网络。网络接入控制的核心是身份认证,但实践中很多接入控制同时也完成了合法用户的授权。

一个 NAC 系统包括 3 种角色。

- 接入请求者(Access Requester,AR)。这也被称为客户端,指代任何试图接入网络的设备,包括工作站、打印机、数码相机等。
- 策略服务器。根据 AR 的状态和网络安全策略,决定是否允许特定的 AR 接入网络中并给予什么样的访问权限。

- 网络接入服务器(Network Access Server，NAS)。对于试图接入网络的用户来说，NAS 是一个接入控制点。一个 NAS 可能本身包含认证模块或者依赖策略服务器提供的认证服务。NAS 可以由 VLAN 服务器、DHCP 服务器等承担。在无线网络中，通常由 AP 承担 NAS 的角色。

图 7-1 展示了 NAC 系统的典型运行环境。为接入企业网络中，用户使用各种 AR 向 NAS 发出接入请求。为决定是否允许 AR 接入，第一步就是要认证 AR。认证过程通常需要执行一个安全协议并使用密钥。NAS 可能执行这个认证过程或者只在认证过程中担当中介的角色。对于第二种情形，认证发生在 AR 和策略服务器之间，NAS 为策略服务器和 AR 传递认证相关的消息。

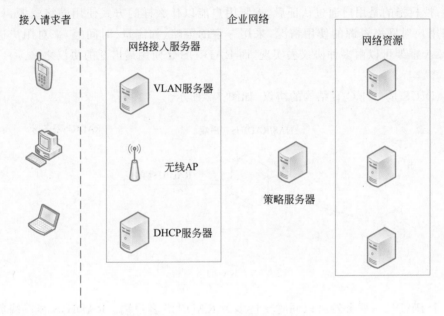

图 7-1　NAC 的运行环境

认证有多重功能。认证过程验证用户的身份，在此基础上，策略服务器可以决定 AR 所拥有的资源访问权限。通常，认证过程还建立一个会话密钥，用来保护合法 AR 和网络资源之间的后续通信。

典型地，策略服务器会对 AR 进行健康状态检查，确定该 AR 是否符合安全配置的基本要求，例如，操作系统是否已经打上必备的补丁、是否安装了最新的反病毒软件等。在这些检查结果的基础上，可以决定该 AR 是否可以接入网络。也就是说，只有用户拥有合法的授权凭证，并且其使用的设备(AR)通过了健康检查，用户和 AR 的接入请求才会被批准。任何一个条件不满足，都会导致接入请求被拒绝或者访问受到限制。

成功的认证通常伴随着授权，NAS 赋予通过认证的用户 AR 访问网络资源的权利。

7.2 RADIUS

RADIUS(Remote Authentication Dial In User Service)由 Livingston 公司提出，最初目的是为拨号用户进行认证和计费。经过多次改进，RADIUS 逐渐成为一个通用的认证、授权和计费协议，也是 AAA 的主流协议。

AAA 是认证(authentication)、授权(authorization)和计费(accounting)的缩写，提供了一个对用户进行认证、授权和计费的模型框架，目的是保证只有合法用户才能接入网络并访问网络资源。认证指的是远程用户在接入网络之前必须进行检查，以确定其身份的合法性；授权指的是用户通过认证后，控制用户能以什么样的方式使用网络资源；计费则是跟踪用户对网络资源的使用情况，采用一定的策略（如流量、时间等）来对用户进行计费。AAA 框架可以由多种协议去实现，而 RADIUS 是使用最广泛的协议之一。

1. RADIUS 架构

RADIUS 是一种 C/S 结构的协议，如图 7-2 所示。

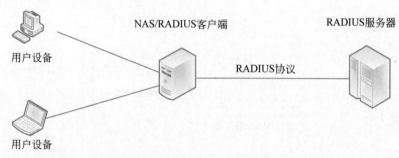

图 7-2　RADIUS 架构

一个 RADIUS 服务器可以同时支持多个 RADIUS 客户端。RADIUS 客户端负责在用户和 RADIUS 服务器之间传递认证消息，最后根据服务器返回的信息进行相应处理（如接入/拒绝用户）。RADIUS 服务器根据客户端传递的用户信息，负责对用户进行认证、授权与计费。

RADIUS 客户端可以是任何运行 RADIUS 客户端软件的设备，但多数情况下，由网络接入服务器（NAS）承担这个角色，这也是最初定义的 RADIUS 客户端。在此架构中，NAS 承担双重角色：对于用户设备来说，NAS 是接收用户请求的服务器；对于 RADIUS 服务器来说，NAS 承担了客户端角色。RADIUS 服务器和 RADIUS 客户端共享一个密钥，以保护 RADIUS 服务器和客户端之间的通信；该密钥通常是事先配置好的，不会通过网络传送。

2. RADIUS 消息

RADIUS 服务器和客户端之间的通信使用 RADIUS 协议。RADIUS 报文格式如图 7-3 所示。

- 代码(Code)字段的长度为 1 字节，用来指明 RADIUS 报文的类型。常用的 Code 字段值见表 7-1。

图 7-3　RADIUS 报文格式

表 7-1　常见 Code 值和报文类型

Code	报 文 类 型
1	接入请求（Access-Request）
2	接入许可（Access-Accept）
3	接入拒绝（Access-Reject）
4	计费请求（Accounting-Request）
5	计费响应（Accounting-Response）
11	接入挑战（Access-Challenge）

- 标识符（Identifier）字段的长度为 1 字节，用来匹配请求和响应报文。如果两个请求报文具有相同的源 IP 地址、端口号和 Identifier 字段，则 RADIUS 服务器会认为这是重复的请求报文。

- 长度（Length）字段占 2 字节，指示报文的长度，包括 Code、Identifier、Length、Authenticator 和 Attribute 等所有字段。RADIUS 报文的最小长度为 20 字节，最大长度为 4096 字节。

- 认证字（Authenticator）字段的长度为 16 字节。在接入请求（Access-Request）报文中，该字段被称为请求认证字（Request Authenticator），作为用户密码隐藏操作的一个输入。请求认证字是一个随机字符串，在共享密钥（客户端和服务器的共享密钥）的生命周期中应该具有不可预测性和唯一性。RADIUS 客户端将与 RADIUS 服务器共享的密钥串接在请求认证字后面，对之应用 MD5 算法生成一个 16 字节长的散列值；然后将该散列值和用户密钥进行异或运算，将异或的结果放入请求报文的 User-Password 属性中。响应报文中的认证字被称为回应认证字（Response Authenticator），该字段的作用是验证响应报文的完整性。例如在 Access-Accept、Access-Reject 和 Access-Challenge 报文中，回应认证字包含对如下字段组成的字节流的 MD5 摘要：代码、标识符、长度、接入请求报文中的请求认证字、回应报文中的属性、共享密钥。即

　　ResponseAuth＝MD5(Code＋ID＋Length＋RequestAuth＋Attributes＋Key)
　　其中"＋"表示串接。

- 属性（Attributes）字段的长度为 0～4076 字节，携带特定的认证授权信息以及请求和回应报文的配置细节。该字段由 0 或多个属性组成，每个属性包括 3 个字段，如图 7-4 所示。
　　其中，类型（Type）占 1 字节，常用的 type 值包括 User-Name(1)、User-Password

（2）、NAS-IP-Address（4）、Service-Type（6）、Framed-Protocol（7）、Framed-MTU（12）、Vendor-Specific（26）、Message-Authenticator（80）、EAP-Message（79）等。长度（Length）占1字节，指示该属性的长度。值（Value）占0或多字节，包含了属性信息的详细描述。

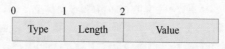

图7-4　RADIUS报文的属性字段格式

3. RADIUS 典型流程

RADIUS非常灵活，可以支持多种认证方法，如基于密码的认证方法PAP（Password Authentication Protocol）和CHAP（Challenge Handshake Authentication Protocol），以及通过EAP认证框架支持各种EAP认证方法等。同时，RADIUS还具有很好的扩展性，这可以通过定义支持新功能的新属性来实现。

以PAP认证方法为例，RADIUS认证过程包括以下步骤，如图7-5所示。

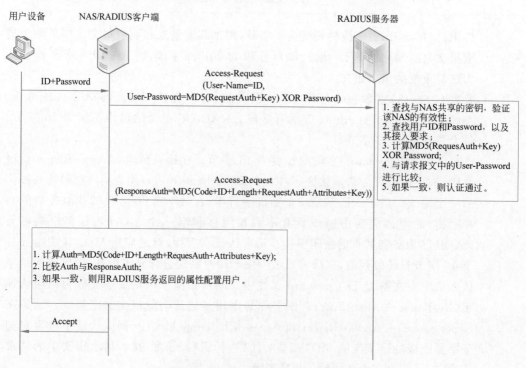

图7-5　RADIUS的PAP认证过程

（1）用户向NAS提出接入请求，并且提交用户ID和Password。

（2）NAS构造一个Access-Request消息：将用户ID填入User-Name属性的Value字段；生成一个随机数作为请求认证字RequestAuth，利用与RADIUS服务器共享的密钥Key计算MD5（RequestAuth＋Key）XOR Password，并且将该结果作为User-Password属性的Value值；将该消息发送给RADIUS服务器。

（3）RADIUS 服务器接收到请求报文,首先将验证发送请求报文的 NAS 的有效性。如果 RADIUS 服务器没有找到与该 NAS 共享的密钥,则该请求报文将被静默丢弃。如果客户端是有效的, RADIUS 服务器从用户数据库中查找是否有和请求匹配的用户。数据库中的用户记录中包含了一系列必须满足的允许接入用户的要求,这些要求始终包含密码,但也可能包含用户允许被接入的特定客户端和端口号。接下来,RADIUS 服务器计算 MD5(RequestAuth＋Key) XOR Password,并且与请求报文中的 User-Password 值比较,如果一致,则用户认证成功。

（4）RADIUS 服务器构造一个 Access-Accept 响应报文:为填写 ResponseAuth 字段,计算 MD5(Code＋ID＋Length＋RequestAuth＋Attributes＋Key),然后将该消息发给 NAS。

（5）NAS 验证 Access-Accept 响应报文的完整性;如果验证通过,则通知用户,并且用 RADIUS 服务器返回的属性配置用户。

7.3　EAP

可扩展认证协议(Extensible Authentication Protocol, EAP)虽然名为"协议",但实际上是一个网络接入和认证协议的框架。EAP 定义了一套消息,可以封装多种认证方法;一个认证服务器可以使用这些认证方法完成对客户端的身份认证工作。EAP 可以运作在多种网络和链路层设施上,适应各种网络和链路层设施的认证需求,包括点到点链路、局域网及其他各种网络。

1. EAP 架构

图 7-6 描述了 EAP 的典型运作场景,包括 3 个角色。

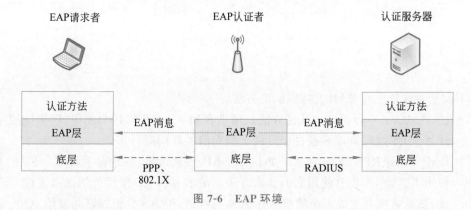

图 7-6　EAP 环境

- EAP 请求者:尝试接入网络的用户设备。
- EAP 认证者:一个网络接入点或 NAS,对请求者进行认证;认证成功则可授予其访问权限。
- 认证服务器(Authentication Server,AS):利用某种特定的认证方法,和 EAP 请求者进行交互,以对请求者进行认证。例如,AS 是一个 RADIUS 服务器。

不管认证使用什么方法，认证信息都被封装在 EAP 消息中。EAP 请求者使用一个底层协议（如 PPP 或 802.1X 等）封装 EAP 请求消息并发送给 EAP 认证者。EAP 认证者则将 EAP 消息封装在 RADIUS 协议中，转发给 AS。根据认证方法的不同，AS 和 EAP 请求者后续可能需要多轮信息交换，而 EAP 认证者的任务就是在这二者之间传递认证信息。

认证服务器作为后台服务器可以为多个 EAP 认证者提供认证服务。RFC 3748 将 EAP 消息交换的目标定义为成功的认证：在一系列 EAP 消息交换后，EAP 认证者决定允许 EAP 请求者访问网络资源。认证者的决定通常包括认证和授权两方面。某些情况下，EAP 请求者可能通过了认证，但可能因为其他原因被拒绝访问。

EAP 是一个具有良好扩展性的协议，支持多种认证方法。EAP 通过定义的一套消息为请求者和 AS 交换认证信息提供一个通用的传输服务；这个基本的传输服务通过封装特定认证方法得以扩展。EAP 层次结构如图 7-7 所示。

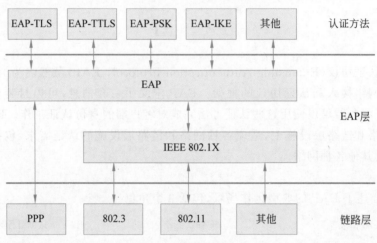

图 7-7   EAP 层次结构

2. EAP 认证方法

下面是一些常见的 EAP 支持的认证方法。

- EAP-MD5：一种简单的认证方法。请求者和 AS 分别对用户密码、随机挑战字等计算 MD5 散列值，AS 通过比价两个散列值的异同进行认证。

- EAP-TLS：RFC 5216 定义了如何用 EAP 消息封装 TLS 握手协议。EAP-TLS 使用了 TLS，但没有使用它的加密方法。请求者和 AS 使用公钥证书完成双向认证；然后请求者生成一个随机数作为预主密钥，用 AS 公钥加密并发给 AS。请求者和 AS 使用预主密钥产生相同的密钥。

- EAP-GPSK：EAP-GPSK 是一种基于预共享密钥（Pre-Shared Key，PSK）进行双向认证并生成会话密钥的 EAP 方法。EAP-GPSK 仅使用对称密码算法，而没有使用公钥算法，因此这种方法效率较高，但需要请求者和 AS 事先共享密钥。

- EAP-IKEv2：一个基于 IKEv2 的认证方法，支持双向认证和会话密钥的建立。

3. EAP 消息

EAP 消息格式如图 7-8 所示。

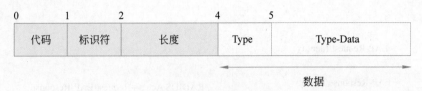

图 7-8　EAP 消息格式

* 代码(Code)字段的长度为 1 字节,用来指明 EAP 消息的类型,共 4 种:Request(1)、Response(2)、Success(3)和 Failure(4)。
* 标识符(Identifier)字段的长度为 1 字节,用来匹配请求和响应消息。
* 长度(Length)字段占 2 字节,指示消息的长度。
* 数据(Data)字段的长度为 0 或多个字节,具体内容依赖消息类型(Code 字段)。对于 EAP-Success 和 EAP-Failure 消息,即当 Code 为 Success 或 Failure 时,Data 字段是空的。对于 EAP-Request 和 EAP-Response 消息,Data 又分成两个字段:Type 和 Type-Data。

EAP-Request 消息从认证者发往请求者,消息中的 Type 字段指示被请求的内容。EAP-Response 消息则从请求者发往认证者,消息中的 Type 字段指示响应的内容。Type-Data 字段的内容随 Type 的不同而不同。

简单地说,Type 字段定义了 Request 和 Response 类型,最初的类型如表 7-2 所示。

表 7-2　最初的 Type 和 Request/Response 类型

Type	类　　型	说　　明
1	Identity	身份查询或身份响应
2	Notification	认证者发出的通知或请求者的响应
3	Nak(Response only)	只用于 Response 消息,表明不接受 Request 消息中的认证类型
4	MD5-Challenge	基于 MD5 的挑战或响应
5	One Time Password(OTP)	OTP 挑战或响应
6	Generic Token Card(GTC)	基于令牌的挑战和响应信息
254	Expanded Types	供应商特定的扩展
255	Experimental Use	试验或测试目的

表 7-2 仅列出了最初的基本类型。为提供更高级别的安全,后来逐渐增加了更多的类型。例如,支持 EAP-TLS 认证方法的 EAP-TLS 类型、支持 SIM 卡认证的 EAP-SIM 类型等。

4. EAP 典型流程

假设采用 EAP-TLS 认证方法,认证流程如图 7-9 所示,包含以下几个步骤。

(1) 认证者发送 EAP-Request 消息,要求获得请求者的身份标识。

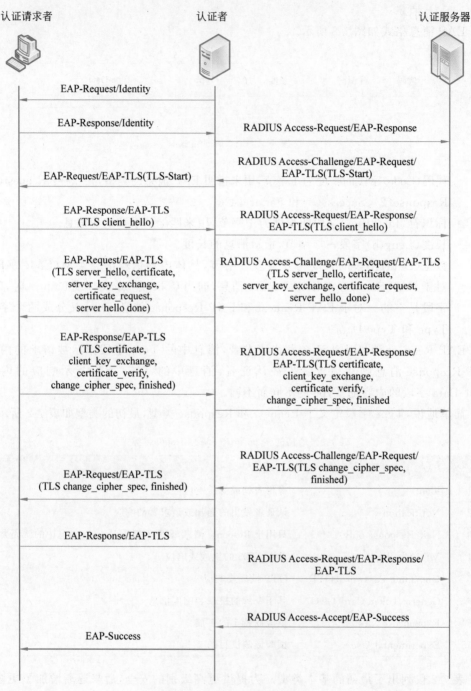

图 7-9　EAP-TLS 认证流程

（2）请求者回应 EAP-Response 消息，该消息包含其身份标识；认证者将这个 EAP-Response 消息封装为一个 RADIUS Access-Request 消息并透传给 RADIUS 服务器。

（3）RADIUS 服务器发送 RADIUS Access-Challenge 质询报文，报文中封装一个

EAP-Request 消息, Type 为 EAP-TLS, Type Data 为 TLS-Start; 认证者收到该报文后解封装, 将 EAP-Request 消息透传给请求者。

（4）请求者发送一个 EAP-Response 消息, 该消息包含一个 TLSclient_hello 消息, 携带请求者支持的 TLS 协议版本、加密算法、压缩方法以及客户端随机数等信息; 认证者将该 EAP-Response 消息封装为一个 RADIUS Access-Request 报文并透传给 RADIUS 服务器。

（5）RADIUS 服务器发送 RADIUS Access-Challenge 质询报文, 报文中封装一个 EAP-Request 消息。该 EAP-Request 消息包括了 server_hello、certificate、server_key_exchange、certificate_request 和 server_hello_done, 其中 server_hello 携带服务器支持的 TLS 版本、随机数、支持的加密算法等信息。认证者解封装此报文, 将 EAP-Request 消息发送给请求者。

（6）请求者响应一个 EAP-Response 消息, 封装了 certificate、client_key_exchange、certificate_verify、change_cipher_spec 和 finished; 认证者将该 EAP-Response 消息封装为一个 RADIUS Access-Request 报文并传递给 RADIUS 服务器。

（7）RADIUS 服务器发送一个封装 EAP-Response 消息的 RADIUS Access-Challenge 报文, 该 EAP-Response 消息包括 TLS change_cipher_spec 和 finished; 认证者将该 EAP-Response 消息解封装并发给请求者。

（8）请求者响应一个 EAP-Response。

（9）RADIUS 服务器发送 RADIUS Access-Accept 报文, 认证者将发送 EAP-Success 给请求者。至此, 认证成功结束。

7.4　IEEE 802.1X

IEEE 802.1X 是一种基于端口的网络接入控制标准, 使用交换式 LAN 基础设施的物理特性来认证与 LAN 某个端口相连的设备。如果认证过程失败, 端口接入将被禁止, 从而限制未经授权的设备通过接入端口访问 LAN。

所谓基于端口的网络接入控制, 其基本思想是网络系统可以控制面向最终用户的网络设备端口, 使得只有网络系统允许并授权的设备可以访问网络系统的各种业务（如以太网连接、网络层路由、Internet 接入等业务）。

IEEE 802.1X 协议的体系结构包括 3 个重要部分: 请求者、认证者和认证服务器（如图 7-10 所示）。

IEEE 802.1X 最主要的特点之一是基于端口的控制。如图 7-10 所示, 802.1X 使用了受控端口和非受控端口的概念。LAN 的每个物理端口被分为受控和不受控的两个逻辑端口, 物理端口收到的每个数据帧都被送到受控或不受控端口。在一个请求者被认证之前, 非受控端口处于双向连通状态, 在请求者和认证服务器之间转发控制和认证消息; 受控端口处于非授权状态, 不会传递数据。一旦请求者的认证成功并被分配了密钥, 认证者根据认证结果将受控端口设置为授权状态, 数据通道被打开, 认证者可以根据请求者的权限为其传递网络资源和服务。

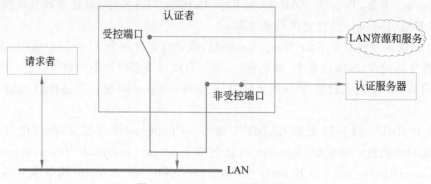

图 7-10　IEEE 802.1X 体系结构

IEEE 802.1X 另一个主要的特点是结合 EAP 协议。请求者和认证者之间运行 EAP，EAP 消息封装在 LAN 数据帧中，被称为 EAPOL(EAP over LAN)，在请求者和认证者之间传输。认证者和 AS 之间也是交换封装了认证数据的 EAP 消息，这些 EAP 消息通常封装到其他高层次协议中，如 RADIUS（因此被称为 EAP over RADIUS，简称 EAPOR），以便穿越复杂的网络到达 AS。

表 7-3 给出了常用的 EAPOL 帧类型。

表 7-3　常用的 EAPOL 帧类型

帧 类 型	定 义
EAPOL-EAP	包含一个被封装的 EAP 消息
EAPOL-Start	请求者可以在认证者发送挑战之前发送这个消息，开始认证过程
EAPOL-Logoff	请求者结束使用网络，将受控端口状态返回至"未授权"
EAPOL-Key	交换密钥信息

假设使用简单的口令认证方法，IEEE 802.1X 认证过程如图 7-11 所示。

该认证过程大致包括以下步骤。

（1）请求者向认证者（Authenticator）发送一个 EAPOL-Start 报文，开始 802.1X 认证接入。

（2）认证者向请求者发送 EAP-Request/Identity 报文，要求请求者提供其 ID。

（3）请求者回应一个 EAP-Response/Identity 给认证者，其中包括 ID。

（4）认证者将 EAP-Response/Identity 报文封装到 RADIUS Access-Request 报文中，发送给认证服务器（Authentication Server，AS）。

（5）认证服务器产生一个 Challenge，通过认证者将 RADIUS Access-Challenge 报文发送给请求者，其中包含 EAP-Request/MD5-Challenge。

（6）认证者将 EAP-Request/MD5-Challenge 发送给请求者，要求请求者进行认证。

（7）请求者收到 EAP-Request/MD5-Challenge 报文后，对密码和 Challenge 做 MD5 散列计算得到 Challenged Password，在 EAP-Response/MD5-Challenge 中回应给认证者。

（8）认证者将 Challenge、Challenged Password 和用户 ID 一起送到 RADIUS 服务器，由 RADIUS 服务器进行认证。

（9）RADIUS 服务器根据用户信息，做 MD5 散列运算，判断用户是否合法。如果成功，回应认证成功报文到认证者，该报文携带协商参数以及用户的相关业务属性以给用户授权。

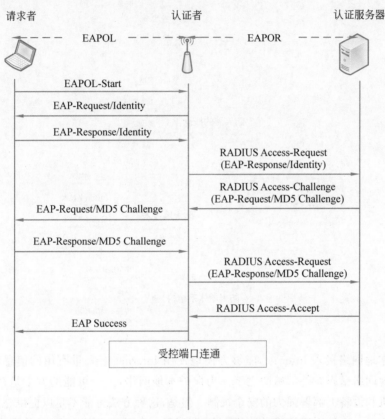

图 7-11　IEEE 802.1X 认证过程

思　考　题

1. 什么是 NAC？NAC 系统主要包括哪些组件？
2. RADIUS 报文的 Authenticator 字段的功能是什么？
3. 简述基于 PAP 方法的 RADIUS 认证过程。
4. EAP 的可扩展是如何实现的？
5. 简述 EAP-TLS 认证过程。
6. 简述基于端口的接入控制的基本思想。
7. IEEE 802.1X 的受控端口和非受控端口有什么不同？

第8章

防 火 墙

课程思政

教学课件

教学视频

导　　读

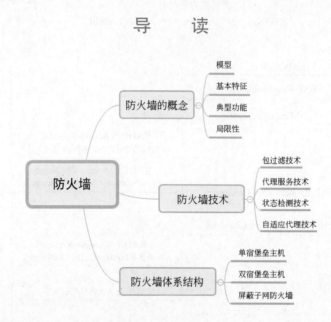

防火墙的概念 —— 模型 / 基本特征 / 典型功能 / 局限性

防火墙 —— 防火墙技术 —— 包过滤技术 / 代理服务技术 / 状态检测技术 / 自适应代理技术

防火墙体系结构 —— 单宿堡垒主机 / 双宿堡垒主机 / 屏蔽子网防火墙

通过将本地网络接入 Internet，能够方便地使用 Internet 上大量有用的信息和服务，但同时也让本地网络暴露在外部威胁之下。为保护本地网络，一个可能的方案是在本地网络内每一个主机和设备上部署强大的安全机制。但是，这种方法可能不足以提供充分的安全，同时代价巨大。一个被广泛接受的替代方案(起码是一个补充性的方案)是使用防火墙。

防火墙将整个本地网络视为一个整体，是保护本地网络最常用的技术之一。防火墙设置在可信任的本地网络与不可信任的外部网络之间，是内外网络之间信息交换的唯一通道，能控制穿过内外网络边界的数据流，是保护本地网络不受外界攻击的第一道防线。

客观地讲，防火墙并不是解决网络安全问题的万能药方，只是网络安全防护体系中的一个组成部分。本地网络还应该有其他的安全保护措施，例如在内部主机和网络设备上部署入侵检测机制，这是防火墙所不能代替的。但是，鉴于防火墙在实践中的有效性和应用中的广泛性，了解并学会实际应用防火墙技术对有效地阻止外来威胁和保护本地网络有重要意义。

8.1　防火墙的概念

防火墙的本义是指古代人们房屋之间修建的一道墙，这道墙可以防止火灾发生时蔓延到别的房屋。在计算机网络安全领域,防火墙是一个由软件和硬件组合而成的、起过滤和封锁作用的计算机或网络系统,目的是保护本地网络不受外界的非法访问和攻击。内部网络(本地网络)被视为安全和可信赖的;外部网络(通常是 Internet)则是不安全和不可信赖的,威胁和攻击都来自外部。防火墙隔离外部网络(风险区域)与本地网络(安全区域)的连接,通过边界控制强化本地网络的安全,阻止不希望的或未授权的通信进出本地网络。

　　如图 8-1 所示,为隔离本地和外部网络,防火墙部署在网络拓扑结构的合适结点上,使得所有进出本地网络的通信必须经过防火墙。防火墙根据安全策略制定的过滤规则对通过防火墙的通信进行监控和审查,过滤掉任何不符合安全规则的数据流,以保护本地网络不受外界的非法访问和攻击。如果部署了防火墙,本地网络中的计算机不再直接暴露给外部,则对所有内部网络主机的安全管理就变成对防火墙的管理,安全管理更集中、更方便。防火墙是保护本地网络的第一道防线,是实现网络安全策略的最有效工具之一。

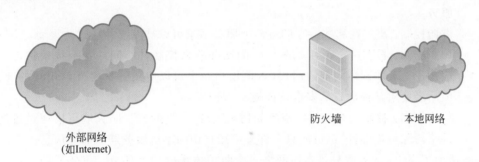

外部网络
(如Internet)

防火墙　　　　本地网络

图 8-1　防火墙的概念模型

　　一般而言,防火墙具有以下几个基本特性。

- 本地网络和外部网络的所有数据交换都必须经过防火墙。这是防火墙的位置特性,也是防火墙发挥作用的前提。这要求防火墙必须是连接本地网络和外部网络的唯一通道,只有这样,防火墙才能真正起到保护本地网络不受外部攻击的作用。
- 只有符合本地安全策略的通信才能通过防火墙。这是防火墙的基本职能,确保进出本地网络的数据的合法性。合法性在本地安全策略中规定,不同类型的防火墙实现不同的安全策略。
- 防火墙自身应该具有非常强的抗攻击能力。这是防火墙发挥安全防护作用的先决条件。防火墙处于本地网络和外部网络的连接处,暴露于外部的攻击之下,要起到保护本地网络的作用,自身必须具有强大的抗攻击能力。这意味着必须使用运行安全操作系统的可信系统。

　　在实践中,根据不同的安全需求,防火墙的功能不尽相同。防火墙大体具有以下几个典型的功能。

　　(1) 访问控制功能。这是防火墙最基本和最重要的功能,目的是保护本地网络的资源和数据。为此,防火墙定义了单一阻塞点,阻止非授权的通信进入本地网络,并且禁止潜在的、易受攻击的服务进入或离开本地网络。

（2）内容控制功能。根据数据内容进行控制，例如过滤垃圾邮件、限制外部只能访问本地 Web 服务器的部分功能等。

（3）日志功能。防火墙可以完整地记录网络访问的情况，一旦网络遭到破坏，可以对日志进行审计和查询，以查明事实。

（4）集中管理功能。针对不同的网络情况和安全需要，制定不同的安全策略并在防火墙上集中实施。防火墙易于管理，便于管理员集中实施安全策略。

（5）自身安全和可用性。防火墙要保证自己的安全，不被非法侵入，保证正常的工作。如果防火墙被侵入，安全策略被破坏，则内部网络就变得不安全。

另外，防火墙还具有流量控制、网络地址转换（NAT）、虚拟专用网（VPN）等功能。

为控制访问和加强安全策略，防火墙一般会采用 4 项常用技术。

- 服务控制：决定哪些服务可以被访问，无论这些服务是从内而外还是从外而内。防火墙可以基于 IP 地址和 TCP 端口等信息过滤通信；也可以提供代理软件，在服务请求通过防火墙时接收并解释它们；或者执行服务器软件的功能，如邮件服务。
- 方向控制：决定在哪些特定的方向上服务请求可以被发起并通过防火墙。
- 用户控制：根据用户正在试图访问的服务器来控制其访问。这个技术特性主要应用于防火墙网络内部的用户（本地用户）；也可以应用到来自外部用户的通信，但后者要求某种形式的安全认证技术，如 IPSec。
- 行为控制：控制一个具体的服务如何被实现。举例来说，防火墙可以通过过滤邮件来清除垃圾邮件，也可能只允许外部用户访问本地服务器的部分信息。

需要注意的是，防火墙只是本地网络安全防护体系的一个环节。仅依靠防火墙并不能做到绝对的安全，防火墙自身具有以下局限性。

- 防火墙不能防御不经由防火墙的攻击。例如，如果允许从本地网络向外拨号，网络内部可能会有用户通过拨号连入 Internet，从而绕过防火墙，成为一个潜在的攻击渠道。
- 防火墙不能防范来自内部的威胁。例如某个心怀不满的员工或者某个私下里与网络外部攻击者联手的雇员从本地网络内部发起攻击活动，因为该攻击的通信没有经过防火墙，所以防火墙无能为力。
- 防火墙不能防止病毒感染的程序和文件进出本地网络。事实上，部署了防火墙的网络系统内部运行着多种多样的操作系统和应用程序，想通过扫描所有进出网络的文件、电子邮件以及信息来检测病毒的方法是不实际的，也是不大可能实现的。
- 防火墙不能防止数据驱动式的攻击。一些表面正常的数据通过电子邮件或其他方式复制到内部主机上，一旦被执行就形成攻击。

因此，除了在内外网的边界部署防火墙，还需要在本地网络内部实施其他安全技术，如部署入侵检测系统。这样多种技术相互配合，以最大限度地为本地网络提供安全保护。

8.2 防火墙的技术

根据不同的分类标准,可将防火墙分为不同的类型。

- 从工作原理角度看,防火墙技术主要可分为网络层防火墙技术和应用层防火墙技术。这两个层次的防火墙技术的具体实现有包过滤防火墙、代理服务器防火墙、状态检测防火墙和自适应代理防火墙。
- 根据实现防火墙的硬件环境不同,可将防火墙分为基于路由器的防火墙和基于主机系统的防火墙。包过滤防火墙和状态检测防火墙可基于路由器实现,也可基于主机系统实现;而代理服务器防火墙只能基于主机系统实现。
- 根据防火墙的功能不同,可将防火墙分为 FTP 防火墙、Telnet 防火墙、E-mail 防火墙、病毒防火墙、个人防火墙等各种专用防火墙。通常也将几种防火墙技术结合在一起使用以弥补各种技术自身的缺陷,增加系统的安全性能。

8.2.1 包过滤技术

网络层防火墙技术根据网络层和传输层的原则对传输的信息进行过滤。网络层技术的一个范例就是包过滤技术。因此,利用包过滤技术在网络层实现的防火墙也叫包过滤防火墙。

1. 包过滤原理

在基于 TCP/IP 的网络上,所有往来的信息都被分割成许多一定长度的数据包(即 IP 分组),包中包含发送方 IP 地址和接收方 IP 地址等信息。当这些数据包被送上互联网时,路由器会读取接收方的 IP 地址信息并选择一条合适的物理线路发送数据包。数据包可能经由不同的路线到达目的地,当所有的包到达目的地后会重新组装还原。

包过滤技术是最早的防火墙技术,工作在网络层。这种防火墙的原理:将 IP 数据报的各种包头信息与防火墙内建规则进行比较,然后根据过滤规则有选择地阻止或允许数据包通过防火墙。这些过滤规则也称为访问控制表(Access Control Table)。流入数据流到达防火墙后,防火墙会检查数据流中每个 IP 数据报的各种包头信息(例如源地址、目的地址、源端口、目的端口、协议类型)来确定是否允许该数据包通过。一旦该包的信息匹配某些特征,防火墙就根据其内建规则对包进行相应的操作。例如,基于提供特定 Internet 服务的服务器驻留在特定端口的事实,如 TCP 端口 23 提供 Telnet 服务,包过滤技术可以通过规定适当的端口号来达到允许或阻止到特定服务连接的目的。再如,如果防火墙中设定某一 IP 地址的站点为不适宜访问的站点,则从该站点地址来的所有信息都会被防火墙过滤掉。这样可以有效地防止恶意用户利用不安全的服务对内部网进行攻击。

包过滤防火墙要遵循的一条基本原则就是"最小特权原则",即明确允许管理员希望通过的那些数据包,禁止其他的数据包。包过滤的核心技术是安全策略及过滤规则的设计。包过滤防火墙一般由路由器充当,要求路由器在完成路由选择和数据转发之外,同时具有包过滤功能。

包过滤防火墙的主要工作原理如图 8-2 所示。

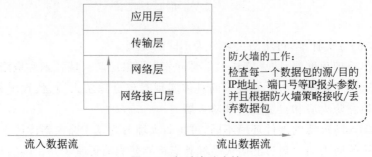

图 8-2　包过滤防火墙

由图 8-2 可见,包过滤防火墙的数据流向在 TCP/IP 协议栈内最多只经过下面的网络接口层、网络层和传输层 3 层,数据报不会上传到应用层。

包过滤防火墙的具体实现是基于过滤规则的。建立这类防火墙包括如下步骤:建立安全策略,写出允许和禁止的任务,将安全策略转换为一个包过滤规则表。过滤规则的设计主要依赖数据包所提供的包头信息:源地址、目的地址、TCP/UDP 源端口号、TCP/UDP 目的端口号、标志位、用来传送数据包的协议等。由规则表和数据头内容的匹配情况来执行过滤操作。如果有一条规则和数据包的状态匹配,就按照这条规则来执行过滤操作;如果没有一条规则匹配,就执行默认操作。默认的策略可能如下。

- 丢弃:所有没有被规定允许转发的数据包都将被丢弃。
- 转发:所有没有被规定需要丢弃的数据包都将被转发。

表 8-1 给出了包过滤规则表的一些例子。在每个表中,规则被从上到下依次应用。"＊"号是一个通配符,用来表示符合要求的每一种可能。这里假设使用默认丢弃策略。

表 8-1　包过滤规则表的实例

(a) 规则表例 1

处理	内部主机	端口	外部主机	端口	说　明
阻塞	＊	＊	SPIGOT	＊	该主机不被信任
通过	OUR-GW	25	＊	＊	与内部主机的 SMTP 端口有连接

(b) 规则表例 2

处理	内部主机	端口	外部主机	端口	说　明
阻塞	＊	＊	＊	＊	默认

(c) 规则表例 3

处理	内部主机	端口	外部主机	端口	说　明
通过	＊	＊	＊	25	与外部主机的 SMTP 端口有连接

续表

(d) 规则表例 4

处理	内部主机	端口	目的地	端口	标识	说　　明
通过	本地主机	*	*	25		发往外部 SMTP 端口的包
通过	*	25	*	*	ACK	外部主机的回复

(e) 规则表例 5

处理	内部主机	端口	目的地	端口	标识	说　　明
通过	本地主机	*	*	*		本地主机输出的请求
通过	*	*	*	*	ACK	对本地请求的回复
通过	*	*	*	>1024		到非服务器的通信

表 8-1(a)所示的规则表允许进入防火墙内部的邮件通过(端口 25 专门供 SMTP 进入内部使用),但只能发往一台特定的网关主机,从特定的外部主机 SPIGOT 发来的邮件将被阻塞。

表 8-1(b)所示的规则表为默认策略。在实际应用中,所有的规则表都把默认策略当作最后的规则。

表 8-1(c)所示的规则表规定内部的每一台主机都可以向外部发送邮件。一个目的端口为 25 的 TCP 包将被路由到目的计算机上的 SMTP 服务器。这条规则的问题在于把端口 25 用来作为 SMTP 接收只是一个默认设置;而外部计算机的端口 25 可能被设置用来作其他的应用。从这条规则可以看出,一个攻击者可以通过发送一个 TCP 源端口为 25 的数据包来获得对内部计算机的访问权。

表 8-1(d)所示的规则表达到了表 8-1(c)所没有达到的效果。它利用了 TCP 连接的优点,一旦建立一个连接,那么 TCP 段被设置一个 ACK 标志,表示是另一方发来的数据段。因此,这个规则表就允许那些源 IP 地址是给定的某些主机而目标 TCP 端口数是 25 的数据分组通过;并且同时允许那些源端口数为 25 且包含一个 ACK 标志的数据分组通过。当然,必须清楚地指定源系统和目的系统,才能有效地定义这些规则。

表 8-1(e)所示的规则表是一种处理 FTP 连接的方法。为实现 FTP,需要建立两个 TCP 连接:控制连接负责建立文件传输,数据连接负责实际文件的传输过程。数据连接使用与控制连接不同的端口,这个端口是在传输时动态分配的。大多数服务器使用低端口,它们往往是攻击者的目标;大多数对外部系统的呼叫则倾向于使用高端口,特别是大于 1023 的。因此,这个规则表在下列情况下允许通过。

- 从内部发出的数据包。
- 对一个内部计算机所建立的连接进行响应的数据包。
- 内部计算机上发往高端口的数据包。

这个方案要求系统设置为只有某些适当的端口可用。表 8-1(e)所示的规则表表明了在包过滤层上处理应用程序存在着困难。

2. 包过滤防火墙的优点

包过滤技术是一种简单、有效的访问控制技术，它通过在网络间相互连接的设备下加载允许或禁止来自某些特定的源地址、目的地址、TCP 端口号等规则，对通过的数据包进行检查，限制数据包进出内部网络。

包过滤防火墙技术有如下优点。

- 一个包过滤路由器能协助保护整个网络。数据包过滤的主要优点之一就是一个恰当防护的包过滤路由器有助于保护整个网络。如果仅有一个路由器连接内部与外部网络，则无论内部网络的大小和内部拓扑结构如何，通过该路由器进行数据包过滤都可在网络安全保护上取得较好的效果。

- 包过滤对用户透明。数据包过滤不要求任何自定义软件或客户机配置，也不要求用户有任何特殊的训练或操作。当包过滤路由器决定让数据包通过时，它与普通路由器没有区别。比较理想的情况是用户没有感觉到它的存在，除非他们试图做过滤规则所禁止的事。较强的"透明度"是包过滤的一大优势。

- 包过滤路由器速度快、效率高。包过滤路由器只检查报头相应的字段，一般不查看数据包的内容，而且某些核心部分是由专用硬件实现的，故其转发速度快、效率较高。

- 技术通用、廉价、有效。包过滤技术不是针对各个具体的网络服务采取特殊的处理方式，而是对各种网络服务都通用，大多数路由器都提供包过滤功能，不用再增加更多的硬件和软件，因此其价格低廉，能在很大程度上满足企业的安全要求，其应用行之有效。

此外，包过滤技术还易于安装、使用和维护。

3. 包过滤防火墙的缺点

包过滤防火墙技术也有明显的缺点。

- 安全性较差。防火墙过滤的只有网络层和传输层的有限消息，因而各种安全要求不可能充分满足；在许多过滤器中，过滤规则的数目有限，且随着规则数目的增加，性能将受到影响。包过滤路由器只是检测 TCP/IP 报头，检查特定的几个域，而不检查数据包的内容，不按特定的应用协议进行审查和扫描，不作详细分析和记录。非法访问一旦突破防火墙，即可对主机上的软件和配置漏洞进行攻击。因此，与其他技术相比，包过滤技术的安全性较差。

- 由于防火墙可用的信息有限，因此它所提供的日志功能也十分有限。包过滤器日志一般只记载那些曾经做出过访问控制决定的信息（源地址、目的地址和通信类型）。

- 无法执行某些安全策略。包过滤路由器上的信息不能完全满足人们对安全策略的需求。例如，数据包仅表明它们来自什么主机而不是什么用户，因此多数包过滤防火墙不支持高级用户认证方案，这导致防火墙缺少上层功能。同样，数据包表明它到什么端口，而不是到什么应用程序。当我们通过端口号对高级协议强行限制时，不希望在端口上有指定协议之外的协议，恶意的知情者能够很容易地破坏这种控制。

- 这种防火墙通常容易受到利用 TCP/IP 规定和协议栈漏洞的攻击,例如网络层地址欺骗。大多数包过滤路由器都是基于源 IP 地址和目的 IP 地址进行过滤的,而 IP 地址的伪造是很容易的。如果攻击者将自己主机的 IP 地址设置成一个合法主机的 IP 地址,就可以轻易通过路由器。因此,包过滤路由器对于 IP 地址欺骗大多无能为力,即使按 MAC 地址进行绑定,也是不可信的。对于一些安全要求较高的网络,包过滤路由器是不能胜任的。
- 由于在这种防火墙做出安全控制决定时,起作用的只是少数几个因素,因此包过滤防火墙对那种由于不恰当的设置而导致的安全威胁显得十分脆弱。换句话说,偶然性的改动可能会导致防火墙允许某些传输类型、源地址和目的地址的数据包通过,而事实上按照该系统的安全策略,这些数据包是应该被阻塞的。

从以上分析可以看出,包过滤防火墙技术虽然能起到一定的安全保护作用,且也有许多优点,但它毕竟是早期的防火墙技术,本身存在较多缺陷,不能提供较多的安全性。在实际应用中,很少把这种技术作为单独的解决方案,而是把它与其他防火墙技术组合在一起使用。

8.2.2　代理服务技术

1. 代理服务技术原理

代理服务器防火墙又称应用层网关、应用层防火墙,它工作在 OSI/RM 的应用层,掌握着应用系统中可用作安全决策的全部信息。代理服务技术的核心是运行于防火墙主机上的代理服务器程序,这些代理服务器程序直接对特定的应用层进行服务。

代理服务器防火墙完全阻隔了网络通信流,通过对每种应用服务编制专门的代理服务程序,实现监视和控制应用层通信流的作用。从内部网用户发出的数据包经过这样的防火墙处理后,就像是源于防火墙外部网卡一样,从而可以达到隐藏内部网结构的作用。其技术原理如图 8-3 所示。

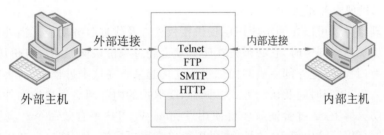

图 8-3　代理服务技术

代理服务器通常运行在两个网络之间,在某种意义上,可以把这种防火墙看成一个翻译器,由它负责外部网和内部网之间的通信。当防火墙两端的用户使用 Telnet 和 FTP 之类的 TCP/IP 应用程序时,两端的通信终端不会直接联系,而是由应用层的代理来负责转发。代理会截获所有的通信内容,如果连接符合预定的访问控制规则,则代理将数据转发给目标系统;目标系统回应给代理,然后代理再将传回的数据送回客户机。对于客户来说,代理服务器像一台真正的服务器,而对于客户想要访问的真正的服务器来说,它又像一台客户机。如果网关无法执行某个应用程序的代理码，服务就无法执行，也不能通过防火墙发送。而且，网关可以被设置成只能支持网络管理员所愿意接受的某些应用程序，而拒绝所有其他的服务。

代理服务器像一堵墙一样挡在内部用户和外界之间，彻底隔断内网与外网的直接通信，起着监视和隔绝应用层通信流的作用。内网用户对外网的访问变成防火墙对外网的访问，然后再由防火墙转发给内网用户。所有通信都必须经应用层代理软件转发，访问者任何时候都不能与服务器建立直接的 TCP 连接，应用层的协议会话过程必须符合代理的安全策略要求。在这种特性中，由于网络连接都是通过中介来实现的，因此恶意的侵害几乎无法伤害到被保护的真实的网络设备。

代理服务技术能够记录通过它的一些信息，如什么用户在什么时间访问过什么站点等。这些信息可以帮助网络管理员识别网络间谍。代理服务器通常都拥有一个高速缓存，该缓存存储用户频繁访问的站点内容（页面），在下一个用户要访问该站点的这些内容时，代理服务器就不用连接到 Internet 上的服务器重复地获取相同的内容，而是直接将其缓存中存储的内容发给用户。如果某次访问被视为攻击，则代理服务器将发出警报并保存攻击痕迹。

代理服务可以实现用户认证、详细日志、审计跟踪和数据加密等功能，并且实现对具体协议及应用的过滤（如阻塞 JavaScript）。代理服务技术能完全控制网络信息的交换，控制会话过程，具有灵活性和安全性。但代理服务可能影响网络的性能，对用户不透明，且对每一种服务器都要设计一个代理模块，建立对应的网关层，实现起来比较复杂。

2. 代理服务器的实现

代理服务技术控制对应用程序的访问，它能够代替网络用户完成特定的 TCP/IP 功能。代理服务器适用于特定的互联网服务，对每种不同的服务都应用一个相应的代理，如代理 HTTP、FTP、E-mail、Telnet、WWW、DNS、POP3 等。

代理服务器的实现方式有以下几种。

（1）应用代理服务器。

应用代理服务器可以在网络应用层提供授权检查及代理服务功能。当外部某台主机试图访问受保护的内部网时，它必须先在防火墙上经过身份认证。通过身份认证后，防火墙运行一个专门程序，把外部主机与内部主机连接起来。在这个过程中，防火墙可以限制用户访问的主机、访问时间及访问方式。同样，受保护的内部网络用户访问外部网时也需要先登录到防火墙上，通过验证后才可使用 Telnet 或 FTP 等有效命令。应用代理服务器的优点是既可以隐藏内部 IP 地址，也可以给单个用户授权。即使攻击者盗用了一个合法的 IP 地址，他也要通过严格的身份认证。但是这种认证使得应用网关不透明，用户每次连接都要受到"盘问"，会给用户带来许多不便；而且这种代理技术需要为每个应用网关编写专门的程序。

（2）回路级代理服务器。

回路级代理服务器也称一般代理服务器，它适用于多个协议，但不解释应用协议中的命令就建立连接回路。回路级代理服务器通常要求修改用户程序。套接字服务器就是回路级代理服务器。套接字是一种网络应用层的国际标准。当受保护的网络客户机需要与外部网交互信息时,防火墙上的套接字服务器会检查客户的 UserID、IP 源地址和 IP 目的地址,经过确认后,它才与外部服务器建立连接。对用户来说,受保护的内部网与外部网的信息交换是透明的,用户感觉不到防火墙的存在,这是因为 Internet 用户不需要登录到防火墙。

回路级代理服务器可为不同的协议提供服务。大多数回路级代理服务器也是公共服务器,它们几乎支持任何协议,但不是每个协议都能由回路级代理服务器轻易实现。

(3) 智能代理服务器。

如果一个代理服务器不仅能处理转发请求,同时还能够做其他许多事情,那么这种代理服务器就称为智能代理服务器。智能代理服务器可提供比其他方式更好的日志和访问控制能力。一个专用的应用代理服务器很容易升级到智能代理服务器,而回路级代理服务器升级则比较困难。

(4) 邮件转发服务器。

当防火墙采用相应技术使得外部网络只知道防火墙的 IP 地址和域名时,从外部网络发来的邮件就只能发送到防火墙上。这时防火墙对邮件进行检查,只有当发送邮件的源主机是被允许通过的,防火墙才对邮件的目的地址进行转换,送到内部的邮件服务器,由其进行转发。

3. 代理服务器技术的特点

代理服务器技术有以下优点。

- 安全性好。由于每一个内、外网络之间的连接都要通过代理服务技术的接入和转换,通过专门为特定的服务(如 HTTP)编写的安全化应用程序进行处理,然后由防火墙本身分别向外部服务器提交请求和向内部用户发送应答,因此没有给内、外网络计算机以任何直接会话的机会,从而避免了入侵者使用数据驱动类型的攻击方式入侵内部网。另外,代理服务技术还按特定的应用协议对数据包的内容进行审查和扫描,因此增加了防火墙的安全性。安全性好是代理服务技术突出的特点。

- 易于配置。因为代理服务是一个软件,所以它比过滤路由器更易配置,配置界面十分友好。如果代理服务实现得好,可以对配置协议要求较低,从而避免配置错误。

- 能生成各项记录。代理服务技术在应用层可以检查各项数据,因此可以按一定准则让代理生成各项日志和记录。这些日志和记录对于流量分析和安全检验是十分重要的。

- 能完全控制进出的流量和内容。通过采取一定的措施,按照一定的规则,借助于代理技术实现一整套安全策略,例如控制"谁"和"做什么"、在什么"时间"和"地点"控制等。

- 能过滤数据内容。可以把一些过滤规则应用于代理,让它在高层实现过滤功能,例如文本过滤、图像过滤、预防病毒和扫描病毒等。

- 能为用户提供透明的加密机制。用户通过代理服务收发数据,可以让代理服务完成加/解密功能,从而方便用户,确保数据的保密性。这一点在虚拟专用网(VPN)

中特别重要。代理服务可以广泛地用于企业内部网中，提供较高安全性的数据通信。

- 可以方便地与其他安全技术合成。目前安全问题解决方案很多，如验证、授权、账号数据加密、安全协议（SSL）等。如果把代理与这些技术联合使用，将大大增强网络的安全性。

代理服务技术也有它的缺点。

- 速度较慢。因为对于内网的每个访问请求，应用代理都需要建立一个单独的代理进程。它要保护内网的 Web 服务器、数据库服务器、文件服务器、邮件服务器及业务程序等，就需要建立一个个的服务代理，以处理客户端的访问请求。这样，应用代理的处理延迟会很大。
- 对用户不透明。许多代理要求客户端作相应改动或安装指定的客户软件，这给用户增加了不透明度。
- 难于配置。对于不同服务器代理可能要求不同的服务器。可能需要为每项协议设置一个不同的代理服务器，因为代理服务器不得不理解协议，以便判断什么是允许的，什么是不允许的，并且还要装扮成一个对真实服务器来说它就是客户而对客户来说它就是服务器的角色。选择、安装和配置所有这些不同的服务器是一项较繁重的工作。
- 通常要求对客户或过程进行限制。除一些为代理而设置的服务外，代理服务器要求对客户或过程进行限制，每一种限制都有不足之处，人们无法经常按他们自己的步骤使用快捷可用的方式。由于这些限制，代理应用就不能像非代理应用运行得那样好，它们往往曲解协议的说明。
- 代理不能改进底层协议的安全性。因为代理工作于 TCP/IP 的应用层，所以它不能改善底层通信协议抗攻击（如 IP 欺骗、SYN 泛洪、伪造 ICMP 消息和一些拒绝服务）的能力。

8.2.3 状态检测技术

1. 状态检测技术的工作原理

状态检测技术由 Check Point 公司率先提出，又称动态包过滤技术。状态检测技术是新一代防火墙技术。这种技术具有非常好的安全特性，它使用了一个在网关上实行的网络安全策略的软件模块，称为检测引擎。检测引擎在不影响网络正常运行的前提下，采取抽取有关数据的方法对网络通信各层进行实时监测。检测引擎将抽取的状态信息动态地保存起来，作为以后执行安全策略的参考。检测引擎维护一个动态的状态信息表并对后续的数据包进行检查。一旦发现任何连接的参数有意外的变化，连接就被终止。

状态检测技术监视和跟踪每一个有效连接的状态，并且根据这些信息决定网络数据包是否能通过防火墙。它在协议底层截取数据包，然后分析这些数据包，并且将当前数据包和状态信息与前一时刻的数据包和状态信息进行比较，从而得到该数据包的控制信息，以达到保护网络安全的目的。

检测引擎支持多种协议和应用程序，并且可以很容易地实现应用和服务的扩充。与前两种防火墙不同,当用户访问请求到达网关的操作系统前,状态监视器要收集有关数据进行分析,结合网络配置和安全规定作出接纳或拒绝、身份认证、警报处理等动作。一旦某个访问违反了安全规定,该访问就会被拒绝并报告有关状态,做日志记录。

状态检测技术试图跟踪通过防火墙的网络连接和包,这样它就可以使用一组附加的标准,以确定是否允许和拒绝通信。状态检测防火墙是在使用了基本包防火墙的通信上应用一些技术来做到这一点的。为跟踪包的状态,状态检测防火墙不仅跟踪包中包含的信息,还记录有用的信息以帮助识别包。

状态检测技术可检测无连接状态的远程过程调用(RPC)、用户数据报(UDP)之类的端口信息,而包过滤和代理服务技术都不支持此类应用。状态检测防火墙无疑是非常坚固的,但它会降低网络的速度,而且配置也比较复杂。好在有关防火墙厂商已经注意到这一问题,如 Check Point 公司的防火墙产品 FireWall-1,所有的安全策略规则都是通过面向对象的图形用户界面(GUI)定义的,因此可以简化配置过程。

表 8-2 是一个连接状态表的例子。

表 8-2　状态检测防火墙的状态表实例

源 地 址	源 端 口	目 的 地 址	目 的 端 口	连 接 状 态
192.168.1.100	1030	210.9.88.29	80	已建立
192.168.1.102	1031	216.32.42.123	80	已建立
192.168.1.101	1033	173.66.32.122	25	已建立
192.168.1.106	1035	177.231.32.12	79	已建立
223.43.21.231	1990	192.168.1.6	80	已建立
219.22.123.32	2112	192.168.1.6	80	已建立
210.99.212.18	3321	192.168.1.6	80	已建立
24.102.32.23	1025	192.168.1.6	80	已建立
223.212.212	1046	192.168.1.6	80	已建立

2. 通过状态检测防火墙的数据包的类型

状态检测防火墙在跟踪连接状态方式下通过的数据包的类型有 TCP 包和 UDP 包。

- TCP 包。当建立起一个 TCP 连接时,通过的第一个包被标有包的 SYN 标志。通常,防火墙丢弃所有外部的链接企图,除非已经建立起某条特定规则来处理它们。对内部到外部的主机连接,防火墙注明连接包,允许响应随后在两个系统之间传输的包,直到连接结束为止。在这种方式下,传入的包只有在它响应的是一个已建立的连接时才允许通过。

- UDP 包。UDP 包比 TCP 包简单,因为它们不包含任何连接或序列信息,只包含源地址、目的地址、检验和携带的数据。这些简单的信息使得防火墙很难确定包的合法性,因为没有打开的连接可利用,以测试传入的包是否应被允许通过。但如果防火墙跟踪包的状态,就可以确定其合法性。对于传入的包,若它使用的地址和 UDP 包携带的协议与传出的连接请求匹配,该包就被允许通过。

3. 状态检测技术的特点和应用

状态检测技术结合了包过滤技术和代理服务技术的特点。与包过滤技术一样,它对用户透明,能够在 OSI/RM 网络层上通过 IP 地址和端口号过滤进出的数据包;与代理服务技术一样的是可以在 OSI/RM 应用层上检查数据包内容,查看这些内容是否符合安全规则。

状态检测技术克服了包过滤技术和代理服务技术的局限性,能根据协议、端口及源地址、目的地址的具体情况决定数据包是否通过。对于每个安全策略允许的请求,状态检测技术启动相应的进程,可快速地确认符合授权标准的数据包,使得运行速度加快。

状态检测技术的缺点是状态检测可能造成网络连接的某种迟滞,不过运行速度越快,这个问题就越不易察觉。

状态检测防火墙已经在国内外得到广泛应用,目前在市场上流行的防火墙大多属于状态检测防火墙,因为该防火墙对用户透明,在 OSI/RM 最高层上加密数据时不需要再去修改客户端程序,也不必为每个需要在防火墙上运行的服务额外增加一个代理。

8.2.4　自适应代理技术

新近推出的自适应代理防火墙技术本质上也属于代理服务技术,但它结合了动态包过滤(状态检测)技术。

自适应代理技术是最近在商业应用防火墙中实现的一种革命性的技术。组成这类防火墙的基本要素有两个,即自适应代理服务器和动态包过滤器。自适应代理防火墙结合了代理服务防火墙的安全性和包过滤防火墙的高速等优点,在保证安全性的基础上将代理服务器防火墙的性能提高 10 倍以上。

在自适应代理服务与动态包过滤器之间存在一个控制通道。在对防火墙进行配置时,用户只要将需要的服务类型、安全级别等信息通过相应代理的管理界面进行设置即可。然后自适应代理就可以根据用户的配置信息,决定是使用相应代理服务从应用层代理请求,还是使用动态包过滤器从网络层转发包。如果是后者,它将动态地通知包过滤器增减过滤规则,满足用户对速度和安全的双重要求。

8.3　防火墙的体系结构

除使用简单的系统(例如单一的包过滤路由器或网关这样的防火墙)外,还可以有配置更复杂的防火墙,事实上这类防火墙更常用。图 8-4 给出了 3 种常见的防火墙配置。

1. 屏蔽主机防火墙(单宿堡垒主机)

堡垒主机是由防火墙的管理人员所指定的某个系统,它是网络安全的一个关键点。在防火墙体系中,堡垒主机有一个到公用网络的直接连接,是一个公开可访问的设备,也是网络上最容易遭受入侵的设备。堡垒主机必须检查所有出入的流量,并且强制实施安全策略定义的规则。内部网络的主机通过堡垒主机访问外部网络,内部网也需要通过堡

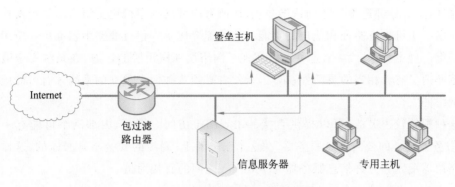

（a）屏蔽主机防火墙(单宿堡垒主机)

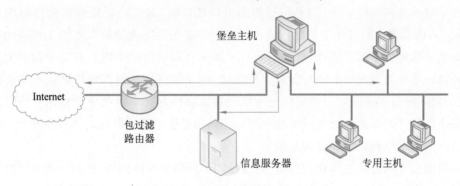

（b）屏蔽主机防火墙(双宿堡垒主机)

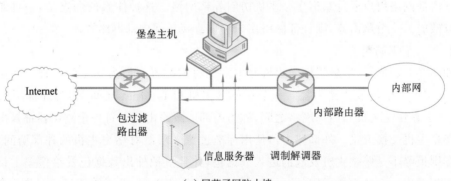

（c）屏蔽子网防火墙

图 8-4　常见防火墙配置

垒主机向外部网络提供服务。堡垒主机通常作为应用层网关和电路层网关的服务平台。单宿堡垒主机指只有一个网络接口的设备，以应用层网关的方式运作。

在单宿堡垒主机结构中，防火墙包含两个系统：一个包过滤路由器和一台堡垒主机。堡垒主机是外部网主机能连接到的唯一的内部网上的系统，任何外部系统要访问内部网的资源都必须先连接到这台主机。路由器按照如下方式配置。

（1）对来自 Internet 的通信，只允许发往堡垒主机的 IP 包通过。

（2）对来自网络内部的通信，只允许经过堡垒主机的 IP 包通过。

这样，所有外部连接只能到达堡垒主机，所有内部网的主机也把所有出站包发往堡垒主机。堡垒主机执行验证和代理的功能。这种配置比单一包过滤路由器或单一应用层网关更安全。理由有二：第一，这种配置实现了网络层和应用层的过滤，在系统安全策略允许的范畴内又有着相当的灵活性；第二，入侵者必须攻破两个独立的系统才有可能威胁到内部网络的安全。

这种配置较为灵活，可以提供直接的 Internet 访问。例如，内部网络可能有一个如 Web 服务器之类的公共信息服务器，在这个服务器上，高级的安全不是必需的，这样就可以将路由器配置为允许信息服务器与 Internet 之间的直接通信。

2. 屏蔽主机防火墙（双宿堡垒主机）

在单宿堡垒主机体系中，如果包过滤路由器被攻破，那么通信就可以越过路由器在 Internet 和内部网络的其他主机之间直接进行。屏蔽主机防火墙的双堡垒主机结构在物理上防止了这种安全漏洞的产生，如图 8-4(b)所示。双宿堡垒主机具有至少两个网络接口。外部网络和内部网络都能与堡垒主机通信，但外部网络和内部网络之间不能直接通信，它们之间的通信必须经过双宿堡垒主机的过滤和控制。单宿堡垒主机体系所带来的双重安全性的好处在这种配置里依然存在；而且，信息服务器或其他的主机在安全策略允许的范围内都可以和路由器直接通信。

双宿堡垒主机体系结构比较简单，它连接内部网络和外部网络，相当于内外网络之间的跳板，能够提供高级别的安全控制，可以完全禁止外部网络对内部网络的访问，同时可以允许内部网络用户通过双宿堡垒主机访问外部网络。这种体系的弱点是，一旦堡垒主机被攻破成为一个路由器，则外部网络用户可以直接访问内部网络资源。

3. 屏蔽子网防火墙

如图 8-4(c)所示，屏蔽子网防火墙是本章探讨的配置中最为安全的一种。在这种配置中，使用了两个包过滤路由器：一个在堡垒主机和 Internet 之间，称为外部屏蔽路由器；另一个在堡垒主机和内部网络之间，称为内部屏蔽路由器。每一个路由器都被配置为只和堡垒主机交换流量。外部路由器使用标准过滤来限制对堡垒主机的外部访问，内部路由器则拒绝不是堡垒主机发起的进入数据包，并且只把外出数据包发给堡垒主机。这种配置创造出一个独立的子网，该子网可能只包括堡垒主机，也可能还包括一些公众可访问的设备和服务，如一台或更多的信息服务器以及为满足拨号功能而配置的调制解调器。这个独立子网充当了内部网络和外部网络之间的缓冲区，形成一个隔离带，即所谓的非军事区（DMZ）。在这里，Internet 和内部网络都有权访问 DMZ 子网中的主机，但要通过子网的通信则被阻塞。这种配置有如下优点。

- 有 3 层防御来抵御入侵者：外部路由器、堡垒主机、内部路由器。
- 外部路由器只能向 Internet 通告 DMZ 子网，Internet 上的系统只能通过外部路由器访问 DMZ 子网。因此，内部网络对于 Internet 而言是不可见的。
- 类似地，从内部网络通过内部路由器也只能得知子网的存在；因此网络内部的系统无法构造直接到 Internet 的路由，必须通过堡垒主机才能访问 Internet。

思 考 题

1. 什么是防火墙？它有哪些功能和局限性？
2. 为了控制访问和加强站点安全策略，防火墙采用了哪些技术？
3. 简述包过滤原理。
4. 状态检测技术具有哪些特点？
5. 简述屏蔽子网防火墙的结构。

第9章

入侵检测与紧急响应

课程思政

教学课件

教学视频

导　读

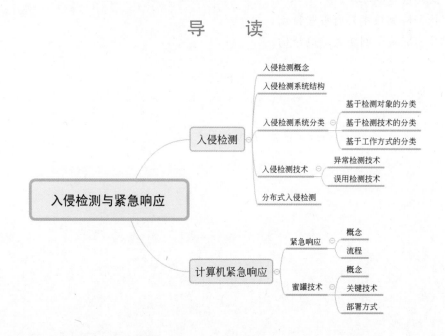

随着信息和网络技术的发展,在政治、经济和军事等利益的驱动下,针对计算机网络和重要的网络主机的攻击呈现愈演愈烈的趋势。传统的安全技术(如防火墙、杀毒软件等)属于被动的防御体系。随着攻击工具与手法的日趋复杂多样,被动的安全防御措施已经不能满足现有的网络安全需求。入侵检测技术的出现使得网络安全防护开始向主动监测和被动防护相结合的方向发展,为网络安全提供了多层次的安全保障。

一些重要的信息基础设施需要制定相应的紧急响应计划,在信息基础设施遭到严重攻击时,需要执行一系列应对措施。此外,蜜罐技术可以用来收集潜在攻击者的基本信息,收集到的信息可以用于入侵检测和紧急响应。本章将介绍入侵检测、蜜罐技术和紧急响应。

9.1　入　侵　检　测

入侵检测是一种对网络进行实时监视,在发现可疑行为时发出警报并采取反应措施的网络安全技术,是一种"主动"的安全防御措施,已成为构建网络安全防护体系的重要技术手段之一。入侵检测结合防火墙等其他网络安全技术可以实现对网络系统的全方位安全保护。

9.1.1　入侵检测概述

简单地说,入侵是指违反访问目标的安全策略的行为,将会破坏目标系统的机密性、完整性、可用性等安全属性。入侵既包括非授权用户从外部发起的针对本地网络的攻击,也包括本地网络内部授权用户的越权访问及误操作。

很多人认为,只要安装一个防火墙就可以保障网络的安全,其实这是一个误解。事实上,仅使用防火墙保障网络安全是远远不够的。首先,防火墙本身会有各种漏洞和后门,有可能被外部黑客攻破;其次,防火墙不能阻止内部攻击,对内部入侵者来说毫无作用;再次,防火墙通常不能提供实时的入侵检测能力;最后,有些外部访问可以绕开防火墙。

入侵检测是指在网络或计算机系统中的若干关键点收集信息并对收集到的信息进行分析,从而判断网络或系统中是否有违反安全策略的行为和被攻击的迹象。简单地说,入侵检测是对入侵企图和行为的发觉。

入侵检测作为安全技术,其主要目的有 4 点:识别入侵者;识别入侵行为;检测和监视已成功的安全突破;为对抗入侵及时提供重要信息,阻止入侵事件的发生和事态的扩大。入侵检测对建立一个安全系统来说是非常必要的,它可以弥补传统安全保护措施的不足。

入侵检测系统可以弥补防火墙的不足,为网络提供实时的入侵检测并采取相应的防护手段。入侵检测系统可以看作防火墙之后的第二道安全闸门,是防火墙的重要补充,它在不影响网络性能的情况下能对网络进行监测,从而提供对内部攻击、外部攻击和误操作的实时检测。

入侵检测的典型过程包括信息收集、信息(数据)预处理、数据的检测分析以及根据安全策略作出响应。有的还包括检测效果的评估。

信息收集是指从网络或系统的关键点得到原始数据,这里的数据包括原始的网络数据包、系统的审计日志、应用程序日志等原始信息。数据预处理是指对收集到的数据进行预处理,将其转换为检测器所需的格式,也包括对冗余信息的去除,即数据简约。数据的检测分析是指利用各种算法建立检测器模型,并且对输入的数据进行分析以判断入侵行为的发生与否。入侵检测的效果如何将直接取决于检测算法的好坏。这里所说的响应是指产生检测报告,通知管理员,断开网络连接或更改防火墙的配置等积极的防御措施。入侵检测被视为防火墙之后的第二道防线,是动态安全技术的核心之一。

入侵检测的一个基本工具是审计记录。用户活动的记录应作为入侵检测系统的输入,一般采用下面两种方法。

(1) 原始审计记录。几乎所有的多用户操作系统都有收集用户活动信息的审计软件。使用这些信息的好处是不需要再额外使用收集软件。其缺点是审计记录可能没有包含所需的信息,或者信息没有以方便的形式保存。

(2) 检测专用的审计记录。使用的收集工具可以只记录入侵检测系统所需的审计记录。此方法的优点在于专用审计软件可适用于不同的系统。缺点是一台计算机要运行两个审计包管理软件,需要额外的开销。

一般来说,一条审计记录包含如下几个域。

- **主体**：行为的发起者。主体通常是终端用户，也可以是充当用户或用户组的进程。所有活动来自主体发出的命令。主体分为不同的访问类别，类别之间可以重叠。
- **动作**：主体对一个对象的操作或联合一个对象完成的操作，如登录、读、I/O 操作和执行。
- **客体**：行为的接受者，包括文件、程序、消息、记录、终端、打印机、用户或程序创建的结构。当一个客体是一个活动的接受者时，则主体也可看成客体，如电子邮件。客体可根据类型分类。客体的粒度可根据客体类型和环境发生变化。例如，数据库行为的审计可以数据库整体或记录为粒度进行。
- **异常条件**：若返回时有异常，则标识出该异常情况。
- **资源使用**：列出某些资源使用的数量（例如打印或显示的行数、读写记录的次数、处理器时钟、使用的 I/O 单元、会话占用的时间）。
- **时间戳**：用来唯一地标识动作发生的时间。

入侵检测系统（Intrusion Detection System，IDS）是完成入侵检测功能的软件和硬件的组合，是对敌对攻击在适当的时间内进行检测并作出响应的一种工具。它能在不影响网络性能的情况下对网络进行监测，从而提供对内部攻击、外部攻击和误操作的实时防范，在计算机网络和系统受到危害之前进行报警、拦截和响应。入侵检测系统是网络安全防护体系的重要组成部分，是一种主动的网络安全防护措施。IDS 从系统内部和各种网络资源中主动采集信息，从中分析可能的网络入侵或攻击。一般来说，IDS 还应对入侵行为作出紧急响应。

IETF 定义了一个 IDS 的通用模型，如图 9-1 所示。

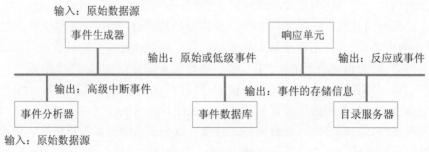

图 9-1　IDS 体系结构

IDS 包括下列几个实体。

- **事件生成器**：它是采集和过滤事件数据的程序或模块，负责收集原始数据。它对数据流、日志文件等进行追踪，然后将搜集到的原始数据转换成事件，并且向系统的其他部分提供此事件。
- **事件分析器**：用于分析事件数据和任何通用入侵检测框架（Common Intrusion Detection Framework，CIDF）组件传送给它的各种数据。例如，对输入的事件进行分析，检测是否有入侵的迹象。
- **事件数据库**：负责存放各种原始数据或已加工过的数据。它从事件产生器或事件分析器接收数据并进行保存。它可以是复杂的数据库,也可以是简单的文本。
- 响应单元：是针对分析组件所产生的分析结果,根据响应策略采取相应的行为,发出命令响应攻击。
- 目录服务器：用于各组件定位其他组件,以及控制其他组件传递的数据并认证其他组件的使用,以防止入侵检测系统本身受到攻击。目录服务器组件可以管理和发布密钥,提供组件信息和用户组件的功能接口。

在这一框架中,事件数据库是核心,体现了IDS的检测能力。

一般来说,入侵检测系统的主要功能如下。
- 监测并分析用户和系统的活动。
- 核查系统配置与漏洞。
- 识别已知的攻击行为并报警。
- 统计并分析异常行为。
- 对操作系统进行日志管理,并且识别违反安全策略的用户活动。

9.1.2　入侵检测系统分类

目前对入侵检测系统可以用多种方法进行分类。

1. 基于检测对象的分类

按照检测对象或数据来源的不同,可分为基于主机的入侵检测系统、基于网络的入侵检测系统和混合型入侵检测系统3类。

（1）基于主机的入侵检测系统。

基于主机的入侵检测系统（Host-based IDS,HIDS）开始并兴盛于20世纪80年代。其检测对象是主机系统和本地用户。检测原理是：在每一个需要保护的主机上运行一个代理程序,根据主机的审计数据和系统的日志发现可疑事件,检测系统可以运行在被检测的主机上,从而实现监控。

基于主机的入侵检测系统如图9-2所示。

基于主机的入侵检测系统具有以下优点。
- 能确定攻击是否成功。基于主机的IDS使用含有已发生事件的信息,根据该事件信息能准确判断攻击是否成功,因而基于主机的IDS误报率较小。
- 监控更为细致。基于主机的IDS监控目标明确,它可以很容易地监控一些在网络中无法发现的活动（如敏感文件、目录、程序或端口的存取）。例如,基于主机的IDS可以监测所有用户登录及退出系统的情况,以及各用户联网后的行为。
- 配置灵活。用户可根据自己的实际情况对主机进行个性化的配置。
- 适应于加密和交换的环境。由于基于主机的IDS安装在监控主机上,因而不会受加密和交换的影响。
- 对网络流量不敏感。基于主机的IDS不会因为网络流量的增加而放弃对网络的监控。

基于主机的入侵检测系统有以下缺点。
- 由于它通常作为用户进程运行,依赖操作系统底层的支持,与系统的体系结构有

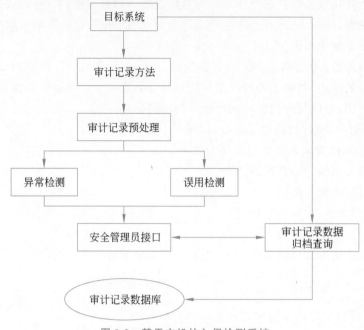

图 9-2　基于主机的入侵检测系统

关,因此它无法了解发生在下层协议的入侵活动。

- 由于 HIDS 要驻留在受控主机中,对整个网络的拓扑结构认识有限,因此它根本监测不到网络上的情况,只能为单机提供安全防护。
- 基于主机的入侵检测系统必须配置在每一台需要保护的主机上,占用一定的主机资源,使服务器产生额外的开销。
- 缺乏对平台的支持,可移植性差。

（2）基于网络的入侵检测系统。

基于网络的入侵检测系统（Network-based IDS,NIDS）通过监听网络中的分组数据包来获得攻击的数据源,分析可疑现象。它通常使用报文的模式匹配或模式匹配序列来定义规则,检测时将监听到的报文与规则进行比较,根据比较的结果来判断是否有非正常的网络行为。通常情况下是利用混杂模式的网卡来捕获网络数据包。

基于网络的入侵检测系统如图 9-3 所示。

基于网络的入侵检测系统的优点如下。

- 检测速度快。NIDS 能在微秒或秒级发现问题。
- 能够检测到 HIDS 无法检测的入侵。例如 NIDS 能够检查数据包的头部而发现非法的攻击;它能够检测那些来自网络的攻击,能够检测到非授权的非法访问。
- 入侵对象不容易销毁证据。被截取的数据不仅包括入侵的方法,还包括可以定位入侵对象的信息。
- 检测和响应的实时性强,一旦发现入侵行为就立即阻止攻击。
- 与操作系统无关性。由于基于网络的 IDS 配置在网络上对资源进行安全监控,因

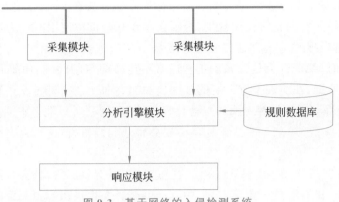

图 9-3　基于网络的入侵检测系统

此具有与操作系统无关的特性。

基于网络的入侵检测系统的缺点如下。

- NIDS 无法采集高速网络中的所有数据包。
- 缺乏终端系统对待定数据报的处理方法等信息,使得从原始的数据包中重构应用层信息很困难,因此 NIDS 难以检测发生在应用层的攻击。
- NIDS 对以加密传输方式进行的入侵无能为力。
- NIDS 只检查它直接连接网段的通信,并且精确度较差,在交换式网络环境下难以配置,防入侵欺骗的能力较差。

NIDS 和 HIDS 都有不足之处,单纯使用一类系统会造成主动防御体系的不完整。由于两者各有优点和缺陷,因此有些能力是不能互相替代的,而且两者的优缺点是互补的,如果将这两类系统结合起来部署在网络内,则会构成一套完整、立体的主动防御体系。综合了网络和主机两种结构特点的 IDS 既可以发现网络中的攻击信息,也可以从系统日志中发现异常状况,这就是混合式入侵检测系统。它既可以利用来自网络的数据,也可以利用来自计算机主机的数据信息。采用混合分布式入侵检测系统可以联合使用基于主机和基于网络这两种不同的检测方式,有很好的操作性,能够达到更好的检测效果。

2. 基于检测技术原理的分类

入侵检测根据检测技术原理可分为异常检测和误用检测两类。

（1）异常检测。

异常检测也称为基于行为的检测,它来源于这样的思想：任何一种入侵行为都能由于其偏离正常或所期望的系统和用户的活动规律而被检测出来。异常检测通常首先从用户的正常或合法活动收集一组数据,这一组数据集被视为"正常调用"。若用户偏离正常调用模式,则被视为入侵。这就是说,任何不符合以往活动规律的行为都将被视为入侵行为。

异常检测的优点如下。

- 正常使用行为是被准确定义的,检测的准确率高。
- 能够发现任何企图发掘、试探系统最新和未知漏洞的行为,同时在某种程度上它较少依赖特定的操作系统环境。

异常检测的缺点如下。

- 必须枚举所有的正常使用规则，否则会导致有些正常使用的行为被误认为入侵行为，即有误报产生。
- 在检测时，某个行为是否属于正常通常不能作简单的匹配，而要利用统计方法进行模糊匹配，在实现上有一定的难度。

异常检测的模型如图 9-4 所示。

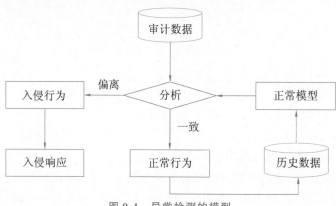

图 9-4   异常检测的模型

（2）误用检测。

误用检测又称为特征检测，建立在对过去各种已知网络入侵方法和系统缺陷知识的积累之上。入侵检测系统中存储着一系列已知的入侵行为描述，当某个系统的调用与一个已知的入侵行为相匹配时，则视为入侵行为。

误用检测直接对入侵行为进行特征化描述，其主要优点有：依据具体特征库进行判断，检测过程简单，检测效率高；针对已知入侵的检测精度高，可以依据检测到的不同攻击类型采取不同的措施。缺点有：对具体系统依赖性太强，可移植性较差，维护工作量大，同时无法检测到未知的攻击。

误用检测的模型如图 9-5 所示。

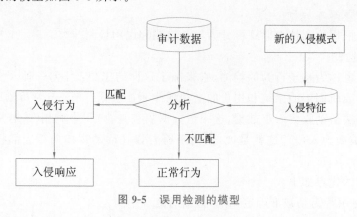

图 9-5   误用检测的模型

3. 基于工作方式的分类

入侵检测根据工作方式可分为离线检测和在线检测。

离线检测系统是非实时工作的系统,它在事后分析审计记录,从中检查入侵活动。事后入侵检测由网络管理人员进行,他们具有网络安全的专业知识,根据计算机系统对用户操作所做的历史审计记录判断是否存在入侵行为。如果有,就断开连接并记录入侵证据和进行数据恢复。事后入侵检测是管理员定期或不定期进行的,不具有实时性。

在线检测系统是实时联机的检测系统,它包含实时网络数据包分析和实时主机审计分析。实时入侵检测在网络连接过程中进行,系统根据用户的历史行为模型、存储在计算机中的专家知识以及神经网络模型等对用户当前的操作进行判断,一旦发现入侵迹象,立即断开入侵者与主机的连接,并且收集证据和实施数据恢复。这个检测过程是不断循环进行的。

9.1.3 入侵检测技术

1. 异常检测技术

异常检测建立正常行为的特征轮廓,然后将当前实际行为和这些特征轮廓相比较,并标识正常的偏离,从中发现入侵行为。异常检测依赖正常模型的建立,不同模型构成不同的检测方法。

异常检测技术主要包括以下几种。

(1) 统计学方法。

统计学方法是一种较成熟的入侵检测方法。基于统计的异常检测方法观察主体的活动,然后产生刻画这些活动的行为轮廓数据库。每个轮廓数据库保存记录主体的当前行为,并且定时地将当前的特征数据与轮廓数据库中的数据合并,通过比较当前的轮廓与已建立的轮廓数据来判断异常行为。

统计学方法以成熟的概率统计理论为基础,简单实用。但是统计学方法也存在明显不足:需要分析大量的审计数据,当入侵行为对审计记录的影响非常小时,即使该行为具有明显的特征,也不能被检测出来;检测的阈值难以确定,阈值过低则误报率就会提高,这样会影响系统的正常工作,阈值过高则漏报率就会升高,不能有效地检测到入侵行为。

(2) 特征选择法。

基于特征选择的异常检测方法是指从一组度量中选择能够检测出入侵的度量,构成子集,从而预测或分类入侵行为。

理想的入侵检测度量集必须能够动态地进行判断和决策。但是,选择合适的度量是困难的,因为选择度量子集依赖所检测的入侵类型,一个度量集不能适应所有入侵类型。预先确定特定的度量集可能会产生漏报现象。

假设与入侵潜在相关的度量有 n 个,则 n 个度量构成 2^n 个子集。因为搜索空间同度量数之间是指数关系,所以穷尽搜索所有度量子集,其开销是无法容忍的。因此,研究人员提出应用遗传算法等方法搜索整个度量子空间,以寻找正确的度量子集。

(3) 模式预测法。

基于模式预测的异常检测方法的前提条件是,事件序列不是随机发生的,而是服从某种可辨别的模式，其特点是考虑了事件序列之间的相互联系。根据观察到的用户行为，归纳、学习产生出一套规则集，构成用户的行为轮廓框架。而且，能够动态地修改这些规则，使之具有较高的预测性、准确性和可信度。如果观测到的事件序列匹配规则的左边，而后续的事件显著地背离根据规则预测到的事件，那么系统就可以检测出这种偏离，表明用户操作异常。

这种方法的主要优点有：①能较好地处理变化多样的用户行为，并且具有很强的时序模式；②能够集中考察少数几个相关的安全事件，而不是关注可疑的整个登录会话过程；③容易发现针对检测系统的攻击。

（4）神经网络法。

神经网络是发展比较成熟的理论，而且在很多领域都得到了广泛应用。神经网络具有自适应、自组织和自学习能力，可以处理一些环境信息十分复杂、背景知识不详的问题，允许样本有较大的缺陷和不足。因此，在采用统计方法无法实现高效准确的检测时，可通过神经网络构造智能化的入侵检测系统。这种方法对用户行为具有学习和自适应功能，能够根据实际检测到的信息有效地加以处理，并且作出入侵可能性的判断。

基于神经网络的入侵检测系统利用了神经网络的分类和识别功能。为识别可能的入侵，首先要获取研究主体（如主机、用户等的行为模式特征知识），利用神经网络的识别、分类和归纳能力，从中提取正常的用户或系统活动的特征模式，而不必对大量的数据进行存取，还可以实现入侵检测系统适应用户行为的动态变化特征。从模式识别的角度看，入侵检测系统可以使用神经网络来提取用户行为的模式特征，并且以此创建用户的行为特征轮廓。

把神经网络引入入侵检测系统能很好地解决用户行为的动态特征以及搜索数据的不完整性、不确定性所造成的难以精确检测的问题。神经网络适用于不精确模型，但其描述的精确度很重要，不然会引起大量的误报。神经网络的另一个缺点在于计算量较大，这将影响检测的实时性要求。

（5）数据挖掘方法。

网络主机会产生大量审计记录，而且这些审计记录大多数以文件形式存放。单纯依靠人工方法发现记录中的异常现象是困难的，难以发现审计记录之间的相互关系。Lee和Stolfo将数据挖掘技术引入入侵检测领域，从审计数据或数据流中提取感兴趣的知识。这些知识是隐含的、事先未知的潜在有用信息。提取的知识表示为概念、规则、规律、模式等形式，并且用这些知识检测异常入侵和已知的入侵。基于数据挖掘的异常检测方法目前已有 KDD 等算法可以应用。

数据挖掘的优点在于处理大量数据的能力和进行数据关联分析的能力，在入侵预警方面有优势。但是，对于实时入侵检测，这种方法还需要加以改进，需要开发出有效的数据挖掘算法和相应的体系。

2. 误用检测技术

误用入侵检测的前提是，入侵行为能按某种方式进行特征编码。入侵检测的过程主要是模式匹配的过程。入侵特征描述了安全事件或其他误用事件的特征、条件、排列和关系。

常用的误用检测方法包括以下几种。

（1）专家系统。

用专家系统对入侵进行检测针对的是有特征的入侵行为，是基于一套由专家经验事先定义规则的推理系统。所谓的规则即是知识，专家系统的建立依赖知识库的完备性，知识库的完备性又取决于审计记录的完备性与实时性。

由于专家系统的建立依赖知识库，建立一个完善的知识库是很困难的，这是专家系统当前所面临的一大不足。另外，由于各种操作系统的审计机制也存在差异，针对不同操作系统的入侵检测专家系统之间的移植性问题也十分明显。同时，系统的处理速度问题也使得基于专家系统的入侵检测只能作为一种研究原型，若要商业化则需要采用更有效的处理方法。

（2）模式匹配。

模式匹配检查对照一系列已有的攻击，比较用户活动，将收集到的信息与已知的网络入侵和系统特征库进行比较，从而发现违背安全策略的入侵行为。目前，模式匹配已成为入侵检测领域中使用最广泛的检测手段和机制之一，这种想法的先进之处在于定义已知的问题模式，然后观察能与模式匹配的事件数据。独立的模式可以由独立事件、事件序列、事件临界值或者允许与或操作的通用规则表达式组成。

（3）状态迁移分析。

状态迁移分析方法的前提是，所有入侵行为必须有这样的共性：第一，入侵行为要求攻击者拥有对目标系统的某些最低限度的必要访问权限；第二，所有的入侵行为将导致某些先前没有的功能的实现。总之要有实际的系统状态发生。

在状态迁移分析方法中，入侵被看作由一些初始行为向目标有害行为转换的行为序列，入侵者的行为可以用状态迁移图表示，不同状态刻画了系统某一时刻的特征。初始状态对应于入侵开始前的系统状态，危害状态对应于已成功入侵时刻的系统状态。初始状态与危害状态之间的迁移可能有一个或多个中间状态。攻击者执行一系列操作，使状态发生迁移，可能使系统从初始状态迁移到危害状态。因此，通过检查系统的状态就能够发现系统中的入侵行为。

9.1.4　分布式入侵检测

入侵检测根据体系结构的不同可分为集中式和分布式。本节重点介绍分布式入侵检测。

最初的 IDS 采用的是集中式的检测方法，由中央控制台集中处理采集到的数据信息，分析判断网络安全状况。基于主机的和基于网络的 IDS 都是集中式入侵检测系统。其弱点是检测中心被攻击会造成全局的破坏或瘫痪。为应对复杂多变的大型分布式网络，分布式入侵检测系统（Distributed IDS，DIDS）应运而生，它采用多个代理在网络各部分分别进行入侵检测，各检测单元协作完成检测任务，并且还能在更高层次上进行结构扩展，以适应网络规模的扩大。通过各个模块的共同合作，可获得更有效地防卫。

分布式入侵检测系统的各个模块分布在网络中不同的计算机和设备上。一般来说，分布性主要体现在数据收集模块上，如果网络环境比较复杂，数据量比较大，那么数据分析模块也会分布在网络的不同计算机设备上，通常是按照层次性的原则进行组织。分布式入侵检测系统根据各组件间的关系还可细分为层次式 DIDS 和协作式 DIDS。

在层次式 DIDS 中，定义了若干分等级的监测区域。每一个区域有一个专门负责分析数据的 IDS，每一级 IDS 只负责所监测区域的数据分析，然后将结果传送给上一级 IDS。层次式 DIDS 通过分层分析很好地解决了集中式 IDS 的不可扩展的问题，但同时也存在下列问题：当网络的拓扑结构改变时，区域分析结果的汇总机制也需要作相应的调整；一旦位于最高层的 IDS 受到攻击后，其他那些从网络多路发起的协同攻击就容易逃过检测，造成漏检。

协作式 DIDS 将中央检测服务器的任务分配给若干互相合作的基于主机的 IDS，这些 IDS 不分等级，各司其职，负责监控本地主机的某些活动，所有 IDS 并发执行并相互协作。协作式 IDS 的特点就在于它的各个结点都是平等的，一个局部 IDS 的失效不会导致整个系统的瘫痪，也不会导致协同攻击检测的失败。因而，系统的可扩展性、安全性都得到显著提高。但同时它的维护成本却很高，并且增加了所监控主机的工作负荷，如通信机制、审计开销、踪迹分析等。另外，主机之间的通信、审计以及审计数据分析机制的优劣直接影响了协作式入侵检测系统的效率。

典型的分布式入侵检测系统结构如图 9-6 所示。

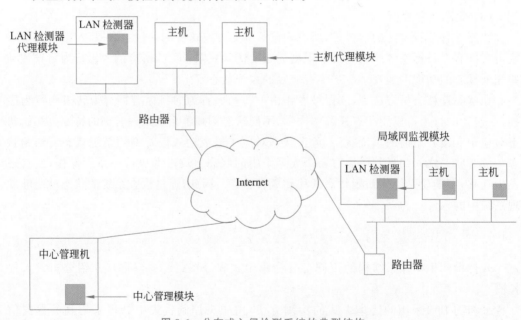

图 9-6 分布式入侵检测系统的典型结构

该分布式入侵检测系统主要有 3 部分。

- 主机代理模块。审计收集模块作为后台进程运行在监测系统上。它的作用是收集有关主机安全事件的数据并将这些数据传至中心管理员模块。
- 局域网监视模块。其运作方式与主机代理模块相同。但它还分析局域网的流量，将结果报告给中心管理员模块。

- 中心管理模块。接收局域网监视模块和主机代理模块送来的报告,分析报告,并且对其进行综合处理以判断是否存在入侵。

9.1.5　入侵检测技术发展趋势

入侵检测系统目前主要存在以下几个问题。

- 高速网络下的误报和漏报。基于网络的入侵检测系统通过截获网络上的数据包来进行分析和匹配,从而判断是否存在攻击行为。匹配过程需要占用大量时间和系统资源,如果检测速度落后于网络的传输速度,就会导致入侵检测系统漏掉其中部分数据包,从而导致漏报。
- 入侵检测产品和其他网络安全产品结合的问题。在大型网络中,入侵检测系统如何与其他网络安全产品之间交换信息并且共同协作来发现和阻止攻击关系到整个系统的安全问题。目前的入侵检测系统尚不具备这方面的能力。
- 入侵检测系统的功能相对单一。随着攻击手段的不断增加,入侵行为逐渐复杂化,而目前的大多数入侵检测系统只能对某一类型的攻击作出反应。例如,基于网络的入侵检测系统无法检测出本地的攻击,而基于主机的入侵检测系统同样无法检测出网络的攻击。
- 入侵检测系统本身存在的问题。基于网络的入侵检测系统对加密的数据流以及交换网络下的数据流不能进行检测。另外,入侵检测系统缺少自我保护机制,本身的组件容易受到攻击。

今后,入侵检测将主要向分布式、智能化、高检测速度、高准确度、高安全性的方向发展,研究重点包括以下几个。

- 分布式入侵检测。主要面向大型网络和异构系统,它采用分布式结构,可以对多种信息进行协同处理和分析,与单一架构的入侵检测系统相比具有更强的检测能力。
- 智能入侵检测。在现阶段主要包括机器学习、神经网络、数据挖掘等方法。国内外已经开展了各种智能技术(方法)在入侵检测中的应用研究,研究的主要目的是降低检测系统的误报和漏报概率,提高系统的自学习能力和实时性。从目前的一些研究成果看,基于智能技术的入侵检测方法具有许多传统检测方法所没有的优点,有良好的发展潜力。
- 高效的模式匹配算法。对于目前广泛应用的基于误用检测方法的入侵检测系统,模式匹配算法在很大程度上影响着系统的检测速度。随着入侵方式的多样化和复杂化,检测系统存储的入侵模式越来越多,对入侵模式定义的复杂程度也越来越高,因而迫切需要研究和应用高效的模式匹配算法。
- 基于协议分析的入侵检测。对网络型入侵检测系统而言,如果其检测速度跟不上网络数据的传输速度,就会漏掉其中的部分数据包,从而导致漏报而影响系统的准确性和有效性。大部分现有的网络型入侵检测系统只有几十兆位每秒的检测速度,而百兆甚至千兆网络的大量应用对系统的检测速度提出了更高的要求。基于协议分析的入侵检测所需的计算量相对较少,可以利用网络协议的高度规则性快速探测攻击的存在，即使在高负载的网络上也不容易产生丢包现象。

- 与操作系统的结合。目前，入侵检测系统的普遍缺陷是与操作系统结合不紧密，这会导致很多不便。例如，很难确定黑客攻击系统到了什么程度、黑客拥有了系统哪个级别的权限、黑客是否控制了一个系统等。与操作系统的紧密结合可以提升入侵检测系统对攻击（特别是比较隐蔽的、新出现的攻击）的检测能力。

- 入侵检测系统之间以及入侵检测系统和其他安全组件之间的互动性研究。在大型网络中，网络的不同部分可能使用了多种入侵检测系统，甚至还有防火墙、漏洞扫描等其他类别的安全设备。这些入侵检测系统之间以及 IDS 和其他安全组件之间的互动有利于共同协作，减少误报，并且更有效地发现攻击、作出响应和阻止攻击。

- 入侵检测系统自身安全性的研究。入侵检测系统是一种安全产品，自身的安全极为重要。因此，越来越多的入侵检测产品采用强身份认证、黑洞式接入、限制用户权限等方法，免除自身安全问题。

- 入侵检测系统的标准化。到目前为止，尚没有一个关于入侵检测系统的正式国际标准出现，这种情况不利于入侵检测系统的应用与发展。国际上有一些组织正在做这方面的研究工作。入侵检测系统的标准化工作应该主要包括大型分布式入侵检测系统的体系结构、入侵特征的描述（数据格式）、入侵检测系统内部的通信协议和数据交换协议、各个组件间的互动协议和接口标准等。

9.2　计算机紧急响应

9.2.1　紧急响应

1. 紧急响应的概念

互联网是一个高速发展、自成一体且结构复杂的组织，很难进行统一管理，因此网络安全工作的管理也很困难。随着网络用户的不断增多、安全缺陷的不断发现和广大用户对网络的日益依赖，只从"防护"方面考虑网络安全问题已无法满足要求。这就需要一种服务，能够在安全事件发生时进行紧急援助，避免造成更大的损失。这种服务就是紧急响应。

在现实网络应用中，紧急响应环节往往没有得到真正的重视。用户总是觉得已经投入很多资金购置了全套的网络设置，不能理解为什么还要不断地支出一笔似乎看不到回报的费用。可是现实越来越证明，缺少了高质量的紧急响应，攻击者总是可以想办法进入系统，网络就存在安全风险。

1989 年，在美国国防部的资助下，卡内基-梅隆大学软件工程研究中心成立了世界上第一个计算机紧急响应小组协调中心（Computer Emergency Response Team/Coordination Center，CERT/CC）。十余年来，CERT 在反击大规模的网络入侵方面起到了重要作用。CERT 的成功经验为许多国家所借鉴。许多国家和一些网络运营商以及一些大企事业单位都相继成立了相应的计算机紧急响应小组。我国的计算机紧急响应小组简称 CNCERT,不同机构也有相应的计算机紧急响应小组,如上海交通大学的计算机紧急响应小组叫 SJTUCERT。国际上众多的计算机紧急响应小组(CERT)成立了一个紧密合作的国际性组织——事件响应与安全组织论坛(FIRST)。各小组通过 FIRST 论坛共享信息,互通有无,成为打击计算机网络犯罪的一个联盟。

2. 紧急事件处理流程

紧急响应可分为以下几个阶段的工作。

(1) 准备阶段。在事件真正发生之前应该为事件响应做好准备,这一阶段十分重要。准备阶段的主要工作包括建立合理的防御和控制措施,建立适当的策略和程序,获得必要的资源和组建响应队伍。

(2) 检测阶段。在此阶段要作出初步的动作和响应。根据获得的初步材料和分析结果,估计事件的范围,制定进一步的响应战略,并且保留可能用于司法程序的证据。

(3) 抑制阶段。抑制的目的是限制攻击的范围。抑制措施十分重要,因为太多的安全事件可能迅速失控,典型的例子就是具有蠕虫特性的恶意代码的传播。可能的抑制策略一般包括关闭所有的系统、从网络上断开相关系统、修改防火墙和路由器的过滤规则、封锁或删除被攻破的登录账号、提高系统或网络行为的监控级别、设置陷阱、关闭服务、反击攻击者的系统等。

(4) 根除阶段。在事件被抑制之后,通过对有关恶意代码或行为的分析结果,找出事件根源并彻底清除。对于单机上的事件,主要可以根据各种操作系统平台的具体检查和根除程序进行操作;但是大规模爆发的恶意程序几乎都带有蠕虫性质,要根除各个主机上的这些恶意代码是一个十分艰巨的任务。很多案例的数据表明,众多的用户并没有真正关注他们的主机是否已经遭受入侵,有的甚至持续一年多,任由感染蠕虫的主机在网络中不断地搜索和攻击别的目标。造成这种现象的重要原因是各个网络之间缺乏有效的协调,或者是在一些商业网络中,网络管理员对接入网络中的子网和用户没有足够的管理权限。

(5) 恢复阶段。该阶段的目标是把所有被攻击的系统和网络设备彻底恢复到正常的任务状态。恢复工作应该十分小心,避免出现误操作而导致数据的丢失。另外,恢复工作中如果涉及机密数据,需要遵照机密系统的特殊恢复要求进行。对不同任务恢复工作的承担单位要有不同的担保。如果攻击者获得了超级用户的访问权,一次完整的恢复后应该强制性地修改所有口令。

(6) 报告和总结阶段。这是最后一个阶段,却是绝对不能忽略的重要阶段。这个阶段的目标是回顾并整理发生事件的各种相关信息,尽可能地把所有情况记录到文档中。这些记录的内容不仅对有关部门的其他处理工作具有重要意义,而且对将来应急工作的开展也是非常重要的积累。

9.2.2 蜜罐技术

1. 蜜罐概念

蜜罐是防御方为改变网络攻防博弈不对称局面而引入的一种主动防御技术,本质上是一种没有任何产品价值的安全资源,其价值体现在被探测、攻击或攻陷时。

简单地说,蜜罐技术是一种对攻击方进行欺骗的技术,通过布置一些作为诱饵的主机、网络服务或信息,诱使攻击方对它们实施攻击,从而可以对攻击行为进行捕获和分析,了解攻击方所使用的工具与方法,推测攻击意图和动机,能够让防御方清晰地了解他们所面对的安全威胁,并且通过技术和管理手段来增强实际系统的安全防护能力。

蜜罐的功能如下。

- 使攻击重要系统的攻击者转移方向。
- 收集攻击者活动的信息。
- 希望攻击者在系统中逗留足够的时间,使管理员能对此攻击作出响应。

当入侵者进入一个蜜罐系统时,目的无非是获得系统信息或利用系统资源入侵别的系统。这时一方面可通过模仿网络流量(如采用实时方式或重现方式复制真正的网络流量并限制外发的数据包)来限制入侵者利用系统资源入侵别的系统;另一方面,可通过网络动态配置(如模仿实际网络工作时间、人员的登录状况等)、多重地址转换(如动态设定IP地址或将欺骗服务绑定在与提供真实服务主机相同类型和配置的主机上)和组织信息欺骗(如构建 DNS 的虚拟管理系统、NFS 的虚拟服务系统)等,使入侵者获得的系统信息是设计者提供的欺骗信息。

从 20 世纪 80 年代末在网络安全管理实践活动中诞生以来,蜜罐技术得到了长足发展与广泛应用:针对不同类型的网络安全威胁形态,出现了丰富多样的蜜罐软件工具;为适应更大范围的安全威胁监测的需求,逐步从中发展出蜜网、分布式蜜罐、分布式蜜网和蜜场等技术概念;在安全威胁监测研究与实际网络安全管理实践中,大量应用于网络入侵与恶意代码检测、恶意代码样本捕获、攻击特征提取、取证分析和僵尸网络追踪等多种用途。

2. 蜜罐技术关键机制

蜜罐技术关键机制分为核心机制与辅助机制两类。核心机制是蜜罐技术达成对攻击方进行诱骗与监测的必需组件。

- 欺骗环境构建机制:构造出对攻击方具有诱骗性的安全资源,吸引攻击方对其进行探测、攻击与利用。
- 威胁数据捕获机制:对诱捕到的安全威胁进行日志记录,尽可能全面地获取各种类型的安全威胁原始数据,如网络连接记录、原始数据包、系统行为数据、恶意代码样本等。
- 威胁数据分析机制:在捕获的安全威胁原始数据的基础上,分析追溯安全威胁的类型与根源,并且对安全威胁态势进行感知。

辅助机制则是对蜜罐技术其他扩展需求的归纳,主要包括如下。

- 安全风险控制机制:确保部署蜜罐系统不被攻击方恶意利用去攻击互联网和业务网络,让部署方规避道德甚至法律风险。
- 配置与管理机制:使得部署方可以便捷地对蜜罐系统进行定制与维护。
- 反蜜罐技术对抗机制:目标是提升蜜罐系统的诱骗效果,避免被具有较高技术水平的攻击方利用反蜜罐技术而识别。

3. 蜜罐部署

在蜜罐工具软件与关键机制随着安全威胁变化而不断得到发展的同时,如何有效地结合应用不同类型蜜罐技术在公共互联网或大规模业务网络中进行部署(以扩大安全威胁的监测范围并提升监测能力)成为蜜罐技术研究与工程实践中的一个重要关注点。常见的部署技术包括蜜网、分布式蜜罐与分布式蜜网、蜜场等部署结构框架。本章只简要介绍蜜网。

图 9-7 显示了蜜网的基本结构。多台各种类型的蜜罐系统构成蜜网网络,并且通过一个以桥接模式部署的蜜网网关与外部网络连接。蜜网网关构成了蜜网与外部网络的唯一连接点,外部网络所有与蜜罐系统的网络交互流量都将通过蜜网网关。因此,在蜜网网关上可以实现对安全威胁的网络数据捕获,以及对攻击进行有效控制。此外,蜜网网关的桥接方式不对外提供 IP 地址,同时也不对通过的网络流量进行 TTL 递减与路由,以确保蜜网网关极难被攻击方发现。安全人员通过蜜网网关的管理接口对蜜网网关进行管理控制,并且对蜜网网关上捕获和汇集的安全威胁数据进行分析。

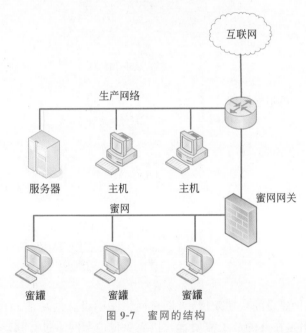

图 9-7　蜜网的结构

蜜网技术的提出为系统可控地部署多种类型蜜罐提供了基础体系结构支持。

思　考　题

1. 什么是入侵检测？入侵检测的典型过程是什么？
2. 入侵检测和防火墙的主要区别是什么？二者是什么关系？
3. IDS 的基本功能有哪些？典型的 IDS 包括哪些实体？
4. 简述异常检测和误用检测的基本原理。
5. 什么是蜜罐？蜜罐的主要功能是什么？

第 10 章

虚拟专用网

课程思政

教学课件

教学视频

导　　读

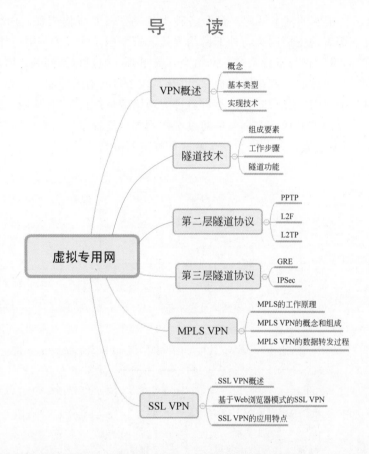

随着全球信息化建设的快速发展,人们对网络基础设施的功能和可延伸性提出了新要求。例如,一些出差在外的员工需要远程接入单位内部网络进行移动办公;某些组织处于不同城市的各分支机构之间需要进行远距离的互联;企业与商业伙伴的网络之间需要建立安全的连接等。对于移动办公用户来说,早期一般采用拨号方式接入内部网络,通信费用相对较高,而且通信的安全得不到保证;对于分支机构互联以及和商业伙伴的安全连接,早期只能直接敷设网络线路或租用运营商的专线,不但成本高,而且实现困难。

虚拟专用网(Virtual Private Network,VPN)技术可以在公共网络(最典型的如Internet)中为用户建立专用的通道,帮助远程用户、公司分支机构、商业伙伴同公司的内部网建立可信的安全连接,并且保证数据的安全传输。通过将数据流转移到低成本的公众网络上,一个企业的虚拟专用网解决方案将大幅度地减少在网络基础设施上的投入。另外,虚拟专用网解决方案可以使企业将精力集中到自己的业务而不是网络上。

本章将介绍 VPN 的原理和技术。

10.1　VPN 概述

10.1.1　VPN 的概念

VPN 不是一种独立的组网技术,而是一组通信协议,目的是利用 Internet 或其他公共互联网络的物理资源为用户创建逻辑上的虚拟子网,以提供与专用网络相当的安全信息传输。

从定义看,VPN 具有以下特点。

- 虚拟。用户不需要建立专用的物理线路,而是利用 Internet 等公共网络的基础设施建立一个临时或长期的、安全的连接,本质上是一条穿过公用网络的安全、稳定的隧道,并且实现与专用数据通道相同的通信功能。
- 专用。VPN 并不是任何连接在公共网络上的用户都能够使用的,而是只有经过授权的用户才可以使用。同时,该通道内传输的数据一般会进行加密、鉴别等处理,从而保证了传输内容的完整性和机密性,确保 VPN 内部信息不受外部侵扰。
- 网络。VPN 是通过隧道技术仿真出来的一个私有广域网络。对 VPN 的用户而言,使用 VPN 与使用传统的专用网络没有区别。

为确保传输数据的安全,VPN 在实现中提供了以下几个功能。

(1) 隧道机制。可以利用协议的封装,配合其他特性的使用,加大对数据保护的强度,同时还可以屏蔽公用网络的一些影响。例如,IPSec 和 NAT 配合使用,在隧道两端的用户看来,可以完全忽视公用网络的存在,做到真正的"无缝连接",可以大幅度地提高组网的灵活性。

(2) 加密保护。通过对数据的加密,可以避免 VPN 数据传输过程中被第三方偷窥,而且可以根据数据的重要性选择不同强度的加密算法,这样可更有效地提高网络资源的利用率。

(3) 完整性保护。通过使用完整性保护算法,可避免数据传输过程中被第三方截获并非法篡改。与加密一样,可以根据数据的重要性选择不同的完整性保护算法。

(4) 用户身份认证。在允许合法用户访问所需数据的同时,还必须禁止非法用户(即未授权用户)的访问。通过用户身份认证和 VPN 协议自身的认证方法,可以有效地实现这一目的。

(5) 防止恶意攻击。VPN 在路由器的实现中可以利用不同的功能防止一定的恶意攻击,如可以用访问列表来过滤报文、IPSec 可以用来抵御重放攻击等。

与传统的数据专网相比,VPN 具有如下优势。

- 在远端用户或驻外机构与公司总部之间、不同分支机构之间、合作伙伴与公司网络之间建立可靠、安全的连接,保证数据传输的安全性。这对于实现电子商务或金融网络与通信网络的融合特别重要。
- 利用公共网络进行信息通信,一方面使企业以更低的成本连接远地办事机构、出差人员和业务伙伴,另一方面可以提高网络资源利用率,有助于增加 ISP 的收益。

- 通过软件配置就可以增加或删除 VPN 用户,无须改动硬件设施。在应用上具有很大的灵活性。
- 支持驻外 VPN 用户在任何时间、任何地点的移动接入,能够满足不断增长的移动业务需求。
- 构建具有服务质量保证的 VPN(如 MPLS VPN),可为 VPN 用户提供不同等级的服务质量保证。

从实现方法看,VPN 是指依靠 ISP(Internet Service Provider,Internet 服务提供商)和 NSP(Network Service Provider,网络服务提供商)的网络基础设施,在公共网络中建立专用的数据通信通道。在 VPN 中,任意两个结点之间的连接并没有传统的专用网络所需的端到端的物理链路;只是在两个专用网络之间或移动用户与专用网络之间,利用 ISP 和 NSP 提供的网络服务,通过专用 VPN 设备和软件,根据需要构建永久的或临时的专用通道。

VPN 技术的发展大体上经历了 4 代。

- 第一代是传统的 VPN,以 FR/ATM 技术为主,实现对物理链路的复用,以虚电路方式建立虚拟连接通道,安全性基于链路的虚拟隔离,因 IP 网络的迅速发展逐渐失去优势。
- 第二代是早期的 VPN,基于 PPTP/L2TP 隧道协议,适合拨号方式的远程访问,加密及认证方式较弱,虚连接及数据安全性均不高,无法适应大规模 IP 网络发展的应用需求,已逐渐淡出市场。
- 第三代是主流的 VPN,以 IPSec/MPLS 技术为主,兼顾 IP 网络安全与分组交换性能,基本能满足当前各种应用需求。
- 第四代是迅速发展的 VPN,以 SSL/TLS 技术为主,通过应用层加密与认证实现高效、简单、灵活的 VPN 的安全传输功能,但安全性未能证明强于 IPSec VPN,且支持的应用不如 IPSec VPN 全面。

10.1.2　VPN 的基本类型

根据业务用途的不同,VPN 主要分为 3 种类型：内联网 VPN、外联网 VPN 和远程接入 VPN。

1. 内联网 VPN

越来越多的企业需要在全国乃至世界范围内建立办事机构、分公司、研究所等各种分支机构,连接各分支机构的方式一般是租用专线。显然,此方案的网络结构比较复杂,并且费用昂贵。

内联网 VPN 通过一个公共的网络基础设施连接企业总部、远程办事处和分公司等分支机构,企业拥有与专用网络相同的政策,包括安全服务质量(QoS)、可管理性和可靠性等。内联网 VPN 利用 Internet 的线路保证网络的互联性,而利用隧道、加密等技术保证信息在整个内联网 VPN 上的安全传输。

内联网 VPN 是一种最常使用的 VPN 连接方式,它将位于不同地理位置的两个或多个内部网络通过公共网络（主要为 Internet）连接起来，形成一个逻辑上的局域网。位于不同物理网络中的用户在通信时就像在同一个局域网中一样，如图 10-1 所示。

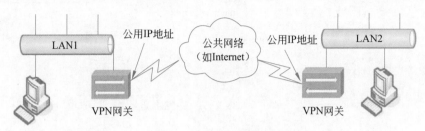

图 10-1 内联网 VPN 的结构

在使用了内联网 VPN 后，可以很方便地实现两个局域网之间的互联，其条件是分别在每个局域网中设置一台 VPN 网关，同时每个 VPN 网关都需要分配一个公用 IP 地址，以实现 VPN 网关的远程连接。局域网中的所有主机都可以使用私有 IP 地址进行通信。

目前，许多具有多个分支机构的组织在进行局域网之间的互联时采用内联网 VPN 这种方式。

2. 外联网 VPN

随着信息技术的发展，企业越来越重视各种信息的处理。同时，不同企业之间的合作关系也越来越多，信息交换日益频繁。Internet 为这样的一种发展趋势提供了良好的基础，而如何利用 Internet 进行有效的信息交换与管理是企业发展中不可避免的一个关键问题。在与合作伙伴的这种联系过程中，企业需要根据不同的用户身份（如供应商、销售商等）进行授权访问，建立相应的身份认证机制和访问控制机制。

利用 VPN 技术可以组建安全的外联网 VPN，既可以向合作伙伴提供有效的信息服务，又可以保证自身的内部网络的安全。外联网 VPN 利用 VPN 将企业网延伸至供应商、合作伙伴与客户处，在不同企业间通过公共网络基础设施构筑 VPN，使部分资源能够在不同 VPN 用户间共享。

外联网 VPN 的典型结构如图 10-2 所示。与内联网 VPN 相似，外联网 VPN 也是一种网关对网关的结构。在内联网 VPN 中，位于 LAN1 和 LAN2 中的主机是平等的，可以实现彼此之间的通信；但在外联网 VPN 中，位于不同内部网络（LAN1、LAN2 和 LAN3）的主机在功能上是不平等的。

外联网 VPN 其实是对内联网 VPN 在应用功能上的延伸，在内联网 VPN 的基础上增加了身份认证、访问控制等安全机制。

3. 远程接入 VPN

远程接入 VPN 也称为移动 VPN，为移动到外部网络的用户提供一种安全访问单位内部网络的方法，使用户随时随地以其所需的方式访问单位内部网络资源。远程接入 VPN 的主要应用场景是单位内部人员在外部网络访问单位内部网络资源，或者家庭办公的用户远程接入单位内部网络。

远程接入 VPN 的结构如图 10-3 所示。

在远程接入 VPN 技术出现之前，如果用户要通过 Internet 连接到单位内部网络，需

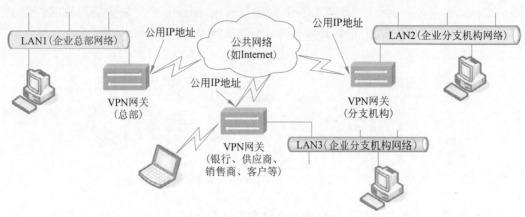

图 10-2　外联网 VPN 的结构

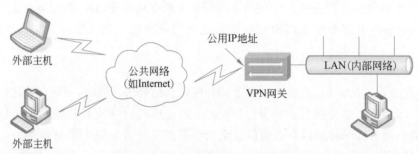

图 10-3　远程接入 VPN 的结构

要在单位内部网络中部署一台远程访问服务器(Remote Access Server,RAS)。用户通过拨号方式连接到该 RAS,再根据相应权限来访问内部网络中的相应资源。远程拨号方式需要 RAS 的支持,而且用户与 RAS 之间的通信是以明文方式进行的,缺乏安全性。另外,远程的拨号用户可能需要支付不菲的长途电话通信费。

远程接入 VPN 技术出现以后,要访问单位内部网络的远程用户只需要通过当地的 ISP 接入 Internet 就可以和公司的 VPN 网关建立私有的隧道连接,并且访问单位内部的资源。可以对远程用户进行验证和授权,并且对传输的信息加密来保证连接的安全。与传统的远程拨号方式相比,远程接入 VPN 方式容易实现,使用费用较低,而安全性更高。远程接入 VPN 最适用于公司内部经常有流动人员远程办公的情况。

目前,远程接入 VPN 方式的使用非常广泛。例如,现在许多高校都建立了内部的数字资源数据库,如中国期刊全文数据库、电子图书馆和学位论文数据库等。考虑安全和版权等问题,对这些数据库的访问一般都会进行限制,只允许用户在校园网中访问这些数字资源。为方便本单位用户在外部网络中能够访问单位内部的网络资源,许多高校都部署了远程接入 VPN 系统。

10.1.3　VPN 的实现技术

为了在 Internet 等公共网络基础设施上高效、安全地实现数据传输,VPN 综合利用了隧道技术、加密技术、密钥管理技术和身份认证技术。

1. 隧道技术

隧道技术是 VPN 的核心技术,VPN 所有现有的实现都依赖隧道。隧道主要利用协议的封装来实现,即用一种网络协议封装另一种网络协议的报文。简单地说,在隧道的一端把第二种协议报文封装在第一种协议报文中,然后按照第一种协议,通过已建立的虚拟通道(隧道)进行传输。报文到达隧道另一端时,再进行解封装的操作,从第一种协议报文中解析出第二种协议报文,将得到的原始数据交给对端设备。这就是一个基本的隧道技术的实现过程。

在进行数据封装时,根据封装协议(隧道协议)在 OSI/RM 中位置的不同,可分为第二层隧道技术和第三层隧道技术两种类型。其中,第二层隧道技术是在数据链路层使用隧道协议对数据进行封装,再把封装后的数据通过数据链路层的协议进行传输。第三层隧道技术是在网络层进行数据封装,即利用网络层的隧道协议对数据进行封装,封装后的数据再通过网络层协议(如 IP)进行传输。

第二层隧道协议主要有以下几种。

* L2F(Layer 2 Forwarding)协议,主要在 RFC 2341 文档中进行定义。
* PPTP(Point-to-Point Tunneling Protocol),主要在 RFC 2637 文档中进行定义。
* L2TP(Layer 2 Tunneling Protocol),主要在 RFC 2661 文档中进行定义。

在数据链路层上实现 VPN 有一定的优点。假定两个主机或路由器之间存在一条专用通信链路,而且为避免有人"窥视",所有通信都需要加密,这时可用硬件设备来进行数据加密。这样做最大的好处在于速度快。

然而,在数据链路层上实现 VPN 也有一定的缺点。该方案不易扩展,而且仅在专用链路上才能很好地工作。另外,进行通信的两个实体必须在物理上连接到一起。这也给在链路层上实现 VPN 带来一定的难度。

PPTP、L2F 和 L2TP 这 3 种协议都是运行在链路层中的,通常是基于 PPP(Point to Point Protocol,点对点协议)的,并且主要面向拨号用户,由此导致了应用的局限性。

第三层隧道协议主要有以下几种。

* IPSec(IP Security),主要在 RFC 2401 文档中进行定义。
* GRE(Generic Routing Encapsulation),主要在 RFC 2784 文档中进行定义。

当前在 Internet 及其他网络中,绝大部分数据是通过 IP 协议来传输的,逐渐形成了一种 Everything on IP 观点,使基于 IPSec 的 VPN 技术近年来在网络安全领域迅速发展并得到了广泛的应用。

2. 加密技术

加密对 VPN 来说是非常重要的技术。通过建立在公用网络基础设施上的 VPN 传输电子商务等应用的重要数据时,应当利用加密技术对数据进行保护,以确保网络上其他非授权的实体无法读取该信息。这样,即使攻击者从网上窃取了数据,也不能破译其内容。因此,VPN 的用户可以放心地利用 VPN 进行信息的传递。

目前,在网络通信领域中常用的信息加密体制主要包括对称加密体制和非对称加密体制两类。实际应用中通常是融合二者的混合加密技术,非对称(公开密钥)加密技术多用于认证、数字签名以及安全传输会话密钥等场合，对称加密技术则用于大量传输数据的加密和完整性保护。

在 VPN 解决方案中最普遍使用的对称加密算法主要有 DES、3DES、AES、RC4、RC5 和 IDEA 等，普遍使用的非对称加密算法主要有 RSA、Diffie-Hellman 和椭圆曲线加密等。

需要指出的是，在 VPN 中加密并非必要的技术。实际上，也可提供非加密型的 VPN。当 VPN 封闭在特定的 ISP 内并且该 ISP 能够保证 VPN 路由及安全性时，攻击者不大可能窃取数据，因此可以不采用加密技术。

3. 密钥管理技术

因为 VPN 要应用加密和解密技术，所以密钥管理也就成为必要，它的主要任务是如何在开放网络环境中安全地传递密钥而不被窃取。现行密钥管理技术分为 SKIP 和 ISAKMP/Oakley 两种。SKIP 主要利用 Diffie-Hellman 算法在开放网络上安全传输密钥；而 ISAKMP 则采用公开密钥机制，通信实体双方均拥有两把密钥，分别为公钥、私钥。不同的 VPN 实现技术选用其一或者兼而有之。

4. 身份认证技术

VPN 采用身份认证技术鉴别用户身份的真伪。由于认证协议一般都要采用基于散列函数的消息摘要技术，因而还可以提供消息完整性验证。从实现技术看，目前 VPN 采用的身份认证技术主要分为非 PKI 体系和 PKI 体系两类。

非 PKI 体系一般采用"用户 ID＋密码"的模式，主要包括如下几种。

（1）PAP(Password Authentication Protocol，密码认证协议)。这是最简单的一种身份验证协议。当使用 PAP 时，用户账号名称和对应的密码都以明文形式进行传输。在线路上窃听或在提供 VPN 连接的 IP 网络上窃听时，可以获取访问信息。因此，PAP 是一种不安全的协议。

（2）SPAP(Shiva Password Authentication Protocol，Shiva 密码认证协议)。这是针对 PAP 的不足而设计的。采用 SPAP 进行身份认证时，它会加密从客户端发送给服务器的密码，因此 SPAP 比 PAP 安全。但是，SPAP 始终以同一种加密形式发送同一个用户密码，这使得 SPAP 身份验证很容易受到重放攻击的影响。

（3）CHAP(Challenge-Handshake Authentication Protocol，挑战握手认证协议)。采用挑战-响应的方式进行身份认证。认证端发送一个随机数给被认证者，被认证者发送给认证端的不是明文口令，而是将口令和随机数连接后经 MD5 算法处理而得到的散列值。而且，一旦 CHAP 输入一次口令失败，就中断连接，不能再次输入。因此，CHAP 要比 PAP 和 SPAP 安全。

（4）MS-CHAP(Microsoft Challenge Handshake Authentication Protocol，微软挑战握手认证协议)。这是经过微软公司扩展的 CHAP 协议，得到 Windows 相关系统的支持。它采用 MPPE(Microsoft Point-to-Point Encryption)加密方法将用户的密码和数据同时进行加密后再发送，应答分组的格式和 Windows 网络的应答格式具有兼容性，散列算法采用 MD4。此外，它还具有口令变换功能、认证失败时重输入等扩展功能。

（5）EAP(Extensible Authentication Protocol，扩展身份认证协议)。这是一个提供

多个认证方法的协议框架,允许用户根据自己的需要来自行定义认证方式。EAP 的使用非常广泛,它不仅用于系统之间的身份认证,而且还用于有线和无线网络的验证。除此之外,相关厂商可以自行开发所需要的 EAP 认证方式,例如视网膜认证、指纹认证等都可以使用 EAP。

(6) RADIUS(Remote Authentication Dial in User Service)。由朗讯公司开发,1997 年 1 月以 RFC 2058 公布了第一版规范。RADIUS 是为接入服务器开发的认证系统,具有集中管理远程拨号用户的数据库功能。换句话说,RADIUS 是存放使用者的用户名及口令的数据库。接收远程用户访问请求的接入服务器可向 RADIUS 服务器查询该用户是否为合法用户。RADIUS 服务器检索用户数据库,如果该用户是合法用户,就发送“访问准许”信号;如果是数据库中未登录的用户或口令有错的用户,就发送“访问拒绝”信号。RADIUS 不仅能够对用户进行认证,它还具有连接信息的控制功能和计费功能。

PKI 体系主要通过 CA,采用数字签名和散列函数保证信息的可靠性和完整性。例如,目前用户普遍关注的 SSL VPN 就是利用 PKI 支持的 SSL 协议实现应用层的 VPN 安全通信。有关 PKI 的内容已在第 4 章进行了详细介绍,这里不再赘述。

10.2　隧道技术

隧道技术是 VPN 的核心技术,VPN 的加密和身份认证等安全技术都需要与隧道技术相结合来实现。

10.2.1　隧道的概念

现实世界中的隧道是指为修建公路或铁路,挖通山麓而形成的路段。计算机网络中的隧道则是逻辑上的概念,是在公共网络中建立的一个逻辑的点对点连接。网络隧道技术的核心内容是“封装”,它利用一种网络协议(该协议称为隧道协议)将其他网络协议产生的数据报文封装在自己的报文中,并且在网络中传输。在隧道的另外一端,通常是在目的局域网和公网的接口处,将数据解封装,取出负载。隧道技术包括数据封装、传输和解封装在内的全过程。

1. 隧道的组成

要形成隧道,需要有以下几项基本要素。

(1) 隧道开通器。隧道是基于网络协议在两点或两端建立的通信,由隧道开通器和隧道终端器建立。隧道开通器的功能是在公共网络中创建一条隧道。多种网络设备和软件可以充当隧道开通器,例如 PC 上的 Modem 卡、有 VPN 拨号功能的软件、企业网络中有 VPN 功能的路由器、ISP 有 VPN 功能的路由器。

(2) 有路由能力的公用网络。由于隧道是建立在公共网络中的,因此要实现 VPN 网关之间或 VPN 客户端与 VPN 网关之间的连接,这一公共网络必须具有路由功能。

(3) 隧道终端器。其功能是使隧道到此终止。充当隧道终端器的网络设备和软件包括专用的隧道终端器、网络中的防火墙、ISP 路由器上的 VPN 网关等。

2. 隧道的形成过程

以内联网 VPN 为例，假设隧道协议是 IP 协议，如图 10-4 所示。总部的 LAN 和分公司的 LAN 上分别连有内部 IP 地址为 A 和 B 的计算机。总部和分公司到 ISP 的接入点上配置了 VPN 设备，它们的全局 IP 地址是 C 和 D。从计算机 B 向计算机 A 发送数据，连接分公司的 VPN 网关为隧道开通器，连接总部的 VPN 网关为隧道终端器。

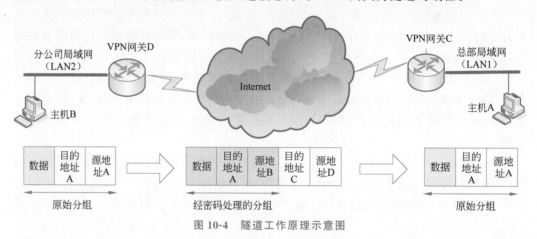

图 10-4　隧道工作原理示意图

具体步骤如下。

（1）封装。封装操作发生在隧道开通器上。B 发送的原始 IP 分组，其 IP 地址是以内部 IP 地址表示的"目的地址 A"和"源地址 B"。此分组到达隧道开通器 D 后，隧道开通器对此 IP 分组进行加密和认证处理，产生的附加数据（如消息摘要）将附在加密后的原始 IP 包前。然后，隧道开通器添加一个新 IP 头部形成一个新 IP 分组，新 IP 头中的地址信息是全局 IP 地址：目的地址 C 和源地址 D。全局 IP 地址 C、D 是数据在 Internet 传输时路由选择的依据，使得新 IP 分组能够通过 Internet 中的若干路由器从隧道开通器 D 发往隧道终端器 C。

（2）解封装。解封装操作发生在隧道终端器上。该操作是封装操作的逆过程，首先去掉最外层用于在公共网络中进行寻址的 IP 头部信息，然后解密得到原始 IP 分组，并且根据附加数据完成身份认证、完整性校验等操作，最后根据原始 IP 分组头的地址信息在总部 LAN 中找到目的主机 A，完成通信过程。

在数据封装过程中，出现了两个 IP 头，但原始 IP 分组经过了加密处理，其 IP 头在隧道中是不可见的。在隧道中传输时，主要依靠添加的新 IP 头的信息进行路由寻址。整个原始 IP 分组对隧道来说都是透明的。

3. 隧道的功能

从以上隧道的工作原理可以看出，隧道通过封装和解封装操作，只负责将 LAN1 中的用户数据原样传输到 LAN2，使 LAN2 中的用户感觉不到数据是通过公共网络传输过来的。通过隧道的建立，可以实现以下功能。

（1）将数据传输到特定的目的地。虽然隧道建立在公共网络上，但是由于在隧道的两个端点（如 VPN 网关）之间建立了一条虚拟的通道，因此从隧道一端进入的数据只能被传输到隧道的另一端。

（2）隐藏私有的网络地址。在如图 10-4 所示的 VPN 连接中，LAN1 和 LAN2 中的主机一般使用私有 IP 地址（原始 IP 分组头部），只有 VPN 网关使用公用 IP 地址（新 IP 头）。隧道的功能就是在隧道开通器和隧道终端器之间建立一条专用通道，私有网络之间的通信内容经过隧道开通器封装后通过公共网络的虚拟专用通道进行传输，然后在隧道终端器上进行解封装操作，还原成私有网络的通信内容并转发到私有网络中。这样对于两个使用私有 IP 地址的私有网络来说，公共网络就像普通的通信电缆，而接在公共网络上的 VPN 网关则相当于两个特殊的结点。

（3）协议数据传递。隧道只需要连接两个使用相同通信协议的网络，至于这两个网络内部使用什么类型的通信协议，它并不关心。对于隧道开通器来说，不管接收到的是什么类型的数据，都会对它进行封装，然后通过隧道传输到另一端的隧道终端器，由隧道终端器通过解封装操作进行还原。

（4）提供数据安全支持。由于在隧道中传输的数据是经过加密和认证处理的，因此可以保证这些数据在传输过程中的安全性。

10.2.2　隧道的基本类型

根据隧道建立方式的不同，可分为主动式隧道和被动式隧道两种基本类型。

1. 主动式隧道

当一个客户端计算机利用隧道客户端软件主动与目标隧道服务器建立一个连接时，该连接称为主动式隧道。主动式隧道由用户控制 VPN 的构建、管理和维护。在主动式隧道建立过程中，客户端计算机需要安装相关的 VPN 隧道协议（如 IPSec、GRE、L2TP、PPTP 等），并且能够通过 Internet 等公共网络连接到隧道服务器。

如果客户端计算机是通过拨号方式建立与隧道服务器的连接，则需要以下 3 个步骤的操作。

（1）客户端计算机拨号连接到当地的 ISP，建立一个到 Internet 的连接。

（2）在客户端计算机上利用隧道客户端软件与隧道服务器之间建立隧道。客户端计算机需要知道隧道服务器的 IP 地址或主机名，同时在隧道服务器上已经为该客户端创建连接账户并分配访问内部网络资源的相应权限。

（3）将客户端的 PPP 帧（用户数据）进行封装，通过隧道传送到目的地。

这是远程接入 VPN 最常见的隧道建立方式。对于专线接入 ISP 的用户，由于客户端计算机本身已经建立到 Internet 的连接，则免去以上的步骤（1）操作，可以直接建立起与隧道服务器的连接，然后进行数据的传输。

远程接入 VPN 中用户与 VPN 网关之间的隧道建立一般采用主动式隧道。

2. 被动式隧道

与主动式隧道不同，被动式隧道的构建、管理和维护由 ISP 控制，允许用户在一定程度上进行业务管理和控制。功能特性集中在网络侧设备处实现，客户端计算机只需要支持网络互联，无需特殊的 VPN 功能。

与主动式隧道不同的是，被动式隧道主要用于两个局域网络的固定连接，在用户传输数据之前隧道就已经建立，所有发往远程局域网络的用户数据都自动地汇集到已建立的隧道中传输。因此，被动式隧道也称为强制式隧道。

当一个局域网中的某台计算机需要与远程另一局域网中的计算机进行通信时，数据全部被交给与本地局域网连接的隧道服务器。此隧道服务器接收到该数据后，将其强制通过已建立的隧道传输到对端的隧道服务器，对端隧道服务器将数据交给最终的目的计算机。与主动式隧道的另一个不同点是，被动式隧道可以被多个客户端计算机共享，而主动式隧道只能供建立该隧道的客户端计算机独立使用。

在内联网 VPN 和外联网 VPN 中，VPN 网关之间的隧道属于被动式隧道。

10.3　实现 VPN 的第二层隧道协议

第二层隧道协议是在 OSI/RM 的第二层（数据链路层）实现的隧道协议，即封装后的用户数据要靠数据链路层协议进行传输。由于数据链路层的数据单位称为帧，因此第二层隧道协议是以帧为数据交换单位来实现的。

用于实现 VPN 的第二层隧道协议主要有 PPTP、L2F 和 L2TP。

10.3.1　PPTP

PPTP（点对点隧道协议）由 Microsoft 公司和 Ascend 公司开发，是建立在 PPP 协议和 TCP/IP 协议之上的第二层隧道协议，实质上是对 PPP 协议的一种扩展。PPTP 使用一种增强的 GRE（Generic Routing Encapsulation）封装机制使 PPP 数据包按隧道方式穿越 IP 网络，并且对传送的 PPP 数据流进行流量控制和拥塞控制。PPTP 并不对 PPP 协议进行任何修改，只是提供一种传送 PPP 的机制，并且在 PPP 的基础上增强认证、压缩和加密等功能，提高了 PPP 协议的安全性。

由于 PPTP 基于 PPP 协议，因而它支持多种网络协议，可将 IP、IPX、AppleTalk、NetBEUI 的数据包封装于 PPP 数据帧中。PPTP 提供了 PPTP 客户端与 PPTP 服务器之间的加密通信，允许在公共 IP 网络（如 Internet）上建立隧道。

1. PPP 概述

PPP 是 Internet 中使用的一个点对点的数据链路层协议，主要设计用来通过拨号或专线方式建立点对点连接发送数据，其功能是在 TCP/IP 网络中实现两个相邻物理结点（路由器或计算机）之间的通信。PPP 只负责在两个物理结点之间"搬运"上层数据，并不关心上层数据的具体内容。

在传统的拨号 PPP 模型中，远程用户需要使用长途拨号连接到网络接入服务器（NAS）上，与 NAS 建立 PPP 连接。NAS 是远程访问接入设备，位于公用电话网（PSTN/ISDN）与 IP 网之间，将拨号用户接入 IP 网，如图 10-5 所示。

PPP 主要由 3 部分组成：采用高级数据链路控制（HDLC）协议封装上层数据包；使用可扩展的链路控制协议（LCP）来建立、配置和测试数据链路；基于网络控制协议簇（NCP）来建立和配置不同的网络层协议，PPP 允许同时采用多种网络层协议。

PPP 拨号会话过程可以分成 4 个不同的阶段。

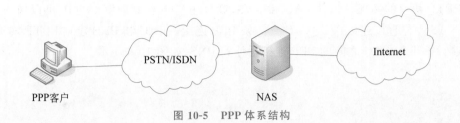

图 10-5　PPP 体系结构

阶段 1：创建 PPP 链路。

PPP 使用链路控制协议（LCP）创建、维护以及终止一次物理连接。在 LCP 阶段，将对基本的通信方式进行选择，并且选择用户身份认证协议，同时就链路双方是否要对使用数据压缩或加密进行协商。

阶段 2：用户身份认证。

客户端 PC 将用户的身份信息发送给 NAS。大多数的 PPP 实现只提供有限的验证方式，包括密码认证协议（PAP）、挑战握手认证协议（CHAP）和微软挑战握手认证协议（MS-CHAP）。

阶段 3：PPP 回叫控制。

微软公司设计的 PPP 包括一个可选的回叫控制阶段。该阶段在完成验证之后使用回叫控制协议。如果配置使用回叫，那么在验证之后远程客户和 NAS 之间的连接将会被断开，然后由 NAS 使用特定的电话号码回叫远程客户，这样可以进一步保证拨号网络的安全性。

阶段 4：调用网络层协议。

在以上各阶段完成之后，PPP 将调用在阶段 1 选定的网络控制协议（NCP）。例如，在该阶段，IP 控制协议（IPCP）可以向拨入用户分配动态地址。

一旦完成上述 4 个阶段的协商，PPP 就开始在连接对等双方之间转发数据。每个被传送的数据报都被封装在 PPP 包头内，该包头将会在到达接收方之后被去除。

2. PPTP 的体系结构

PPTP 将传统的网络服务器 NAS 的功能划分成客户/服务器体系结构。传统的 NAS 具有以下功能。

（1）与 PSTN/ISDN 的物理接口和对调制解调器（Modem）以及终端适配器的控制。

（2）LCP 会话的逻辑终点。

（3）参与 PPP 的认证协议。

（4）对 PPP 多连接协议的通道进行汇聚和管理。

（5）NCP 的逻辑终点。

（6）NAS 接口之间多协议的路由选择和桥接。

PPTP 把上述 NAS 的功能交由 PAC 和 PNS 两个设备完成。PAC 完成功能（1）和功能（2），并且参与功能（3）。PNS 负责完成功能（4）、（5）和（6），还负责验证 PAC 并桥接 PAC 被封装的流量到另外的地方。PPTP 协议完成 PAC 和 PNS 之间的 PPP 协议数据单元的传送、访问控制和管理。

PPTP 协议的实现只包含 PAC 和 PNS,拨号用户不需要理解 PPTP,可以像连接传统的 NAS 一样直接连接到 PAC,建立一条 PPP 连接。PAC 和 PNS 建立 PPTP 隧道,将客户端计算机和 PAC 之间的 PPP 连接延伸到 PNS,如图 10-6 所示。

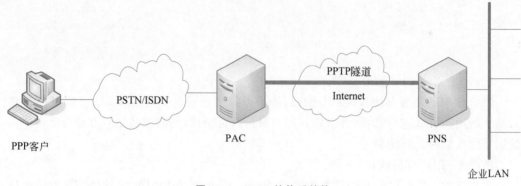

图 10-6　PPTP 的体系结构

3. PPTP 的工作机制

PPTP 是一个面向连接的协议,PAC 和 PNS 维护它们的连接状态。PAC 和 PNS 之间有两种连接：控制连接和数据连接。数据连接一般被称为隧道,使用增强的 GRE 封装机制在 PAC 与 PNS 之间传送 PPP 数据包,多个 PPP 会话可以共享同一条隧道。控制连接负责隧道和隧道中会话的建立、释放和维护。控制连接使用 TCP,因此 PAC 和 PNS 都必须支持 TCP/IP。

每对 PNS 和 PAC 之间需要一个专用的控制连接,该控制连接必须在发送其他 PPTP 报文之前建立。控制连接使用 TCP 作为传输协议来携带这个信息,目标端口号是 1723。控制连接的建立既可以由 PNS 发起,也可以由 PAC 发起。

PPTP 控制连接的建立过程如下。

（1）PAC 和 PNS 建立一个 TCP 连接。

（2）PAC 或 PNS 向对方发送一个请求消息（Start-Control-Connection-Request）,请求建立一个控制连接。请求消息中有关于帧格式、信道类型、PAC 支持的最大 PPP 会话数量等信息。

（3）收到请求的 PAC 或 PNS 发送一个响应消息（Start-Control-Connection-Reply）。响应报文中包含一个控制连接建立是否成功的结果域。如果不成功,则说明出错原因;如果成功,则要对帧格式、信道类型、PAC 支持的最大 PPP 会话数量等信息进行确认。

Echo-Request 和 Echo-Reply 用作控制连接的 Keep Alive 消息。如果在 60s 内没有收到对等体的任何类型的控制消息,就会产生 Keep Alive 消息;如果没有收到对其请求的应答包,控制连接将会终止。

控制连接建立以后,下一步就是数据连接,即隧道的建立（也称为建立一个会话）。以下消息可能参与这个过程。

- Outgoing-Call-Request;
- Outgoing-Call-Reply;

- Incoming-Call-Request；
- Incoming-Call-Reply；
- Incoming-Call-Connected。

Outgoing-Call-Request 是由 PNS 产生并发送给 PAC 的,它告诉 PAC 建立一条到 PNS 的隧道;Outgoing-Call-Reply 则是 PAC 给 PNS 的响应,响应中包含隧道是否已成功建立,如果失败,响应中还会包含失败的原因指示等信息。

Incoming-Call-Request 消息是由 PAC 发送给 PNS 的,用于指明一个进入的呼叫正由 PAC 到 PNS 建立,这个消息允许 PNS 在回应或接受之前获取呼叫的一些信息;PNS 发送给 PAC 一个 Incoming-Call-Reply 消息作为响应,表明是接受还是拒绝连接请求,这个消息也含有 PAC 在通过隧道和 PNS 通信时应当使用的流量控制信息;Incoming-Call-Connected 消息是 PAC 发送给 PNS 的,用于响应回应包。因此,这是一个三次握手的机制:请求、响应和已连接确认。

PPTP 控制报文的结构如图 10-7(a)所示,其中各部分的内容如下。

数据链路头	IP头	TCP头	PPTP控制信息	数据链路尾

(a) PPTP控制报文

数据链路头	IP头	GRE头	PPP头	加密的PPP净荷	数据链路尾

(b) PPTP数据报文

图 10-7　PPTP 的报文结构

- IP 头。标明参与隧道建立的 PPTP 客户机和 PPTP 服务器的 IP 地址及其他相关信息。
- TCP 头。标明建立隧道时使用的 TCP 端口等信息,其中 PPTP 服务器的端口为 TCP 1723。
- PPTP 控制信息。携带 PPTP 呼叫控制和管理信息,用于建立和维护 PPTP 隧道。
- 数据链路头和数据链路尾。用数据链路层协议对连接数据包(IP 头、TCP 头和 PPTP 控制信息)进行封装,从而实现相邻物理结点之间的数据包传输。

PPTP 数据报文负责传输用户的数据,其报文结构如图 10-7(b)所示。初始的用户数据经过加密后,形成加密的 PPP 净荷;然后添加 PPP 头信息,封装形成 PPP 帧;PPP 帧再进一步添加 GRE 头信息,形成 GRE 报文;添加 IP 头,其中 IP 头包含数据网络连接的情况;最后添加相应的数据链路头和数据链路尾信息。

使用 PPTP 时,要考虑以下几个安全问题:首先,PPTP 本身不提供对数据的加密保护,因为 PPP 连接控制阶段可以通过 LCP 进行是否加密/压缩的选择,所以 PPTP 可以使用微软公司点对点加密技术(Microsoft Point-to-Point Encryption, MPPE)对 PPP 数据包进行加密,但这是一种"弱加密"方案。其次,PPTP 使用的 TCP 控制连接没有安全保护，在 PAC 和 PNS 之间发送的消息没有验证或数据完整性检查。最后，IP、GRE 和 IP 的头信息不被保护。

10.3.2 L2F

L2F(Layer 2 Forwarding，第二层转发)协议是由 Cisco 公司提出的可以在多种网络类型(如 ATM、帧中继和 IP 网络等)上建立多协议的安全 VPN 的通信方式。L2F 将数据链路层的协议(如 HDLC、PPP 等)封装起来传送，因此网络的数据链路层完全独立于用户的数据链路层协议。L2F 的标准于 1998 年提交给 IETE，并且在 RFC 2341 文档中发布。

1. L2F 的工作过程

以在 IP 网络中实现基于 L2F 的 VPN 为例，如图 10-8 所示。L2F 远端用户通过 PSTN、ISND 和以太网等方式拨号接入公共 IP 网络，并且通过以下步骤完成隧道建立和数据的传输。

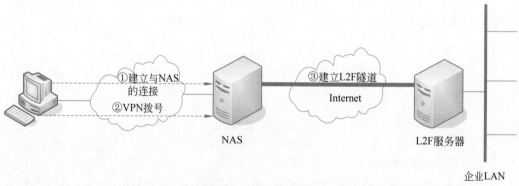

图 10-8 L2F 隧道原理

（1）建立与 NAS 的正常连接。用户按正常访问 IP 网络的方式连接到 NAS 服务器，建立 PPP 连接。

（2）进行 VPN 拨号。VPN 客户通过 VPN 软件向 NAS 服务器发送请求，希望建立与远程 L2F 服务器的 VPN 连接。

（3）建立隧道。NAS 根据用户名称等信息对远程 L2F 服务器发送隧道建立连接请求，这种方式下，隧道的配置和建立对用户是完全透明的。

（4）数据传输。L2F 服务器允许 NAS 发送 PPP 帧，并且通过公共 IP 网络连接到 L2F 服务器。这时，由 VPN 客户机发送过来的数据在 NAS 上进行 L2F 封装，然后通过已建立的隧道发送到 L2F 服务器。L2F 服务器将收到的报文进行解封装操作后，把封装前的数据(净载荷)接入内部网络中，进一步交付给目的主机。

2. L2F 的报文格式

与 PPTP 和 L2TP 一样，L2F 的报文也分为控制报文和数据报文两部分。其中 L2F 控制报文用于 L2F 隧道的建立、维护和断开，而 L2F 数据报文负责在 L2F 隧道中进行数据的传输。L2F 控制报文和 L2F 数据报文的格式如图 10-9 所示。

数据链路头	IP头	UDP头	L2F控制信息	数据链路尾

(a) L2F控制报文

数据链路头	IP头	UDP头	L2F头	PPP头	加密的PPP净荷	L2F校验(可选)	数据链路尾

(b) L2F数据报文

图 10-9　L2F 报文格式

与 PPTP 相比,L2F 有两个主要的不同之处:一是在进行 L2F 的封装时增加了可选的 L2F 校验信息,以确保 L2F 数据帧的可靠传输;二是 L2F 使用 UDP 来封装 L2F 数据帧。另外,在创建 L2F 隧道的过程中,使用的认证协议为 PAP 或 CHAP。除此之外,L2F 报文格式与 PPTP 基本类似。

10.3.3　L2TP

L2TP(Layer 2 Tunneling Protocol,第二层隧道协议)是由 Cisco、Ascend、微软、3Com 和 Bay 等厂商共同制定的,1999 年 8 月公布了其标准 RFC 2661。L2TP 是经典型的被动式隧道协议,结合了 L2F 和 PPTP 的优点,可以让用户从客户端或接入服务器端发起 VPN 连接。L2TP 定义了利用公共网络设施封装传输链路层 PPP 帧的方法。

L2TP 的好处在于支持多种协议,用户可以保留原来的 IPX、AppleTalk 等协议,使得在原来非 IP 网上的投资不至于浪费。另外,L2TP 还解决了多个 PPP 链路的捆绑问题。PPP 链路捆绑要求其成员均指向同一个网络访问服务器(NAS)。L2TP 则允许在物理上连接到不同 NAS 的 PPP 链路,在逻辑上的终点为同一个物理设备。同时,L2TP 作为 PPP 的扩充提供了更强大的功能,允许第 2 层连接的终点和 PPP 会话的终点分别设在不同的设备上。

鉴于 IP 协议的广泛性,我们将注意力放在基于 IP 网络的 L2TP 上。

1. L2TP 的组成

L2TP 主要由 LAC(L2TP Access Concentrator,L2TP 接入集中器)和 LNS(L2TP Network Server,L2TP 网络服务器)构成。LAC 支持客户端的 L2TP,用于发起呼叫、接收呼叫和建立隧道。LAC 一般是一个具有 PPP 端系统和 L2TP 协议处理功能的 NAS,为用户提供通过 PSTN/ISDN 和 xDSL 等多种方式接入网络的服务。LNS 是所有隧道的终点。在传统的 PPP 连接中,用户拨号连接的终点是 NAS,L2TP 使得 PPP 协议的终点延伸到 LNS。LNS 一般是一台能够处理 L2TP 服务器端协议的计算机。

L2TP 的体系结构如图 10-10 所示。

L2TP 方式给服务提供商和用户带来了许多方便。用户不需要在 PC 上安装专门的客户端软件,企业网可以在本地管理认证数据库,从而降低了应用成本和培训维护费用。同时,L2TP 提供了差错和流量控制。在安全性上,L2TP 可以借助于 PPP 协议提供的认证(CHAP、PAP 和 MS-CHAP)或者使用 EAP 及其衍生方法进行认证。PPTP 使用

MPPE 作为加密，而 L2TP 依赖更安全的方案：L2TP 的数据包是被 IPSec 的 ESP 使用传输模式保护的。

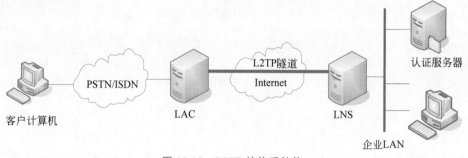

图 10-10　　L2TP 的体系结构

2. L2TP 的工作原理

与 PPTP 类似，使用 L2TP 建立基于隧道的 PPP 会话包含两步：为隧道建立一个控制连接；建立一个会话来通过隧道传输用户数据。

隧道和相应的控制连接必须在呼入和呼出请求发送之前建立。L2TP 会话必须在隧道传送 PPP 帧之前建立。多个会话可以共享一条隧道，一对 LAC 和 LNS 之间可以存在多条隧道。

控制连接是在会话开始之前一堆 LAC 和 LNS 之间的最原始的连接，其建立涉及双方身份的认证、L2TP 的版本、传送能力和传送窗口的大小。L2TP 在控制连接建立期间使用一种简单的、可选的、类似于 CHAP 的隧道认证机制。为了认证，LAC 和 LNS 之间必须有一个共享的密钥。

在控制连接建立之后，就可以创建单独的会话。每个会话对应一个 LAC 和 LNS 之间的 PPP 流。与控制连接不同，会话的建立是有方向的：LAC 请求与 LNS 建立的会话是 Incoming call，LNS 请求与 LAC 建立的会话是 Outgoing call。

一旦隧道创建完成，LAC 就可以接收从远程系统来的 PPP 帧，去掉 CRC 和与介质相关的 LAC 域，连接成 LLC 帧，然后封装成 L2TP，通过隧道传输。LNS 接收 L2TP 包，处理被封装的 PPP 帧，交给真正的目标主机。信息发送方将会话 ID 和隧道 ID 放在发送报文的头中。因此，PPP 帧流可以在给定的 LNS-LAC 对之间复用同一条隧道。

3. L2TP 的报文格式

L2TP 报文也有两种：控制报文和数据报文。与 PPTP 不同的是，L2TP 的两种报文采用 UDP 来封装和传输。

（1）L2TP 控制报文。

L2TP 控制报文的结构如图 10-11(a)所示。与 PPTP 一样，L2TP 的控制报文用于隧道的建立、维护与断开。但与 PPTP 不同的是，L2TP 控制报文在 L2TP 服务器端使用了 UDP 1701 端口。L2TP 客户端系统默认也使用 UDP 1701 端口，不过可以使用其他的 UDP 端口。另外，与 PPTP 不同的是，在 L2TP 的控制报文中，对封装后的 UDP 数据报使用 IPSec ESP 进行了加密处理，同时对使用 IPSec ESP 加密后的数据进行了认证。其他操作与 PPTP 基本相同。

| 链路帧头 | IP头 | ESP头 | UDP头 | L2TP 控制信息 | ESP尾 | ESP认证 | 链路帧尾 |

(a) L2TP控制报文

| 链路帧头 | IP头 | ESP头 | UDP头 | L2TP头 | PPP头 | PPP净荷 | ESP尾 | ESP认证 | 链路帧尾 |

(b) L2TP数据报文

图 10-11　L2TP 的报文格式

（2）L2TP 数据报文。

L2TP 数据报文负责传输用户的数据，其封装后的报文结构如图 10-11（b）所示。客户端发送 L2TP 数据的过程包括如下几个步骤。

① PPP 封装。为 PPP 净荷（如 TCP/IP 数据报、IPX/SPX 数据报或 NetBEUI 数据帧等）添加 PPP 头，封装成 PPP 帧。

② L2TP 封装。在 PPP 帧上添加 L2TP 头部信息，形成 L2TP 帧。

③ UDP 封装。在 L2TP 帧上添加 UDP 头，L2TP 客户端和 L2TP 服务器的 UDP 端口默认为 1701，将 L2TP 帧封装成 UDP 报文。

④ IPSec 封装。在 UDP 报文的头部添加 IPSec ESP 头部信息，在尾部依次添加 IPSec ESP 尾部信息和 IPSec ESP 认证信息，用于对数据的加密和安全认证。

⑤ IP 封装。在 IPSec 报文的头部添加 IP 头部信息，形成 IP 报文。其中 IP 头部信息中包含 IPSec 客户端和 IPSec 服务器的 IP 地址。

⑥ 数据链路层封装。根据 L2TP 客户端连接的物理网络类型（如以太网、PSTN 和 ISDN 等）添加数据链路层的帧头和帧完成对数据的最后封装。封装后的数据帧在链路上进行传输。

L2TP 服务器端的处理过程正好与 L2TP 客户端相反，为解封装操作，最后得到封装之前的净载荷。有效的净载荷将交付给内部网络，由内部网络发送到目的主机。

10.4　实现 VPN 的第三层隧道协议

第三层隧道协议对应于 OSI/RM 中的第三层（网络层），使用分组（也称为包）作为数据交换单位。与第二层隧道协议相比，第三层隧道协议在实现方式上相对要简单些。用于实现 VPN 的第三层隧道协议主要有 GRE 和 IPSec。

10.4.1　GRE

GRE（Generic Routing Encapsulation，通用路由封装）协议是一种应用非常广泛的第三层 VPN 隧道协议，由 Cisco 和 Net-Smiths 公司共同提出并于 1994 年提交给 IETF，分别以 RFC 1701 和 RFC 1702 文档发布。2002 年，Cisco 等公司对 GRE 进行了修订，称为 GRE v2，相关内容在 RFC 2784 中进行了规定。

1. GRE 的工作原理

GRE 协议规定了如何用一种网络协议去封装另一种网络协议的方法，是一种最简单的隧道封装技术。它提供了将一种协议的报文在另一种协议组成的网络中传输的能力，其封装原理如图 10-12 所示。

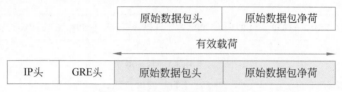

图 10-12   GRE 的封装原理

外部 IP 头是传送的分组头部，作用是将被封装的数据包封装成 IP 分组，使其能够在 IP 网络中传输。GRE 头传送与有效载荷数据包有关的控制信息，用来控制 GRE 报文在隧道中的传输以及 GRE 报文的封装和解封装过程。有效载荷是被封装的其他网络层协议的数据包；若被封装的协议为 IP 分组，则有效载荷数据包就是一个 IP 分组。

在最简单的情况下，路由器接收到一个需要封装和路由的原始数据包后，首先给这个数据包添加一个 GRE 头，形成 GRE 报文；然后给 GRE 报文添加一个 IP 头，即将 GRE 报文封装在一个 IP 分组中；最后把这个 IP 分组发送到网络上，由 IP 层负责路由寻址和转发。

GRE 除封装 IP 分组外，还支持对 IPX/SPX、AppleTalk 等多种网络通信协议的封装，同时还广泛支持对 RIP、OSPF、BGP 和 EBGP 等路由协议的封装。GRE 在封装过程中并不关心原始数据包的具体格式和内容。

GRE 协议报文在隧道中传输时，要经过封装与解封装两个过程。以图 10-13 所示的网络为例，假设办事处网络的主机 A 要给总部网络中的主机 B 发送数据。

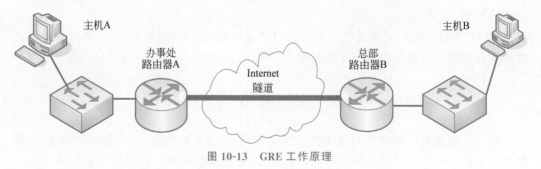

图 10-13   GRE 工作原理

发送过程如下。

（1）主机 A 发送的原始数据包首先到达路由器 A，路由器 A 上连接内部网络的接口收到该数据包后，首先检查数据包包头中的目的地址，以确定如何路由该数据包。

（2）由于其目的地址为总部网络中的主机 B，因此报文需要通过隧道来传输，故路由器 A 将该数据包发给路由器 A 上与隧道相连的接口。

（3）路由器 A 的隧道接口接收到此数据包后，首先添加 GRE 头部信息；接着 IP 模块处理此 GRE 报文，添加一个 IP 头，进行 IP 封装，形成新 IP 分组。

（4）路由器 A 将封装好的报文通过 GRE 隧道接口发送出去。

解封装是封装的逆过程，具体过程如下。

（1）路由器 B 从隧道接口收到 IP 分组，检查目的地址。

（2）因为路由器 B 是隧道的末端路由器，所以该 IP 分组目的地就是路由器 B。路由器 B 去掉 IP 分组的头部信息，交给 GRE 协议模块处理。

（3）GRE 对其进行校验和序列号检查等处理后，进行 GRE 解封装，也就是将 GRE 报头部去掉，得到封装之前的原始数据包。

（4）此时像对待一般数据包一样对此数据包进行处理，即将该数据包交给连接内部网络的接口，按照目的地址发送给主机 B。

2. GRE 的安全性

由于 GRE 协议本身没有提供完备的安全性，用户若采用 GRE 隧道协议来实现 VPN 网络，将存在一些安全隐患，如内部网络中的主机遭受攻击、网络通信数据被非法劫持甚至篡改等。

为提高 GRE 隧道的安全性，可采用一些其他的安全技术来共同构成安全防护方案。

（1）进行 GRE 相关安全配置。GRE 支持对隧道接口的认证和对隧道封装的报文进行端到端校验的功能。在 RFC 1701 中规定，如果 GRE 报文头部信息中的 Key 标识设置为 1，则收发双方将进行通道识别关键字（或密码）的验证，只有隧道两端设置的识别关键字（或密码）完全一致时才能通过验证，否则将报文丢弃。如果 GRE 报文头部信息中的 Checksum 标识位置为 1，则需要对隧道中传输的 GRE 报文进行校验。发送方对 GRE 头部信息及封装后的数据包计算校验和，并且将报文中的校验和的报文发送给隧道对端。接收方对接收到的报文计算校验和并与报文中的校验和比较，如果一致则对报文进一步处理，否则丢弃。

（2）采用基于 GRE+IPSec 的 VPN 技术。基于 PKI 技术的 IPSec 协议可为路由器之间、防火墙之间或者路由器和防火墙之间提供经过加密的认证的通信。虽然它的实现相对复杂，但是其安全性要完善得多。

（3）保证路由器的安全性。网络管理员应关注路由器自身的安全，除进行安全配置和维护外，还要关注路由器相关的安全漏洞，及时更新路由器操作系统。

10.4.2　IPSec

IPSec 是 IETF 的 IPSec 工作组于 1998 年制定的一组基于密码学的开放网络安全协议。IPSec 工作在网络层，为网络层及以上层提供访问控制、无连接的完整性、数据来源认证、防重放保护、保密性和自动密钥管理等安全服务。IPSec 已在第 5 章进行了详细介绍，此处不再赘述。

IPSec 通过 AH 协议和 ESP 协议对网络层协议进行保护，通过 IKE 协议进行密钥交换。AH 和 ESP 既可以单独使用，也可以配合使用。由于 ESP 提供了对数据的保密性，因此在目前的实际应用中多使用 ESP，而很少使用 AH。

IPSec 协议可以在两种模式下进行：传输模式和隧道模式。AH 和 ESP 都支持这两个模式，因此有 4 种组合：传输模式的 AH、隧道模式的 AH、传输模式的 ESP、隧道模式的 ESP。

1. 传输模式

传输模式要保护的内容是 IP 包的载荷，可能是 TCP/UDP 等传输层协议，也可能是 ICMP 协议，还可能是 AH 或 ESP 协议（在嵌套的情况下）。传输模式为上层协议提供安全保护。通常情况下，传输模式只用于两台主机之间的安全通信。在应用 AH 协议时，完整性保护的区域是整个 IP 包，包括 IP 包头部，因此源 IP 地址、目的 IP 地址是不能修改的，否则会被检测出来。然而，如果该包在传送过程中经过 NAT 网关，其源/目的 IP 地址被改变，将造成到达目的地址后的完整性校验失败。因此，AH 在传输模式下和 NAT 是冲突的，不能同时使用，或者说 AH 不能穿越 NAT。

和 AH 不同，ESP 的完整性保护不包含 IP 包头部（含选项字段）。因此，ESP 不存在像 AH 那样的和 NAT 模式冲突的问题。如果通信的任何一方具有私有地址或者在安全网关背后，则双方的通信仍然可以用 ESP 来保护其安全，因为 IP 头部中的源/目的 IP 地址和其他字段不会被验证，可以被 NAT 网关或安全网关修改。

当然，ESP 在验证上的这种灵活性也有缺点：除 ESP 头部外，任何 IP 头部字段都可以修改，只要保证其校验和计算正确，接收端就不能检测出这种修改。因此，ESP 传输模式的验证服务要比 AH 传输模式弱一些。如果需要更强的验证服务并且通信双方都是公有 IP 地址，应该采用 AH 来验证，或者将 AH 验证与 ESP 验证同时使用。

2. 隧道模式

隧道模式保护的内容是整个原始 IP 包，它为 IP 协议提供安全保护。通常情况下，只要 IPSec 双方有一方是安全网关或路由器，就必须使用隧道模式。隧道模式的数据包有两个 IP 头：内部头和外部头。内部头由路由器背后的主机创建，外部头由提供 IPSec 的设备（可能是主机，也可能是路由器）创建。隧道模式下，通信终点由受保护的内部 IP 头指定，而 IPSec 终点则由外部 IP 头指定。如果 IPSec 终点为安全网关，则该网关会还原出内部 IP 包，再转发到最终目的地。

在隧道模式下，AH 验证的范围也是整个 IP 包，因此上面讨论的 AH 和 NAT 的冲突在隧道模式下也存在。而 ESP 在隧道模式下是内部 IP 头部被加密和验证，外部 IP 头部既不被加密也不被验证。不被加密是因为路由器需要这些信息来为其寻找路由，不被验证是为了能适用于 NAT 等情况。

不过，隧道模式下将占用更多的带宽，因为要增加一个额外的 IP 头部。因此，如果带宽利用率是一个关键问题，则传输模式更合适。

尽管 ESP 隧道模式的验证功能不像 AH 传输模式或隧道模式那么强大，但它提供的安全功能已经足够。

IPSec VPN 是一种基于 Internet 的 VPN 解决方案，通常作为一些小企业的解决方案，因为这种方式的成本较低，用户可以利用已有的互联网资源。而一些经济实力更强的公司现在则更多地选择 MPLS VPN,因为很多网络服务提供商的 MPLS 网络本身是与互联网分开的,是一个大的专网,有着先天的安全隔离性。

10.5　MPLS VPN

MPLS VPN 是基于 MPLS 这种快速交换网络而建立的 VPN,通常都是同一个企业的不同分支机构或有一定关联关系的企业间构建的通信站点集合群。

相比于传统的 VPN,MPLS VPN 具有以下优势。

(1) 安全性高。MPLS VPN 采用标记交换,一个标记对应一个用户数据流,不同用户的路由信息存放在不同的路由表中,这种完全隔离性保证了传输的安全性。

(2) 可扩展性强。MPLS VPN 具有极强的可扩展性。从用户接入方面看,MPLS VPN 可支持从几十 kbps 到最高几 Gbps 级的速率,物理接口也是多种多样的。此外,增加新用户站点非常方便,不需要专门为新增的站点与原来的站点新建路由即可通信。用户只需要保证新增站点的 LAN IP 地址与自己的 VPN 内已有的站点不重合即可,而且不需要在自己的 VPN 内作任何调整。

(3) 用户网络结构灵活。通过网络服务提供商调整网络侧的参数,MPLS VPN 可以为用户的各站点间实现星状、网状以及其他形式的逻辑拓扑,以满足用户对自己网络管理上的要求。MPLS VPN 对于客户端设备没有特殊要求,因此客户可以继续使用原设备。MPLS VPN 支持使用私有地址,客户可保持原有网络规划。

(4) 支持端到端 QoS。QoS(Quality of Service,服务质量)是网络与用户之间以及网络上互相通信的用户之间关于信息传输与共享的质量的约定。MPLS 具有强大的 QoS 能力,通过提供不同的服务级别来保证关键通信的质量。另外,MPLS VPN 核心层只对 IP 数据包进行第二层交换,加快了数据包的转发速度,减少了时延和抖动,增加了网络吞吐能力,大大提高了网络的质量保证。

(5) 支持多种业务。客户只要申请 MPLS VPN 一种业务,就可以支持数据、语音、视频等多种业务。因为 MPLS 通常对用户送来的数据包作透明传输处理,所以对于语音、视频等实时性强的业务,用户可以向网络服务提供商申请不同的 QoS,以区别对待不同的数据包,实现差别服务。

因此,MPLS VPN 在安全性、灵活性、扩展性、经济性、对 QoS 支持的能力等方面都有非常优秀的表现,这也是它成为现在 VPN 主流技术的原因所在。

10.5.1　MPLS 的概念和组成

MPLS 是一种结合第二层交换和第三层路由的快速交换技术,它是在 Cisco 公司所提出的 Tag Switching 技术基础上发展起来的。MPLS 技术结合了第二层交换和第三层路由的特点,第三层路由在网络的边缘实施,而在 MPLS 的网络核心采用第二层交换。

在传统的 IP 技术机制中,对于用户数据,是由路由器对每个 IP 分组头中的信息进行处理,根据目的 IP 地址查询路由表,在路由表中进行匹配,得到下一跳的地址,进行合适的数据层封装,然后将数据从相应端口转发出去。在数据包的转发中,每一跳都需要进行路由分析来决定转发路由。这种非面向连接的过程导致了数据处理过程的低效性；而且，由于 IP 技术的特点决定了其具有良好的开放性，缺乏严格的鉴权和认证机制，因此安全性不高。

MPLS 是一种特殊的转发机制，引入了基于标签的机制，把选路和转发分开。MPLS 为进入网络中的 IP 分组分配标签，由标签来规定一个分组通过网络的路径，网络内部结点通过对标签的交换来实现 IP 分组的转发。由于使用了长度固定且更短的标签进行交换，不再对 IP 分组头进行逐跳的检查操作，因此 MPLS 比传统 IP 选路效率更高。当离开 MPLS 网络时，IP 分组被去掉入口处添加的标签，继续按照 IP 包的路由方式到达目的网络。

MPLS 网络的典型组成如图 10-14 所示。

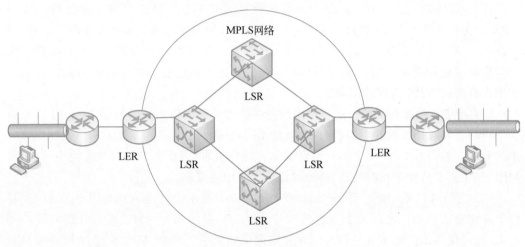

图 10-14　MPLS 网络结构

MPLS 网络主要由核心部分的标签交换路由器（Label Switching Router，LSR）、边缘部分的标签边缘路由器（Label Edge Router，LER）以及在结点之间建立和维护路径的标签交换路径（Label Switching Path，LSP）组成。在实际的网络中，通常把 LER 称为 PE（Provider Edge），把网络内部的 LSR 称为 P（Provider），而客户端的设备则称为 CE（Customer Edge）。

* LER。LER 又分成进口 LER 和出口 LER。当 IP 数据包进入 MPLS 网络时，进口 LER 分析 IP 数据包的头部信息，在 LSP 起始处给 IP 数据包封装标签；当该 IP 数据包离开 MPLS 网络时，出口 LER 在 LSP 的末端负责剥除标签，封装还原为正常 IP 分组，向目的地传送。同时，在 LER 处可以实现策略管理和流量过程控制等功能。

* LSR。它的作用可以看作 ATM 交换机与传统路由器的结合，提供数据包的高速交换功能。LSR 位于 MPLS 网络中心，主要完成运行 MPLS 控制协议（如 LDP）和第三层路由协议，负责基于到达分组的标记进行快速准确的路由。同时，它负责与其他的 LSR 交换路由信息，建立完善的路由表。

- LSP。在 MPLS 结点之间的路径称为标签交换路径。MPLS 在分配标签的过程中便建立了一条 LSP。LSP 可以是动态的，由路由信息自动生成；也可以是静态的，由人工进行设置。LSP 可以看作一条贯穿网络的单向通道，因此当两个结点之间要进行全双工通信时需要两条 LSP。

10.5.2　MPLS 的工作原理

MPLS 中的一个重要概念是 FEC(Forwarding Equivalent Class，转发等价类)。FEC 是指一组具有相同转发特征的 IP 数据包。当 LSR 接收到这一组 IP 数据包时，将按照相同的方式来处理每一个 IP 数据包，例如从同一个接口转发到相同的下一个结点，并且具有相同的服务类别和服务优先级。FEC 与标签是一一对应的，标签用来绑定 FEC，即用标签来表示属于一个从上游 LSR 流向下游 LSR 的特定 FEC 的分组。

LDP(Label Distribution Protocol，标签分发协议)是 MPLS 网络专用的信令协议，用于标签分发与绑定，在两个 LER 之间建立标签交换路径。LDP 定义了一组程序和消息，通过信令控制与交换，一个 LSR 可以通知相邻的 LSR 其已经形成的标签绑定。通过网络层路由信息与数据链路层交换路径之间的直接映射，LSR 可以使用 LDP 协议来建立面向连接的标签交换路径。

MPLS 数据转发的原理如下。

(1) FEC 划分。入口 LER 把具有相同属性或相同转发行为(即相同的目的 IP 地址前缀、相同的目的端口、相同的服务类型或相同的业务等级代码)的 IP 分组划为一个 FEC，同一个 FEC 的分组具有目的地相同、使用的转发路径相同、服务等级相同的特征，共享相同的转发方式和 QoS。

(2) 标签绑定。每个 LSR 独立地给其已划分的全部 FEC 分配本地标签，建立 FEC 与标签之间的一对一映射。

(3) 标签分发及标签交换路径的建立。LSR 启动 LDP 会话向其所有邻居 LSR 广播其标签绑定，邻居 LSR 将获得的标签信息与其本地的标签绑定一起形成标签信息库(LIB)，并且与转发信息库(FIB)连接形成标签转发信息库(LFIB)。当全部 LSR(含 LER)的 LFIB 建立完毕时，便形成了标签交换路径(LSP)。

(4) 带标签分组转发。在 LSP 上的每一个新 LSR 只是根据 IP 数据包所携带的标签来进行标签交换和数据转发，不再进行任何第三层(如 IP 路由寻址)处理。在每一个结点上，LSR 首先去掉前一个结点添加的标签，然后将一个新标签添加到该 IP 数据包的头部，并且告诉下一跳(下一个结点)如何转发它，直到将分组转发至最后一个 LSR。

(5) 标签弹出。在最后一个 LSR 上，不再执行标签交换，而是直接弹出标签，将还原的 IP 分组发往出口 LER。

(6) 出口 IP 转发。出口 LER 进行第三层路由查找，按照 IP 路由转发分组至目标网络。

10.5.3　MPLS VPN 的概念和组成

MPLS VPN 是利用 MPLS 中的 LSP 作为实现 VPN 的隧道，用标签和 VPN ID 唯一地识别特定 VPN 的数据包。在无连接的网络上建立的 MPLS VPN 所建立的隧道是由路由信息的交互而得的一条虚拟隧道（即 LSP）。

　　对于电信运营商来说,只需要在网络边缘设备(LER)上启用 MPLS 服务,对于大量的中心设备(LSR)不需要进行配置,就可以为用户提供 MPLS VPN 等服务业务。根据电信运营商边界设备是否参与用户端数据的路由,运营商在建立 MPLS VPN 时有两种选择:第二层解决方案,通常称为第二层 MPLS VPN;第三层解决方案,通常称为第三层 MPLS VPN。在实际应用中,MPLS VPN 主要用于远距离连接两个独立的内部网络,这些内部网络一般都提供边界路由器,因此多使用第三层 MPLS VPN 来实现。

　　图 10-15 是一个典型的第三层 MPLS VPN。

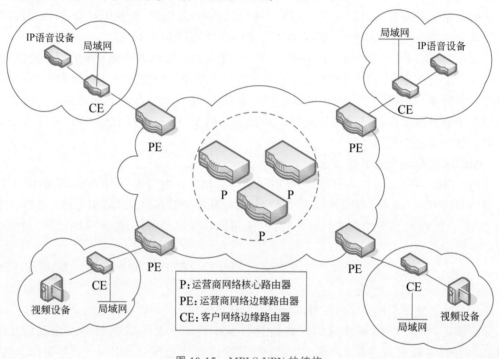

图 10-15　MPLS VPN 的结构

一个 MPLS VPN 系统主要由以下几部分组成。

- 用户边缘(Custom Edge, CE)设备。CE 设备属于用户端设备,一般由单位用户提供并连接到电信运营商的一个或多个 PE 路由器。通常情况下,CE 设备是一台 IP 路由器或三层交换机,它与直连的 PE 路由器之间通过静态路由或动态路由(如 RIP、OSPF 等)建立联系。之后,CE 将站点的本地路由信息广播给 PE 路由器,并且从直连的 PE 路由器学习到远端的路由信息。

- 网络服务运营商边缘(Provider Edge, PE)设备。PE 路由器为其直连的站点维持一个虚拟路由转发表(VRF),每个用户链接被映射到一个特定的 VRF。需要说明的是,一般在一个 PE 路由器上同时会提供多个网络接口,而多个接口可以与同一个 VRF 建立联系。PE 路由器具有维护多个转发表的功能,以便每个 VPN 的路由信息之间相互隔音。PE 路由器相当于 MPLS 中的 LER。

- 网络服务提供商(Provider，P)设备。P 路由器是电信运营商网络中不连接任何 CE 设备的路由器。由于数据在 MPLS 主干网络中转发时使用第二层的标签堆栈，因此 P 路由器只需要维护到达 PE 路由器的路由，并不需要为每个用户站点维护特定的 VPN 路由信息。P 路由器相当于 MPLS 中的 LSR。
- 用户站点。这是在一个限定的地理范围内的用户子网，一般为单位用户的内部局域网。

10.5.4　MPLS VPN 的数据转发过程

在 MPLS VPN 中，通过以下 4 个步骤完成数据包的转发。

(1) 当 CE 设备将一个 VPN 数据包转发给与之直连的 PE 路由器后，PE 路由器查找该 VPN 对应的 VRF，并且从 VRF 中得到一个 VPN 标签和下一跳(下一结点)出口 PE 路由器的地址。其中，VPN 标签作为内层标签首先添加在 VPN 数据包上，接着将在全局路由表中查到的下一跳出口 PE 路由器的地址作为外层标签再添加到数据包上。于是 VPN 数据包被封装了内、外两层标签。

(2) 主干网的 P 路由器根据外层标签转发 IP 数据包。其实，P 路由器并不知道这是一个经过 VPN 封装的数据包，而把它当作一个普通的 IP 分组来传输。当该 VPN 数据包到达最后一个 P 路由器时，数据包的外层标签将被去掉，只剩下带有内层标签的 VPN 数据包，接着 VPN 数据包被发往出口 PE 路由器。

(3) 出口 PE 路由器根据内层标签查找到相应的出口后，将 VPN 数据包上的内层标签去掉，然后将不含有标签的 VPN 数据包转发给指定的 CE 设备。

(4) CE 设备根据自己的路由表将封装前的数据包转发到正确的目的地。

10.6　SSL VPN

MPLS VPN 是由电信运营商为企业用户提供的一种实现内部网络之间远程互联的业务，而 SSL VPN 主要供企业移动用户访问内部网络资源时使用。

10.6.1　SSL VPN 概述

SSL VPN 是基于 SSL 协议建立的一种远程访问 VPN 技术，为远程用户访问企业内部网络的敏感资源提供了简单但安全的解决方案。SSL VPN 功能主要由部署在企业网络边缘的 SSL VPN 网关实现，远程用户一般不需要特殊的客户端支持，只需要提供支持 SSL 协议的标准 Web 应用客户程序，如 Web 浏览器和邮件客户端等。远程用户通过 SSL VPN 能够访问企业内部的资源，这些资源包括 Web 服务、文件服务(如 FTP 服务、Windows 网上邻居服务)、可转换为 Web 方式的应用(如 Web mail)及基于 C/S 的各类应用等。SSL VPN 属于应用层的 VPN 技术，VPN 客户端与服务器之间通过 HTTPS 安全协议来建立连接和传输数据。

SSL VPN 的核心是 SSL 协议。SSL 协议是基于 Web 应用的安全协议，它制定了在应用层协议(如 HTTP、Telnet 和 FTP 等)和 TCP/IP 协议之间进行数据交换的安全机制，为 TCP/IP 连接提供数据加密、消息完整性、服务器认证及可选的客户机认证等功能。目前 SSL 已成为一种在 Internet 上确保发送信息安全的通用协议，一般内嵌于标准的浏览器、邮件客户端和其他 Web 应用程序中，提供 B/S 访问模式，主要使用公开密钥体制和 X.509 数字证书技术确保传输信息的机密性和完整性。有关 SSL 协议的详细内容已在第 5 章进行了介绍，此处不再赘述。

SSL VPN 网关介于企业内部服务器与远程用户之间，控制二者之间的授权通信、代理及中转数据传输。SSL VPN 在远程用户主机和 SSL VPN 网关之间建立一条应用层加密隧道：当客户端提交访问远程应用服务器的 Web 请求时，客户端先加密请求数据，然后转发至 SSL VPN 网关；SSL VPN 网关接收来自远程用户的加密请求，解密并执行安全策略检查，通过之后将数据转换为适当的后端协议转发给应用服务器；内部服务器对请求作出回应，回应数据转发到 SSL VPN 网关，SSL VPN 网关对数据进行反向转换，加密后再转发给远程用户。

SSL VPN 实现的关键技术包括 Web 代理、应用转换、端口转发和网络扩展。

- Web 代理技术。代理技术提供内部应用服务器和远程用户 Web 客户端的访问中介，它作为二者通信连接的对端，一方面接收客户端的请求，重写并转发给服务器，另一方面接收服务器的回应，重写并转发给客户端，该技术通常称为应用级网关。对于需要认证和访问控制的特定应用，则需要特定的代理实现。

- 应用转换技术。用于支持可以转换成 HTTP 和 HTML 协议的应用层协议，如 FTP、Telnet、网络文件系统、微软文件服务器、终端服务等。通过把非 Web 应用的协议转换为 Web 应用，实现与客户端 Web 浏览器的通信。该技术受限于可以转换成 Web 应用的内部协议的种类。

- 端口转发技术。需要客户端运行 Java Applet 小程序或 ActiveX 控件，端口转发器监听特定应用程序定义的端口，当数据包到达该端口，即被送入 SSL 加密隧道转发至 VPN 网关，VPN 网关解包后转发给真正的应用服务器。该技术效率很高，但只支持网络连接方式比较规则、行为可预测的应用程序。

目前 SSL VPN 的应用模式基本上分为 3 种：Web 浏览器、SSL VPN 客户端模式和 LAN 至 LAN 模式。其中，由于 Web 浏览器模式不需要安装客户端软件，因此只需要通过标准的 Web 浏览器连接 Internet，就可以通过私有隧道访问企业内部的网络资源。这样，无论是在软件购买成本还是在系统的维护和管理成本上，都具有一定的优势，因此 Web 浏览器模式的应用最为广泛。需要说明的是，大部分 SSL VPN 系统既可以使用专门的 SSL VPN 客户端软件，也可以直接使用标准的 Web 浏览器。当使用标准的 Web 浏览器时，一般需要安装专门的 Web 浏览器控件（插件）。

10.6.2 基于 Web 浏览器模式的 SSL VPN

基于 Web 浏览器模式的 SSL VPN 在技术上将 Web 浏览器软件、SSL 协议及 VPN 技术进行了有机结合，在使用方式上可以利用标准的 Web 浏览器，并且通过遍及全球的 Internet 实现与内部网络之间的安全通信，已成为目前应用最为广泛的 VPN 技术。

如图 10-16 所示，SSL VPN 客户端使用标准 Web 浏览器通过 SSL VPN 服务器（也

称为 SSL VPN 网关)访问单位内部的资源。在这里,SSL VPN 服务器扮演的角色相当
于一个用于数据中转的代理服务器,所有 Web 浏览器对内部网络中以 Web 方式提供的
资源的访问都经过 SSL VPN 服务器的认证。内部网络中的服务器(如 Web、FTP 等)发
往 Web 浏览器的数据经过 SSL VPN 服务器加密后送到 Web 浏览器,从而在 Web 浏览
器和 SSL VPN 服务器之间由 SSL 协议构建一条安全通道。

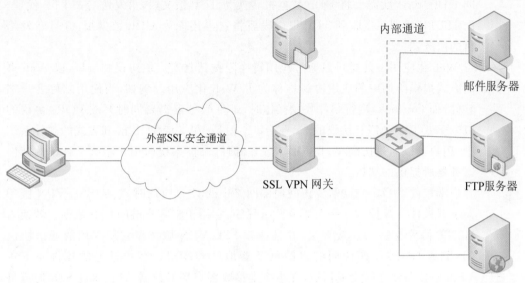

图 10-16　基于 Web 浏览器的 SSL VPN 工作原理

在以上通信过程中,需要注意以下几点。

- SSL VPN 系统是由 SSL、HTTPS 和 SOCKS 这 3 个协议相互协作来实现的。其
  中,SSL 协议作为一个安全协议,为 VPN 系统提供安全通道;HTTPS 协议使用
  SSL 协议保护 HTTP 应用的安全;SOCKS 协议实现代理功能,负责转发数据。
  SSL VPN 服务器同时使用了这 3 个协议,而 SSL VPN 客户端对这 3 个协议的使
  用有所差别。Web 浏览器只使用 HTTPS 和 SSL 协议,而 SSL VPN 客户端程序
  则使用 SOCKS 和 SSL 协议。

- SSL VPN 客户端与 SSL VPN 服务器之间通信时使用的是 HTTPS 协议。由于
  HTTPS 协议是建立在 SSL 协议之上的 HTTP 协议,因此在 SSL VPN 客户端与
  SSL VPN 服务器之间进行通信时,首先要进行 SSL 握手,握手过程结束后再发送
  HTTP 数据包。

- SSL VPN 服务器与单位内部网络中的服务器之间的通信使用的是 HTTP 协议。
  SSL VPN 客户端发送数据时首先进行加密处理,然后通过 HTTPS 协议发送给
  SSL VPN 服务器。当 SSL VPN 服务器接收到 SSL VPN 及客户端来的数据
  后,解密该数据,得到明文的 HTTP 数据包。然后,SSL VPN 服务器将 HTTP 数
  据包利用内部的数据通信传输给要访问的资源服务器。从内部资源服务器到
  SSL VPN 客户端的数据传输过程正好相反。

- HTTP 代理。SSL VPN 服务器提供了 HTTP 代理功能。HTTP 代理用于将客户端的请求转发给内部服务器，同时将内部服务器的响应转发给客户端。在 SSL VPN 系统中，SSL VPN 服务器相当于一台代理服务器，它将客户端与服务器之间的通信进行了隔离，隐藏了内部网络的信息。不过 HTTP 代理是基于 TCP 协议的，UDP 数据报无法通过 HTTP 代理。如果客户端需要通过 HTTP 代理来访问 UDP 服务，就需要将 UDP 数据报转换为 TCP 报文段，再发送给 HTTP 代理，而 HTTP 代理在接收到 TCP 报文段后将它再还原为 UDP 数据报，并且转发给目的服务器。

- 可 Web 化应用。凡是可以通过应用转换隐藏其真实应用协议和端口，以 Web 页面方式提供给用户的应用协议均称为可 Web 化应用。例如，当使用邮件客户端软件（如 Outlook）进行邮件收发操作时，邮件服务器需要同时开放 POP3 协议的 110 号端口和 SMTP 协议的 25 号端口。但是，在支持 Web mail 方式的邮件系统中，用户可以通过访问 Web 页面来收发邮件，邮件系统向用户隐藏了真正的邮件服务器所提供的端口。

- 客户端控件。当客户端需要访问内部网络中的 C/S 应用时，它从 SSL VPN 服务器下载控件。该控件是一个服务监听程序，它用于将客户端的 C/S 数据包转换为 HTTP 协议支持的连接方法，并且通知 SSL VPN 服务器它所采用的通信协议（TCP 或 UDP）及要访问的目的服务器地址和端口。客户机上的控件与 SSL VPN 服务器建立安全通信后，在本机上接收客户端的数据，并且通过 SSL 通道将数据转发给 SSL VPN 服务器。SSL VPN 服务器解密数据包后直接转发给内部网络中的目的服务器。SSL VPN 服务器在接收到内部网络中目的服务器发送的相应数据包后，再通过 SSL 通道发送给客户端控件。客户端控件解密 SSL 数据包后转发给客户端应用程序。

10.6.3　SSL VPN 的应用特点

在 VPN 应用中，SSL VPN 属于较新的一项技术。相对于传统的 VPN（如 IPSec VPN），SSL VPN 既有其应用优势，也存在不足。SSL VPN 的主要优势如下。

（1）无客户端或瘦客户端。虽然 SSL VPN 支持 3 种不同的工作模式，但在实际应用中多使用 Web 浏览器模式。Web 浏览器模式不需要在客户端安装单独的客户端软件，只要使用标准的 Web 浏览器即可。SSL VPN 的全部功能由 VPN 网关实现，远程用户只需要通过标准的 Web 浏览器连接 Internet，即可通过网页访问企业总部的网络资源；既实现了灵活安全的远程用户访问需求，又节省了许多软件协议的购买、维护和管理成本，这对大中型企业和网络服务商来说都非常划算。

（2）适用于大多数终端设备和操作系统。基于 Web 访问的开放体系允许任何能够运行标准浏览器的设备或操作系统通过 SSL VPN 访问企业内部网络资源，这包括许多非传统设备（如 PDA、手机）以及支持标准的 Internet 浏览器的大多数操作系统（如 Windows、macOS、UNIX 和 Linux），而且 Internet 接入方式不限。

（3）良好的安全性。SSL VPN 在 Internet 等公共网络中通过使用 SSL 协议提供了安全的数据通道,并且提供了对用户身份的认证功能。认证方式除传统的用户名/密码方式外,还可以是数字证书、RADIUS 等多种方式。SSL VPN 能对加密隧道进行细分,从而使用户在浏览 Internet 上公有资源的同时,还可以访问单位内部网络中的资源。

(4) 方便部署。SSL VPN 服务器一般位于防火墙内部,为使用 SSL VPN 业务,只需要在防火墙上开启 HTTPS 协议使用的 TCP 443 端口即可。

(5) 支持的应用服务较多。通过 SSL VPN,客户端可以方便地访问单位内部网络中的 Web、FTP、电子邮件和 Windows 网上邻居等常用的资源。目前,一些公司推出的 SSL VPN 产品已经能够为用户提供在线视频、数据库等多种访问。随着技术的不断发展,SSL VPN 将支持更多的访问服务。

虽然 SSL VPN 技术具有很多优势,但在应用中存在的一些不足也逐渐反映出来,主要表现如下。

(1) 占用系统资源较大。SSL 协议因为使用公钥密码算法,所以运算强度要比 IPSec VPN 大,需要占用较大的系统资源。因此,SSL VPN 的性能会随着同时连接用户数的增加而下降。

(2) 只能有限支持非 Web 应用。目前,大多数 SSL VPN 都是基于标准的 Web 浏览器而工作的,能够直接访问的主要是 Web 资源,其他资源的访问需要经过可 Web 化应用处理,系统的配置和维护都比较困难。另外,SSL VPN 客户端对 Windows 操作系统的支持较好,但对 UNIX、Linux 等操作系统的支持较差。

(3) SSL VPN 的稳定性还需要提高,同时许多客户端防火墙软件和防病毒软件都会对 SSL VPN 产生影响。

思　考　题

1. 什么是 VPN? VPN 提供了哪些主要特性?
2. 什么是隧道? 隧道的主要功能有哪些?
3. 列举常见的隧道协议。
4. 简述 PPTP 隧道的建立过程。
5. 简述 GRE 的封装原理。
6. IPSec 的传输模式和隧道模式分别适用于哪些应用场景? 为什么?
7. 为什么说 MPLS 是一种结合第二层交换和第三层路由的技术?
8. 简述 MPLS VPN 的数据转发过程。
9. SSL VPN 应用了哪些关键技术? 分别完成哪些功能?

第 11 章

无线局域网安全

课程思政

教学课件

教学视频

导　　读

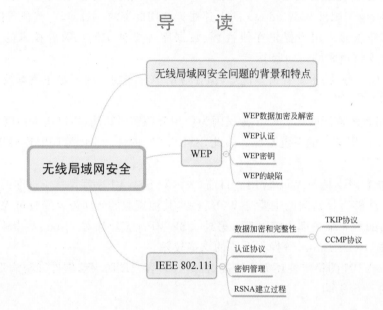

无线网络的出现使人类的通信与感知摆脱了时间和空间的束缚,极大地改善了人类生活与工作的质量,加快了社会发展的进程。另一方面,在无线网络迅猛发展并普及的同时,人们对其安全问题也愈发关注:无线网络中的数据通过无线电波传输,极易遭到窃听和干扰;无线终端资源的受限性、无线终端的移动性以及网络拓扑结构的动态性使得无线网络的安全管理难度更大;在无线网络环境中,难以直接应用有线网络的许多安全方案;无线网络的特点给网络安全方案的设计与实现增加了许多障碍等。安全问题能否得到较完善的解决将成为制约无线网络进一步发展壮大的关键因素之一。

本章将介绍 IEEE 802.11 的安全方案。

11.1　无线网络安全背景

从网络结构、通信介质以及网络终端设备等方面考虑,与有线网络相比,无线网络具有以下独特的特点。

- 网络结构存在较大差异,异构网络间互连比较困难,自组织无线网络甚至完全没有固定网络结构。
- 无线通信信道具有开放性,易遭受窃听、干扰、篡改等攻击。
- 相对于有线信道,无线信道带宽较小,而且容易受到干扰,信道误码率高。

- 无线终端设备的计算能力、通信带宽、存储空间以及电源供应等资源严重受限。
- 移动设备比固定设备容易发生被窃或丢失，不足以提供足够的安全防护。

由于上述特点，无线网络面临着比有线网络更多、更严重的安全威胁。这些安全威胁主要包括以下几类。

- 身份假冒：伪装成合法用户，通过无线接入非法使用网络资源；或者假冒接入网络骗取用户个人信息。
- 通信侦听：窃听无线接口或者截获无线链路传输的数据，试图获取通信内容。
- 信息篡改：修改、插入、重放、删除用户数据或信令数据以破坏数据的完整性。
- 密码攻击：分析现有安全方案的弱点，选择有针对性的攻击方法，意图获悉通信内容甚至控制部分网络。
- 隐私获取：通过无线通信寻找特定用户的身份信息或者跟踪特定用户，破坏匿名性和不可跟踪性。
- 设备丢失：移动设备容易丢失，从而泄露敏感信息。
- 非授权访问：非法获取非授权数据或者访问非授权服务。
- 拒绝服务攻击：通过使网络服务过载耗尽网络资源，使合法用户无法访问。
- 流量分析：主动或被动进行流量分析以获取信息的时间、速率、长度、来源及目的地。

总体上，信息泄露、完整性破坏和非授权访问是最基本的安全威胁。必须采取相应的安全措施对付这 3 种基本安全威胁，从而实现信息的保密性、完整性以及资源的合法使用这几个基本安全目标。

然而，要实现无线网络安全的目标绝非易事。相对于有线网络来说，实现无线网络安全主要存在以下困难。

- 无线网络的开放性使其容易遭受窃听和劫持。如果信息以明文形式传输，那么任何人都可轻易获取该信息；采用加密传输后，攻击重点就转为分析所采用的加密算法或安全方案，风险依然存在。
- 无线终端设备在计算、存储、通信带宽和电源供电等方面的资源相对有限，使得原来在有线环境下的许多安全协议不能直接用于无线网络。例如，由于计算能力和电源供应的限制，计算量大的密码技术不适用于移动设备。
- 无线网络环境较为复杂，许多攻击行为都可以很隐蔽地进行而不易察觉，尤其是被动攻击方法。与有线网络相比，无线网络所面临的安全威胁更加严重。几乎所有有线网络中存在的安全威胁和隐患都依然存在于无线网络中。
- 与有线网络不同，漫游问题可能导致用户管理复杂化。受访网络可能对用户实施欺诈，非法用户可能伪装成合法用户滥用网络服务。
- 与有线网络的拓扑结构相对固定相比，无线网络结点频繁加入、退出以及不断变化的网络拓扑使得许多安全方案无法实施。
- 无线网络的移动性增大了安全管理的难度。无线网络终端可以在较大范围内移动，也可以跨区域漫游，这样使得无线终端容易被窃听、破坏和劫持。而有线网络的用户终端与接入点之间通过线缆相互连接，终端不能在大范围内移动，对用户的管理比较容易。

- 自组织形式的无线网络缺乏统一管理，对等的各结点协同进行分布式管理。攻击者可以利用这一特点对部分结点实施欺诈和分割，从而干扰整个网络。网络结点自身没有足够的能力检测并阻止这些攻击，需要引入更加复杂的分布式信任管理机制加以制约。

简而言之，开放的无线信道、资源受限的无线终端、动态变化的网络拓扑、错综复杂的无线环境以及灵活的组网方式导致无线网络在安全方面面临着严峻的挑战。

11.2　IEEE 802.11 无线网络安全

11.2.1　IEEE 802.11 无线网络背景

IEEE 802 是一个开发局域网（LAN）标准的委员会，而 IEEE 802.11 则是成立于 1990 年的工作组，负责开发无线局域网（WLAN）的协议与传输规范。

目前 IEEE 802.11 发布的标准有多种扩展名，一般以后缀字母区分。其中 IEEE 802.11 是原始标准，规定了无线局域网的物理层和 MAC 层的内容；IEEE 802.11a、IEEE 802.11b、IEEE 802.11g、IEEE 802.11n、IEEE 802.11ac 等是物理层的相关扩展标准；其余几个重要标准的内容如表 11-1 所示。

表 11-1　IEEE 802.11 系列部分标准

标 准 名 称	主 要 内 容
IEEE 802.11d	在媒体接入控制/链路连接控制（MAC/LLC）层面上进行扩展，对应 IEEE 802.11b 标准，解决不能使用 2.4GHz 频段的国家的使用问题
IEEE 802.11e	在 IEEE 802.11 MAC 层增加 QoS 能力，用时分多址（TDMA）方案取代类似以太网的 MAC 层，并且对重要的业务增加额外的纠错功能
IEEE 802.11f	改进 IEEE 802.11 的切换机制，以使用户能够在两个不同的交换分区（无线信道）之间或在两个不同的网络接入点之间漫游的同时保持连接
IEEE 802.11h	对 IEEE 802.11a 的传输功率和无线信道选择增加更好的控制功能，与 IEEE 802.11e 相结合，适用于欧洲地区
IEEE 802.11i	消除 IEEE 802.11 最明显的缺陷：安全问题
IEEE 802.11p	针对汽车通信的特殊环境而制定的标准
IEEE 802.11v	无线网络管理，面向运营商，致力于增强由 IEEE 802.11 网络提供的服务

与有线局域网相比，无线局域网有两个独特的特点。

- 在有线局域网中，为了能够通过网络传输信息，结点必须与该局域网通过线路物理连接。但在无线局域网中，任何结点只要处在该局域网中其他设备传输无线电波可达的范围，就可以传输信息。因此，在无线局域网中，需要用认证技术验证结点的身份。而在有线局域网中，"与网络相连"这个可见行为起了某种程度的认证作用。
- 类似地，为了接收有线局域网中另一结点发送的信息，结点也必须与该局域网通过线路物理连接。但在无线局域网中,在发送结点无线电波覆盖范围内的任何结点都可以接收。因此,无线局域网需要隐私保护机制。而在有线局域网中,"信息的接收结点必须与网络相连"提供了一定程度的隐私性。

无线局域网和有线局域网的差异性决定了无线局域网对安全服务和机制有更高的要求。

IEEE 802.11 定义的安全机制包括两大部分:一是数据保密和完整性,二是身份认证。1999 年发布的 IEEE 802.11b 标准中定义了 WEP 协议,为数据提供机密性和完整性保护,并且基于 WEP 协议设计了共享密钥认证机制。WEP 协议旨在提供与有线局域网同级的安全性,但此后的大量工作证明,WEP 存在较大的安全缺陷。因此,IEEE 于 2001 年成立了 IEEE 802.11i 任务组,以制定新的安全标准,来增强无线局域网的安全性。但在 IEEE 802.11i 完善之前,市场对于 WLAN 的安全要求十分急迫,为使安全问题不至于成为制约 WLAN 市场发展的瓶颈,Wi-Fi 联盟提出了 WPA(Wi-Fi Protected Access)标准,作为 IEEE 802.11i 完备之前替代 WEP 的过渡方案。WPA 以 IEEE 802.11i 第 3 版草案为基准并与之保持前向兼容。2004 年 6 月,完整的 IEEE 802.11i 标准通过,Wi-Fi 联盟也随即公布了与之相对应的 WPA 第 2 版(WPA 2)。

11.2.2　WEP

有线等效隐私(Wired Equivalent Privacy,WEP)协议的目的是为无线局域网提供与有线局域网相同级别的安全保护,广泛应用于保护无线局域网中的数据链路层的数据安全。WEP 包含以下 3 个要素:共享密钥 K、初始向量(IV)和 RC4 流密码算法。

1. WEP 数据加密及解密

WEP 采用对称加密算法 RC4。RC4 算法是一种对称流密码体制,可以采用 64b 或 128b 两种长度的密钥。IEEE 802.11b 规定,WEP 使用 64b 的加密密钥。这 64b 长的加密密钥由两部分组成:40b 的 WEP 用户密钥 K 和 24b 的初始向量 IV。

WEP 的加密过程可分成 3 个基本阶段。

(1) 数据校验阶段。对消息 M 计算完整性校验值(Integrity Check Value,ICV),使用的算法是 CRC32,即 $ICV=CRC32(M)$。将 ICV 与 M 串接,得到明文 $P=ICV\|M$。

(2) 密钥生成阶段。选取一个 24b 的初始向量 IV,将 IV 和 40b 的用户密钥 K 串接起来。以 $IV\|K$ 作为伪随机数发生器的种子,应用 RC4 算法,生成密钥序列(Key Sequence,KS),即 $KS=RC4(IV\|K)$,这是一个与 P 等长的伪随机序列。

(3) 数据加密阶段。将 KS 与 P 做异或运算即可产生密文 $C=KS\oplus P$。发送时将密文 C 和初始向量 IV 一起传输,即传输 $IV\|C$。

图 11-1 显示了 WEP 帧加密数据的过程。

WEP 的数据解密过程就是在无线局域网中将传输的数据转换成明文的过程,在此过程中还要对数据进行完整性的检测。解密过程包括以下几个步骤。

(1) 提取 IV 和密文 C。

(2) 将 IV 和密钥 K 一起送入采用 RC4 算法的伪随机数发生器得到解密密钥流。

(3) 将解密密钥流与密文相异或,得到明文消息 M 以及完整性校验值 ICV。

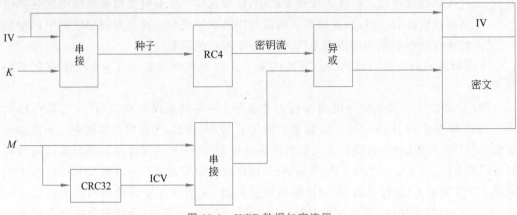

图 11-1　WEP 数据加密流程

（4）对得到的明文进行处理，采用相同的算法计算完整性校验值 ICV。

（5）比较两个完整性校验值结果，如果相等则说明协议数据正确。

为防止数据在无线传输的过程中被篡改，WEP 采取相应措施，即用 CRC32 循环冗余校验和来保护数据的完整性。发送方需要计算明文的 CRC32 校验和作为完整性校验值 ICV，并且将明文与 ICV 一起加密然后发送。当接收方收到加密数据时，需要先对数据进行解密，然后对解密出的明文执行相同的 CRC32 计算，并且将计算得到的 ICV 和解密得到的 ICV 进行比较。两者相同则认为数据没有被篡改，否则认为数据已经被篡改过，将丢弃这个数据包。

WEP 数据解密与完整性校验流程如图 11-2 所示。

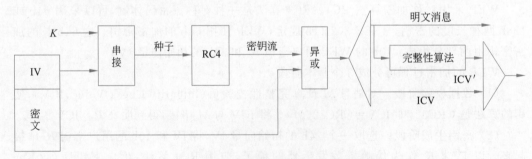

图 11-2　WEP 数据解密与完整性校验流程

IEEE 802.11b 标准规定无线工作站和接入点可以共享的 WEP 加密密钥是有限制的，最多为 4 个。在实际应用中，WEP 帧中的 Key ID 决定具体使用哪个 WEP 用户密钥。

WEP 的 MPDU（MAC Protocol Data Unit，MAC 协议数据单元）结构如图 11-3 所示。

2. WEP 认证

在 IEEE 802.11b 标准中，为防止非法用户接入特定的无线局域网，共定义了两种在无线局域网中认证终端用户或系统的方式，分别是开放系统认证（Open System

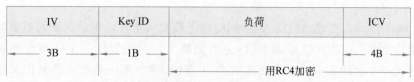

IV	Key ID	负荷	ICV
3B	1B	用RC4加密	4B

图 11-3　WEP 的 MPDU 结构

Authentication)和共享密钥认证(Shared Key Authentication)。

(1) 开放系统认证。

开放系统认证是 IEEE 802.11 的默认认证方式。这种认证经常被称为"零认证",因为这种认证方式本质上就是一种空认证机制,认证过程没有采用密码技术,甚至一个空的 SSID 就可以获得认证。因此,任何符合无线网络 MAC 地址过滤规定的终端都可以访问这个无线局域网,因而无线局域网的安全性较差。

当无须进行身份认证时,一般就采用开放系统认证。整个认证过程以明文方式进行,只有两步:认证请求和认证响应。无线站点发送一个包含自身 ID 的认证请求,其中未包含涉及认证的任何与客户端相关的信息。若无线接入点的认证算法标识也为开放系统认证,则它返回一个包含认证成功或认证失败的认证响应。当无线站点收到包含认证成功的响应信息后,就表明通信双方相互认证成功。

(2) 共享密钥认证。

共享密钥认证技术基于 WEP 协议,这种认证方式的核心思想是:接入点与无线工作站点共享密钥,对其他非法用户来说,共享密钥是保密的。与开放系统认证方式相比,共享密钥认证能够提供更高的安全级别。它采用挑战/响应方式是基于共享密钥的身份认证机制,在 IEEE 802.11 中有专门的控制帧来实现这个认证过程。

共享密钥认证过程如图 11-4 所示。

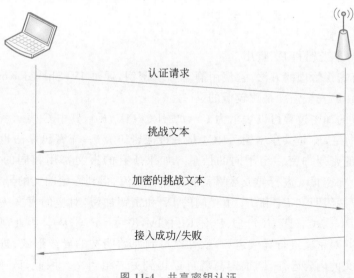

图 11-4　共享密钥认证

整个认证过程包括如下几个步骤。

① 无线工作站点搜寻无线接入点，同时向无线接入点发送申请认证的数据帧。

② 当无线接入点收到认证请求后，会向无线工作站点发送一个认证管理帧作为响应，其中包含一个挑战文本。这个挑战文本由 WEP 的伪随机数生成器利用某个共享密钥和初始向量 IV 生成。

③ 当无线工作站点收到接入点发来的挑战文本时，会用相应的共享密钥对挑战文本进行加密，然后将加密后得到的密文发回给接入点。

④ 接入点用相同的密钥对接收到的密文进行解密，并且将解密结果与之前发送的挑战文本相比较。若二者相同，则接入点向无线工作站点发送一个包含"成功"信息的认证结果；若二者不同，则接入点向无线工作站点发送一个包含"失败"信息的认证结果。

3. WEP 密钥

IEEE 802.11b 并没有描述无线接入点和无线站点共享的密钥是如何分配的，因此一般都认为是以手动的方法将密钥输入每个设备中。

在现实中，很多机构在设置了一个初始的 WEP 共享密钥后就永远不会改变它，因为 WEP 密钥是被无线网络中所有接入点和用户共享的，同时因为多数无线网络在设计上允许漫游，所以单一无线网络连接的所有设备必须拥有同一个 WEP 密钥。如果有越来越多的设备共享同一密钥，就必然会增加密钥丢失的可能性。这也会增加加密方案被破解的可能。

IEEE 802.11b 允许最多 4 个密钥存储在每个设备上，每个 WEP 信息在传送时必须包括密钥编号。只有发送设备和接收设备都采用相同的共享密钥，信息才能被正确地传送和解码。可存储多个密钥及利用密钥表编号去指定使用哪一个密钥的功能会带来多种多样的密钥轮换方案，因此经常改变密钥可提高 WEP 的安全性。不过，在 4 组预先设置的密钥之间不停轮换只能提供有限度的改善，更新加密密钥内容会更理想，但这个过程不可避免需要手动执行，因此更新频率受限。

4. WEP 的缺陷

（1）静态共享密钥和 IV 重用。

WEP 没有密钥管理的方法，它使用静态共享密钥，通过 IV/Shared Key 来生成动态密钥。静态密钥的安全强度是比较低的。

WEP 协议的加密过程可以表示为 $C = P \oplus RC4(IV, K)$，其中 C 表示密文，P 表示明文，IV 是初始向量，K 是共享密钥。RC4 是一种流密码算法，流密码算法也具有缺陷，例如不能用相同的密码加密多个不同的信息。如果所有的报文都用相同的 IV 和密钥加密，那么将两个加密报文进行异或运算就能去掉密钥流，得到原始明文的异或形式。

例如，假设两组明文 P_1 和 P_2 用相同的 IV 和密钥加密，对应的密文为 C_1 和 C_2，则有 $C_1 \oplus C_2 = (P_1 \oplus RC4(IV, K)) \oplus (P_2 \oplus RC4(IV, K)) = P_1 \oplus P_2$。因此，如果数据在传输途中被截获并对密文进行异或运算，就可以得到原始明文的异或形式；进一步地，如果其中的一组明文的内容已知，则很容易就可以得到另一组明文。因此，IV 的重用会带来机密性的破坏。

在 WEP 中，IV 的取值区间为 $[0, 2^{24} - 1]$。当加密的数据包个数超过 2^{24} 时，IV 必然发生重复,如果此时没有更换密钥,便会出现若干数据包用来加密的种子密钥发生重复,从而很容易被破解。按照 IEEE 802.11b 中 WLAN 的最高传输速率 11Mb/s 来计算,如果传输 1800B 大小的数据包,则 6h 后一定会出现重复。

（2）CRC32 的漏洞。

为保障数据传输的完整性,WEP 协议计算 32 位的循环校验（CRC）作为完整性校验值。但 CRC 并不是一种真正意义上的信息认证码,实际上满足不了网络对安全的要求。CRC 算法是线性的,因此 CRC 校验体现出很强的数据关联性,违背了密码学的随机性原则,安全性也随之降低;此外,CRC 本身是一种简单的算法,加上之前提到的线性原则,攻击者只要在信息流中插入一定比特位后再调整 CRC 校验与其相符,就可以做到破解密钥。

（3）认证的漏洞。

WEP 协议中规定的身份认证是单向的,即只包含接入点对无线工作站的认证,而却没有无线工作站对接入点的认证,不能防止假冒接入点的问题。

WEP 协议中规定的共享密钥认证也容易导致认证伪造。因为在认证过程中,接入点发送给无线工作站的"挑战文本"是以明文方式发送的,而无线工作站发回给接入点的消息为加密之后的。如果攻击者同时截获了明文和密文,就很容易根据 $RC4(IV, K) = C \oplus P$ 恢复出密钥序列,从而获得认证数据中的有用信息,以此通过接入点的验证而获得网络资源的访问。

此外,WEP 协议本身没有抗重放保护机制,因此对加密的报文可以随意重放,接收方无法识别该报文是发送方发送的还是攻击者重放的。

11.2.3　IEEE 802.11i

因为 WEP 协议存在重大安全缺陷,所以 IEEE 成立了安全任务组,制定了 802.11i 安全标准,以解决无线局域网的安全问题。IEEE 802.11i 关注无线接入点（AP）和无线工作站（STA）之间的安全通信,引入了健壮安全网络（Robust Security Network, RSN）的概念,定义了以下安全服务。

- 认证。定义用户和网络的交互,以提供相互认证,并且生成用于 STA 和 AP 之间无线通信的短期密钥。
- 访问控制。对认证功能的增强,能与多种认证协议协同工作。
- 带消息完整性的机密性。MAC 层数据与消息完整性校验码一起加密以提供机密性和完整性。

IEEE 802.11i 强安全网络操作可以划分成 5 个相对独立的操作阶段。

- 发现阶段。STA 和 AP 建立连接,决定保护通信机密性和完整性的协议、认证方法、密钥管理方法等。
- 认证阶段。一个 STA 与一个 AS 相互认证,目的是只允许授权 STA 访问网络,并且向 STA 保证连接的是一个合法网络;STA 和 AS 还产生一个共享的主密钥。
- 密钥管理阶段。AP 和 STA 执行一系列操作,由认证阶段生成的主密钥来产生各种密钥并保存于 AP 和 STA 中。

- 安全通信阶段。AP 和 STA 交换数据帧，交换的数据得到安全保护，以保证机密性和完整性。
- 连接终止阶段。AP 和 STA 拆除安全连接。

IEEE 802.11i 规定使用 IEEE 802.1X 认证和密钥管理方式，定义了 TKIP 和 CCMP 两种数据加密机制，增强了 WLAN 中的数据加密和认证性能，从而大幅度提升了网络的安全性。IEEE 802.11i 协议结构如图 11-5 所示。

图 11-5　IEEE 802.11i 协议结构

IEEE 802.11i 支持以下安全协议。

- 加强的加密算法 CCMP 或 TKIP，其中必须实现基于 AES 的 CCMP。
- 动态的会话密钥。
- 具有密钥管理算法。
- 基于 IEEE 802.1X 的无线接入点和无线工作站的双向增强认证机制。
- 支持快速漫游和预认证。
- 支持独立基本服务集（Independent Basic Service Set，IBSS）。

WPA 是由产业界的 Wi-Fi 联盟提出的、IEEE 802.11i 标准成熟之前的过渡方案。它基于 IEEE 802.11i 草案中的稳定部分，Wi-Fi 联盟要求兼容 WPA 的设备能够在 IEEE 802.11i 获批准后升级至与 IEEE 802.11i 兼容。

WPA 支持以下安全协议。

- 加强的加密算法 TKIP。
- 动态的会话密钥。
- 具有密钥管理算法。
- 基于 IEEE 802.1X 的双向增强认证机制。

可以看出，WPA 只是 IEEE 802.11i 的子集。因此，本书只介绍 IEEE 802.11i，不涉及 WPA 的内容。

1. 数据加密和完整性

（1）TKIP 协议。

TKIP(Temporal Key Integrity Protocol，临时密钥完整性协议)是一种对传统设备上的 WEP 算法进行加强的协议，目的是在不更新硬件设备的情况下提升系统的安全性。作为一种过渡算法，虽然其所能提供的安全措施有限，但它能使各种攻击变得比较困难。TKIP 与 WEP 一样基于 RC4 加密算法，但相比 WEP 算法，将密钥的长度由 40 位增加到 128 位，初始向量的长度由 24 位增加到 48 位，解决了 WEP 密钥长度太短的问题。TKIP 还对 WEP 进行了改进，引入了 4 种新机制以提高加密强度。

- 每包一密钥。每个 MAC 数据包使用不同的密钥加密,该加密密钥通过将多种因素混合在一起而生成,安全强度大大提高。
- 消息完整性校验码(Message Integrity Code,MIC)。TKIP 实现了一个 64 位的消息完整性检查,防止伪造的数据包被接收。
- 具有序列功能的初始向量 IV。利用 TKIP 传送的每一个数据包都具有唯一的 48 位序列号,这个序列号在每次传送新数据包时递增并被用作初始向量和密钥的一部分,确保了每个数据包使用不同的密钥。
- 密钥生成及定期更新功能。这种机制解决了密钥管理的问题。

TKIP 加密过程如图 11-6 所示。

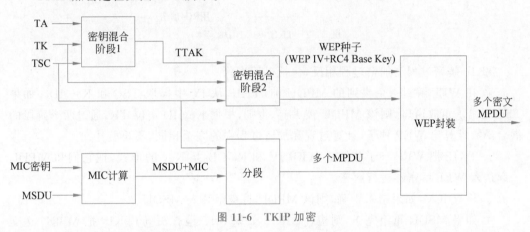

图 11-6　TKIP 加密

TKIP 的加密过程包括以下几个步骤。

① MPDU 的生成。这包括 MIC 的产生和 MSDU(MAC Service Data Unit,MAC 服务数据单元)的分段。发送方针对明文 MSDU 计算散列值,将此散列值作为 MIC 串接到 MSDU 后面。如果有必要,发送方将串接的 MIC 和 MSDU 分成一个或多个明文 MPDU,并且给每个 MPDU 分配一个单调增加的 TSC(TKIP Sequence Counter,TKIP 序列计数器)。所有来自同一个 MSDU 的 MPDU 所使用的 TSC 值来自相同的计数空间。这些 MPDU 将作为 WEP 算法的输入。

② WEP 种子生成。这一步是为了弥补 WEP 静态共享密钥的缺陷。对于每个 MPDU,TKIP 都将计算出相应的 WEP 种子,也就是每包一密钥(RC4 密钥)。WEP 种子的生成主要包括两个密钥混合过程:第一阶段的密钥混合基于临时密钥(Temporary Key,TK)生成一个临时的混合密钥(TTAK)。利用 TTAK、TK 和 TSC 作为第二阶段混合的输入即可得到用于 WEP 加密的 WEP 种子。

③ WEP 封装。TKIP 把经过两次混合产生的 WEP 种子分解成 WEP IV 和 RC4 Base Key,然后和 MPDU 一起传给 WEP 进行加密。TK 对应的 Key ID 会被编入 WEP 的 IV 域中。

总的来看,加密时的输入有 TK、MIC 密钥、明文 MSDU、TSC 和 TA。其中,TK、TSC 和 TA 参与第一阶段的混合,生成 TTAK;TTAK、TSC 和 TK 经过第二阶段的混合生成 WEP 种子,供 RC4 调用生成密钥流。同时,明文 MSDU 和 MIC 密钥经过散列运算生成 MIC，然后明文 MSDU 和 MIC 串接并分段得到多个 MPDU，每一个 MPDU 对应一个特定的 TSC。MPDU 作为 WEP 输入，和密钥流异或得到密文。

TKIP 重用了 WEP 的 MPDU 格式，但扩展了 4B，用作扩展 IV 字段；同时增加了 8B 的 MIC 字段。MSDU-MIC 可以封装在单个的 MPDU 中；如果不行，则被分段，成为适当大小的多个 MPDU，MIC 可能只在最后的 MPDU 中出现。

TKIP 的 MPDU 结构如图 11-7 所示。

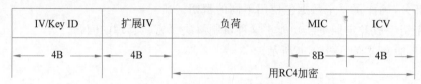

图 11-7　TKIP 的 MPDU 结构

TKIP 解密过程与加密过程相反，包括以下步骤。

① 在 WEP 解封一个收到的 MPDU 前，TKIP 从 IV 中提取 TSC 和 Key ID。如果 TSC 超出了重放窗口，则该 MPDU 被丢弃；否则，根据 Key ID 定位 TK，通过两个阶段的混合函数计算出 WEP 种子（计算过程和加密过程中的完全相同，不再赘述）。

② TKIP 把 WEP 种子分解成 WEP IV 和 RC4 Base Key 的形式，把它们和 MPDU 一起送入 WEP 解密器进行解密。

③ 检查 ICV，如果结果正确，则该 MPDU 将被组装入 MSDU。

④ 如果 MSDU 重组完毕，则检查 MIC。如果 MIC 检查正确，TKIP 把 MSDU 送交上一层；否则，MSDU 将被丢弃。

TKIP 从如下几方面加强了 WEP 协议。

- WEP 缺少防止消息伪造和其他主动攻击的机制，TKIP 中设计了 MIC 以保证 MSDU 数据单元的完整性，从而可以有效抵抗这类攻击。MIC 的生成算法是 Michael 算法，针对已有硬件优化设计，具有较高的执行效率。另外，MIC 被 RC4 算法加密，这就减少了 MIC 对攻击者的可见度，从而可以有效地抵抗攻击者假冒消息。总的来说，通过在 MSDU 分段前实行完整性校验，分段后加密传输，并且每一传输单元使用不同的密钥加密等改进手段，可以防止针对 WEP 的使用 CRC 作为数据完整性校验的各种攻击形式。

- TKIP 中使用两个阶段的混合加密函数计算得到 WEP 种子。这个种子包括了 WEP IV，与 TSC 一一对应。与 WEP 中的静态密钥和 24 位的 IV 相比较，混合函数把密钥和数据包的属性结合起来，可以有效地抵抗重放攻击，使密钥更安全。

- TKIP 使用 TSC 向它发送的 MPDU 来排序，接收者会丢掉那些不符合序列的。这提供了一种较弱的抵抗重放攻击的方法。

TKIP 的设计提高了整个系统的安全性。它针对 WEP 的缺陷提出了相应的补救措施，并且在 TKIP 工作过程中，除最后的 WEP 加密外，前面的部分都属于软件升级部分，这样就实现了在现存资源上可能达到的最大安全性。但是，这一点也限制了安全性的进一步提升。因为 TKIP 的总体安全性仍是取决于 WEP 核心机制，而 WEP 算法的安全漏洞是由于机制本身引起的,增加加密密钥的长度不可能增强其安全程度,初始向量 IV 长度的增加也只能在有限程度上提高破解难度(如延长破解信息收集时间),但并不能从根本上解决问题。因此,TKIP 只是一种过渡算法。

（2）CCMP 协议。

CCMP 基于 AES 算法和 CCM 模式,由两部分组成:CTR 加密模式,用于保证数据的私密性;CBC-MAC(Cipher Block Chaining Message Authentication Code,密文分组链接消息鉴别码)模式,用于数据完整性校验。CCMP 是 IEEE 802.11i 强制使用的加密方式,为 WLAN 提供了加密、认证、完整性和抗重放攻击的能力,能解决 WEP 中出现的所有问题。

CCMP 的 MPDU 结构如图 11-8 所示。

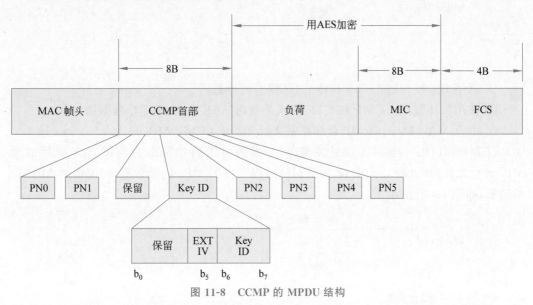

图 11-8　CCMP 的 MPDU 结构

CCMP 的 MPDU 包含一个 8B 的首部和一个 8B 的 MIC。在 CCMP 首部字段中,6B 存储 48b 的 PN(Packet Number),一个字节保留,另一字节为 Key ID 字节。Key ID 字节的第 0~4 位为保留位,第 5 位是 EXT IV 指示位(一般置为 1),后两位是 Key ID。

CCMP 的封装过程实现了 MPDU 的加密和认证,如图 11-9 所示。

CCMP 的封装过程包括以下几个步骤。

① 增加 PN,保证对每个 MPDU 有一个新 PN。

② 用 MAC 头构造 CCM 的附加认证数据(Additional Authentication Data,AAD),CCM 算法也为 AAD 提供完整性保护。

③ 利用 PN、MPDU 的发送地址和优先级域计算 CCM Nonce(临时交互号)。

④ 把 PN 和 Key ID 编入 CCMP 首部。

⑤ 利用 MPDU 和 Nonce 构造 CCM-MAC 的 IV。

⑥ 使用该 IV,CCMP 在 CCM-MAC 下使用 AES 计算出 MIC,将 MIC 截为 64 位,添加在 MPDU 数据后面。

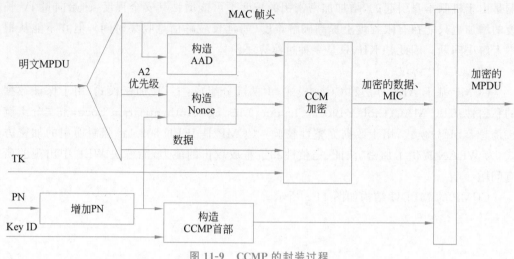

图 11-9　CCMP 的封装过程

⑦ 利用 PN 和 MPDU TA 构造 CTR 模式的计数器。

⑧ 使用该计数器，CCMP 在 CTR 模式下使用 AES 加密 MPDU 数据和 MIC。

⑨ 由原 MAC 帧头、CCMP 首部和密文组合形成 CCMP MPDU。

CCMP MPDU 的解封装与封装类似，只需要将重新计算出的 MIC 与解密后的原 MIC 进行比较判断即可。CCMP 的解封装过程实现了 MPDU 重放检查、解密和 MIC 校验功能，如图 11-10 所示。

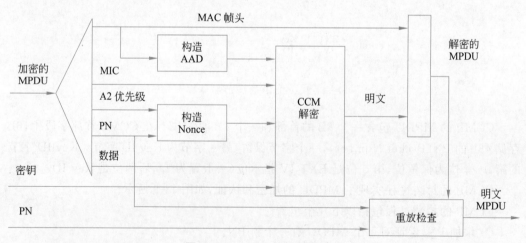

图 11-10　CCMP 的解封装过程

解封装包括以下几个步骤。

① 获取 PN，进行重放检查，若为重放则抛弃该帧。

② 以 Olen、TA、PN 为输入，构建初始分组，其输出同样记为 MIC_IV。

③ 以 PN 和 MPDU TA 为输入，构建用于 CTR 解密的计数器。

④ 在 TK 的控制下，对包含 MIC 的密文 MPDU 通过 CTR 解密。

⑤ 以解密后的明文 MPDU、MIC_IV 以及 PN 为输入,在临时密钥 TK 的作用下,通过 CBC-MAC 重新计算得 MIC。

⑥ 将 MIC 与接收到的 MIC 比较,若不同则视为遭到篡改攻击,抛弃当前接收数据并记入日志。

CCMP 以高级加密标准 AES 为核心加密算法;AES 是一种迭代分组加密算法,比 WEP 和 TKIP 中的 RC4 算法具有更高的安全性。

CCMP 进一步提高了加密算法的安全性,它使用同一个密钥进行 CTR 模式加密和 CBC-MAC 模式认证。通常在一个以上的通信会话中使用同一密钥会导致安全缺陷,但 CCMP 已被证明不会出现安全缺陷。

此外,CCMP 除能对数据进行保护外,还可以提供对 MAC 帧头的保护。提供对更多数据的保护也是 CCMP 胜过其他加密机制的优点。

2. 认证协议

IEEE 802.11i 中的认证、授权和接入控制主要由 3 部分配合完成,分别是 IEEE 802.1X 标准、EAP 协议和 RADIUS 协议。RADIUS、EAP 和 IEEE 802.1X 在第 7 章中已进行了介绍,本章不再详述。

3. 密钥管理

缺乏自动有效的密钥管理是 IEEE 802.11 的一大安全缺陷。人工配置密钥的方法烦琐而低效,并且以口令作为密钥还容易受到字典攻击,因此密钥管理机制的设计也是 IEEE 802.11i 的一个重点。当 STA 和 AS 成功地相互认证(如通过 EAP-TLS)并产生一个主密钥后,就进入密钥管理流程。

(1) 密钥层次。

在 IEEE 802.11i 中,存在多个层次的密钥。认证成功后,STA 和 AS 各自生成 32B 的对等主密钥(Pairwise Master Key,PMK)。PMK 生成的方法与认证方式相关;如果是 EAP 认证,则由认证过程得到 EAP 主密钥(MSK),再由 MSK 派生出 PMK(通常是取 MSK 前面若干长度的比特组成 PMK)。AS 将密钥材料安全地传送到认证者 AP,从而使 AP 生成相同的 PMK。PMK 处于密钥层次的第一级。

在 IEEE 802.11 无线网络中,单播密钥是在某个 STA 和 AP 之间使用的,在 IEEE 802.11i 中被称为对等临时密钥(Pairwise Temporary Key,PTK)。多播(组播和广播)密钥是在同一个 AP 覆盖的小区内使用的,在 IEEE 802.11i 中叫作组临时密钥(Group Temporary Key,GTK)。PTK 根据 PMK 计算生成,进而可以根据 PTK 得到加密所需的其他各种密钥。GTK 则由组主密钥(Group Master Key,GMK)生成,GMK 通常是 AP 生成的随机数。

IEEE 802.11i 支持 TKIP 和 AES 两种加密算法,这两种算法都需要多个密钥。以 AES 为例,其密钥导出层次如图 11-11 所示。

在认证成功后,通信双方 STA 和 AP 都将获得 PMK,对此 PMK 应用 PRF-384 函数(输出为 384b 的伪随机函数)导出 PTK,即

$$PTK = PRF\text{-}384(PMK, Len(PMK), \text{"Pairwise key expansion"}, MIN(AA, SA) \parallel MAX(AA, SA) \parallel MIN(AN, SN) \parallel MAX(AN, SN))$$

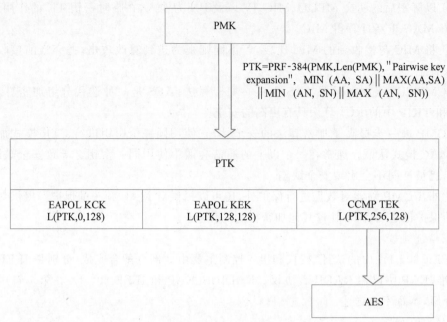

图 11-11　AES 密钥导出层次

其中，‖ 表示串接，Len()是求长度函数，AA 和 SA 分别代表 AP 和 STA 的 MAC 地址，AN 和 SN 则是 AP 和 STA 产生的 Nonce(伪随机数)。

进而，根据 PTK 导出以下密钥。

- EAPOL KCK(Key Confirmation Key,密钥确认密钥)，用来计算密钥生成消息的完整性校验，取自 PTK 的 0～127b。
- EAPOL KEK(Key Encryption Key,密钥加密密钥)，用来加密密钥生成消息，取自 PTK 的 128～255b。
- CCMP TEK(Temporal Encryption Key,临时加密密钥)，取自 PTK 的 256～383b。

最后，由 TEK 根据 CBC-MAC 算法导出 AES 加密密钥。

(2) 四次握手。

如果认证成功，认证者 AP 向申请者 STA 转发 EAP-Success 消息，然后 AP 初始化两种密钥交换：四次握手和组密钥更新。

STA 和 AP 之间采用四次握手机制交换 EAPOL-Key 消息来保证 PMK 的存在性，并且由 PMK 生成 PTK。同时，通过四次握手的结果通知 STA 是否可以加载加密整体性校验机制。四次握手的流程如图 11-12 所示。

① AP 产生 ANonce；发送 EAPOL-Key 消息，其中包括 ANonce。

② STA 产生 SNonce，由 ANonce 和 SNonce 使用伪随机函数 PRF 产生 PTK；发送 EAPOL-Key 消息，包含 SNonce、STA 的安全配置信息(RSN Information Element,RSN IE)和消息完整性校验码 MIC；MIC 使用 KCK 计算。

③ AP 由 ANonce 和 SNonce 产生 PTK，并且对 MIC 做校验，若失败则丢弃；AP 将

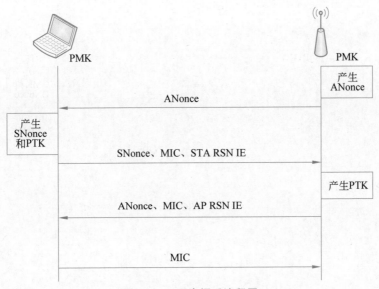

图 11-12　四次握手流程图

STA RSN IE 与发现阶段 STA 发送的 RSN IE 进行比较,如不同则中断;如果 MIC 校验和 STA RSN IE 比较都成功,AP 就发送 EAPOL-Key 消息,其中包括 ANonce、AP 的安全配置信息(AP RSN IE)、MIC 以及是否安装加密/整体性密钥。

④ STA 发送 EAPOL-Key 消息,确认密钥已经安装。

四次握手的目的在于由 STA 和 AP 共享的 PMK 推导单播通信密钥 PTK。它以 PMK 为信任基础,双方分别提供了随机数,可以保证握手报文的现场性以及协商所得会话密钥的新鲜性。握手报文带有验证码 MIC,可防止攻击者篡改。四次握手中还考虑了对无线链路连接探寻阶段协商的密码算法进行有保护的确认,防止算法降级攻击。总体而言,四次握手具有较好的安全性和较高的效率。

(3) 组密钥更新。

组密钥握手机制用来向 STA 发送新组密钥,只有当第一次四次握手成功后才能进行组密钥初始化,其流程如图 11-13 所示。

① AP 产生一个随机数作为 GMK 并计算新 GTK,对 GTK 加密,封装在 EAPOL-Key 消息中发送。通常,GTK 的生成方式为 GTK＝PRF(GMK,"Group Key Expansion", AA ‖ GNonce),其中 PRF 是一个伪随机函数,AA 是 AP 的 MAC 地址,GNonce 则是 AP 产生的一个 Nonce。

② STA 对收到的消息做 MIC 校验,解密得到 GTK,并且发送 EAPOL-Key 消息给 AP 进行确认。

4. RSNA 建立过程

IEEE 802.11i 的强安全网络连接(Robust Security Network Association, RSNA)建立过程包含 3 个实体:申请者(STA)、认证者(AP)和认证服务器(如 RADIUS 服务器)。通常,一个成功的认证意味着 STA 和 AS 互相证实对方的身份并为下一步的密钥管理过程产生

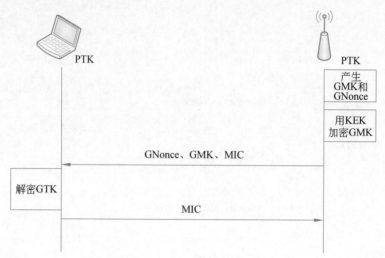

图 11-13　组密钥更新流程图

一个共享密钥，在这个共享密钥的基础上，密钥管理协议计算并分发用于数据传输的密钥。

大体上，RSNA 建立过程可分成 6 个阶段。

（1）网络和安全能力发现。一方面，AP 在某一特定信道以发送信标帧的方式周期性地向外广播它的安全性能信息，这些安全性能信息包含在 RSN 信息单元（RSN IE）中；另一方面，AP 也会发送探询应答帧来响应无线工作站的探询请求。

（2）IEEE 802.11 认证和连接。STA 从可用的 AP 列表中选择一个 AP，与该 AP 进行认证和连接。然而这种认证是很脆弱的，必须在以后的阶段加以强化。经过这一阶段后，IEEE 802.1X 端口还处于关闭状态，还不能进行数据包的交换。

（3）EAP/IEEE 802.1X/RADIUS 认证。STA 与 AS 执行双向认证协议（如 EAP-TLS），AP 扮演数据中转站的角色。经过这一阶段后，STA 与 AS 互相进行认证并生成共享密钥，即 MSK。STA 由 MSK 派生出 PMK；AS 将密钥材料安全地传送到 AP，从而使 AP 可以生成相同的 PMK。

（4）四次握手。申请者与认证者通过四次握手机制来确认 PMK 的存在，核实所选用的加密套件，并且生成 PTK 用于后面的数据传送。经过这一阶段后，认证者与申请者共享一个新 PTK，IEEE 802.1X 端口也会开通并进行数据的交换。

（5）组密钥握手。当存在多播应用时，AP 会生成一个新 GTK 并将这一 GTK 发送到每一个 STA。

（6）安全数据传输。利用 PTK 或 GTK 以及前面所协商的加密组件，申请者与认证者可以依照数据加密协议传送受保护的数据。

思　考　题

1. WEP 加密过程主要包括哪些阶段？

2. IEEE 802.11i 强安全网络操作可以划分成哪些操作阶段？

3. 请列举 IEEE 802.11i 支持的安全协议。

4. TKIP 在哪些方面增强和改进了 WEP？

5. CCMP 的正向封装过程包括哪几个步骤？

6. 简述 IEEE 802.11i 四次握手流程。

7. 简述 IEEE 802.11i 的强安全网络连接建立的过程。

第 12 章

云 安 全

课程思政

教学课件

教学视频

导 读

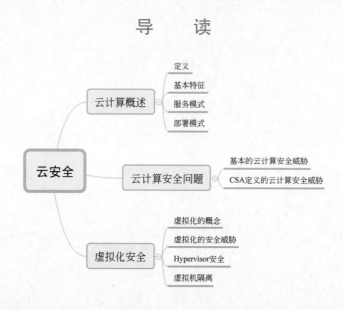

随着大数据时代的到来,作为基础设施的云计算平台变得愈加重要。云计算体现了"网络就是计算机"的思想,将大量计算资源、存储资源与软件资源链接在一起,形成巨大规模的共享虚拟 IT 资源池,为远程计算机用户提供"召之即来,挥之即去"且似乎"能力无限"的 IT 服务。云计算代表了 IT 领域迅速向集约化、规模化与专业化道路发展的趋势,被视为当前信息领域的工业革命。

但另一方面,云计算发展也面临许多关键性问题,而安全问题首当其冲。随着云计算的不断普及,安全问题的重要性呈现逐步上升趋势,已成为制约其发展的重要因素。因此,本章首先简要介绍云计算安全的基础知识,随后重点阐述和分析云计算安全的特色问题——虚拟化安全。

12.1 云计算概述

12.1.1 云计算的定义

云计算有很多定义,目前为业界广泛接受的是 NIST 的定义:云计算是一种资源访问模型,允许用户通过网络随时随地、便捷、按需地从计算资源共享池中获取所需的资源(如网络、服务器、存储、应用程序及服务);资源可以快速供给和释放,并且用户的管理成本以及与云服务提供者的交互降至最少。

　　云计算并不是一项具体技术,而是并行计算、网格计算、效用计算等计算范型的进一步发展。利用虚拟化、分布式计算、并行计算、分布式存储、软件定义网络等技术,云计算提供商将 IT 基础设施资源集中起来,构建多个大规模的数据中心,然后以数据中心为基础,根据用户需要动态地分配资源,向用户提供各种层次的服务。可以看出,云计算的理念非常简单:像提供水、电、天然气等基础设施服务一样,将计算资源以服务的形式通过网络提供给用户,即计算资源的基础设施化,从而实现资源的高度整合和高效利用。

　　NIST 进一步地把云计算描述为包括基本特征、服务模式和部署模式的三重服务提供框架,如图 12-1 所示。

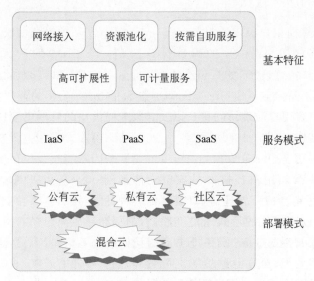

图 12-1　NIST 云框架

12.1.2　云计算的基本特征

　　与传统的信息技术相比,云计算具有如下基本特征。

- **按需自助服务**:云计算平台提供强大的计算资源和近乎无限的存储资源,用户可以通过服务接口按实际需求从云平台上请求资源和服务,并且不需要和服务提供商进行任何人工交互。
- **普遍的网络接入**:用户能够在多种富客户端或瘦客户端环境(如移动电话、便携式计算机、工作站、平板终端等)中使用标准的网络协议随时随地使用云平台提供的服务,访问云端的应用程序和数据。普遍网络接入这一重要特征体现了"网络就是计算机"的思想,也被称为"无处不在的网络访问"。
- **资源池化**:云计算通过虚拟化技术将底层软硬件资源抽象为一个巨大的资源池。在多租户环境下,多个用户共享资源池中的资源,而资源的具体位置对于用户而言是透明的。资源池可以看成虚拟资源和物理资源的一个有效映射。
- **高可扩展性**:云计算资源能够按用户的需求进行快速而弹性的扩展,实时响应用户的资源请求,用户以按需付费的方式购买资源。

• 可计量资源服务：云计算可以像水电的使用一样量化云平台提供的各项资源，采用一种资源计量策略动态地控制和优化用户的资源使用，并且形成资源使用情况统计报告向用户和服务提供商进行反馈。

除 NIST 描述的以上 5 个基本特征外，云安全联盟（Cloud Security Alliance，CSA）将多租户属性作为云计算的一个重要特征。多租户是指云计算平台允许同一或不同组织的多个用户共用相同的服务或资源，而用户之间的数据和状态是保持隔离的。多租户技术通过对共享相同资源的用户进行逻辑划分，使云平台中的资源使用率达到最佳。

12.1.3 云计算的服务模式

NIST 把云计算向用户提供的服务模式分为 3 种：①基础设施即服务（Infrastructure as a Service，IaaS），如 Amazon 的弹性计算云（EC2）、IBM 的蓝云；②平台即服务（Platform as a Service，PaaS），如 Google 的 Google App Engine 和微软的 Azure 平台等；③软件即服务（Software as a Service，SaaS），如 Salesforce 公司的客户关系管理服务等。这 3 种服务模式结合用户前端访问接口以及云服务提供商的后端虚拟机和物理设施构成了云计算服务栈结构，如图 12-2 所示。

1. 基础设施即服务（IaaS）

IaaS 服务提供商向用户提供的是虚拟硬件基础设施，包括网络、存储、内存、处理器，以及其他各种计算资源，这些资源以虚拟化的形式通过互联网提供给用户直接使用。用户通过 IaaS 服务提供商的访问接口访问和使用这些资源，可在这些资源上配置和运行操作系统、应用软件等，并且根据实际使用情况付费。

IaaS 是最基础、最接近云计算基本定义的服务模式，根据用户需求，以虚拟机实例的形式将虚拟化的存储、处理、计算服务等基础设施资源等交付给用户。IaaS 有着良好的可扩展性，可以根据用户需求弹性地扩容，使得用户能够方便地构建动态可扩展的计算机

图 12-2 云计算服务栈结构

系统。IaaS 提供的虚拟化资源通常是未配置好的，因此用户需要自己控制底层，配置裸的基础设施，安装、管理和控制所需软件，实现基础设施的使用逻辑。

在没有 IaaS 的情况下，企业通常需要投入大量资金建设自己的计算基础设施，购买或租赁专用硬件、软件等，并且雇佣专业技术人员进行管理和维护。IaaS 的出现让企业可以省下这笔开支。

2. 平台即服务（PaaS）

PaaS 服务提供商向用户提供的是一个配置完成且能够部署可执行代码的软件开发平台，包括应用程序开发框架、软件开发/编译/运行环境、操作系统以及开发接口和资源。用户通过浏览器就可以访问这个虚拟开发平台，利用云服务提供商支持的编程语言和工具来开发应用，并且将开发出的应用部署到云中；用户只需要负责应用环境配置和应用部署，而不需要管理或控制底层的云基础设施。

PaaS 服务提供商为应用开发提供了全生命周期的支持。PaaS 可用于端到端软件开发、测试和部署,也可用于专用软件开发,为用户提供了一个低成本的应用设计和发布途径。用户可以利用 PaaS 云计算平台进行软件开发、测试和部署,避免了大量购置应用开发的相关资源,并且可以轻松地将开发的应用发布或部署到云上。

3. 软件即服务(SaaS)

SaaS 服务提供商向用户提供的是应用和服务,包括应用软件实体以及应用软件运行所需的软硬件环境,并且负责对软件系统进行管理和维护。用户采用 Web 浏览器等客户端接口通过互联网访问和使用这些应用,而无须关心应用的开发、部署、管理等技术问题。

SaaS 为用户提供了一种能力,使得用户能使用运行在云基础设施上的、由服务提供商所提供的应用程序。这些应用可以在各种客户端设备上通过一个接口被访问。用户无须管理和控制底层云基础设施。

SaaS 模型让用户不必做任何软件的开发、安装、配置和维护,就可以使用云服务提供商提供的应用服务,在一定程度上减少了用户在信息化方面的投入。在传统的应用服务提供方式下,服务提供商通常是在用户购买软件并取得授权时按照软件副本或许可证对用户一次性收费。而在 SaaS 模式下,交付给用户的软件是根据服务使用情况和使用持续时间向用户收取费用。

12.1.4 云计算的部署模式

根据云计算平台的规模、成本效益、服务的用户群体、服务的开放程度及用户的实际需求等因素,目前主要存在 4 种云计算部署模式:共有云、私有云、混合云和社区云。

- 公有云。公有云是由大型云服务提供商投入建设并公开面向所有公共用户和企业服务的云计算平台。服务提供商负责建设云平台基础设施、资源、服务并提供相应的访问接口。云用户通过互联网和应用程序访问接口以按需付费的方式使用云平台提供的服务和资源。云服务提供商从大规模云用户支付的资源租赁和管理服务费用中获取经济效益。

- 私有云。私有云是各个组织根据自身的业务需求自行投入建设并面向组织内部人员和部门开放的云计算平台。组织自行负责购买软硬件等基础设施,搭建云计算平台并对平台进行维护和管理。组织内部用户通过提交申请经审批后获取云平台提供的服务。私有云建设的目的是为了实现组织内部信息资源的统一管理、整合、动态分配和共享。

- 混合云。混合云融合了共有云和私有云的特点,它是在组织既希望获得公有云专业的服务和廉价的资源,同时又希望将自己的核心业务或敏感数据放在自己内部私有云平台以保证数据安全性的背景下发展而来的。混合云近年来已经成为云计算的主要发展方向和应用模式,它将公有云和私有云进行混合和兼容,以获得最佳的个性化服务效果。

- 社区云。社区云是由多个具有相同需求的社区共同建设并仅为这些社区提供服务的云计算平台。云计算平台提供的资源和服务由这些社区共同拥有和使用,平台的维护和管理由社区共同承担。社区云也可以看成私有云的另一种形式。

虽然公有云作为云计算设计的初衷具有功能强大、资源丰富、部署快捷、弹性可伸缩、价格低廉等众多优势，然而出于安全考虑，绝大多数企业并不愿意将自己的私有数据和核心业务迁移到远程的公有云平台上，安全问题成为阻碍公有云发展和应用的关键问题之一。另一方面，尽管私有云由组织自行建设和维护而具有最高的安全性，但投入的人力和财力成本相对较高。因此，融合了公有云和私有云特点的混合云部署模式在近年来得到了充分的发展，企业一般将核心业务和数据部署在自建的私有云上，而对于安全性要求相对较低的应用则采用公有云服务的方式。

12.2 云计算安全问题

12.2.1 基本的云计算安全威胁

云计算平台结构复杂，牵扯技术众多，因此云计算在安全方面也存在诸多问题。常见的云计算安全威胁主要包括基础设施层面的安全威胁、数据层面的安全威胁、应用层面的安全威胁和管理层面的安全威胁。

1. 基础设施层面的安全威胁

云计算基础设施是支撑云计算服务的软硬件体系，包括物理基础设施和虚拟基础设施，是云计算平台的基础支撑，各种云服务和云应用都要建立在云计算基础设施上。要保证云计算的安全，首先就要确保云计算基础设施的安全。

云计算基础设施是一个分层架构，最底层是CPU、内存、网络设备等实实在在的物理资源；上一层是虚拟化管理软件（如虚拟机管理器Hypervisor等），是虚拟化的基础；再上一层是虚拟资源，包括虚拟的CPU、存储、网络等；最上层是相关的管理软件，包括云管理器组件、云安全管理组件、计费组件等。

云计算基础设施引入了许多新技术，在创造新服务模式和提高服务性能的同时，也引入了许多新问题。因此，除传统的网络安全威胁（如网络攻击、数据泄露等），还要面临许多新的安全威胁。在云计算引入的新技术中，虚拟化技术居于核心地位，同时也带来了许多新的安全威胁，例如虚拟机跳跃和虚拟机逃逸这两种针对Hypervisor的典型攻击。

2. 数据层面的安全威胁

在云计算环境下，用户将数据存储在云端，由云服务提供商全权负责数据的存储和安全管理，即用户将数据外包给云服务提供商。用户外包数据的同时也相应转让了对数据的控制权，使得云服务提供商拥有了对用户数据最直接的访问能力。虽然用户可以通过签订数据安全和隐私协议来约束云服务提供商对数据进行访问，然而远程云服务提供商对云用户而言仍然是不可控的。另一方面，随着大量的个人和企业数据不断向云平台汇聚，云平台本身将成为外部恶意攻击者的重要攻击点，攻击者会通过各种攻击手段从云平台中获取有价值的信息，使用户数据面临严重的安全威胁。因此，云平台上的外包数据实际上面临云服务提供商和外部攻击者的双重威胁。数据安全是云计算中需要重点关注的一个安全问题。

　　数据加密是保障数据安全的主要技术,能防止云服务提供商、外部攻击者等非法使用和窃取用户数据。为充分保障数据的机密性,像 Amazon、Dropbox 等大型云平台厂商也建议用户上传他们加密后的私有数据,并且为用户提供了数据加密服务接口。然而,数据加密后的密文不再具有原始数据的语义特征,导致在密文上无法进行有效的计算和处理操作。虽然用户可以从云平台上下载所有的密文数据并在本地解密后对明文进行操作,但这种方式会带来巨大的通信和计算开销,而且造成云计算平台数据处理能力的闲置。近年来,支持密文计算和处理的加密技术得到了学术界的充分重视,出现了同态加密、保序加密、可搜索加密等新型加密原语。随着云计算数据外包模式的发展,如何"既能通过加密技术保护数据安全性,又能充分利用云平台强大的计算能力对加密数据进行计算和处理"成为一个研究热点。

　　3. 应用层面的安全威胁

　　在云计算体系中,云服务提供商以服务的形式向用户提供计算、存储、网络等资源,服务提供的平台是公共网络。由于网络中总是不断涌现各种威胁和攻击,云服务在提供和运行过程中也时刻面临各种安全威胁,这些安全威胁涉及应用安全、Web 安全、身份认证、访问控制等多个方面。

　　同时,云服务提供商通常提供一组应用程序编程接口供用户访问云平台的资源,这些编程接口通常会控制大量虚拟机,甚至是整个云平台。如果这些接口存在漏洞并被攻击者所利用,则会带来严重的安全后果。实际上,大部分云服务提供商提供的 API 都有安全风险。

　　传统 IT 系统的信任边界几乎是静止不变的,而云环境中数据的位置具有不确定性,用户与云服务提供商的信任边界模糊,使得云计算环境中的身份认证和访问控制较传统信息系统复杂很多。如何实现跨云的身份认证和管理以及如何安全地管理用户账户信息是云计算的另一重要安全问题。

　　4. 管理层面的安全威胁

　　在云计算环境下,数据的所有权和管理权分离,用户将数据外包给云服务提供者进行管理。云服务提供商可以完全访问和控制这些数据,而用户基本上失去了管理和控制能力。云服务提供商对云端数据和应用的管理规范度、用户与云服务提供商之间管理边界的划分、云服务提供商对自己管理义务的履行情况等都会影响云环境下用户数据的安全性。

　　目前,云环境下数据管理仍然不太规范,相关法律法规滞后于技术发展。多数云服务提供商的服务水平协定、安全责任等信息缺乏透明性,用户与云服务提供商的管理界限较模糊,为安全责任界定带来了困难。此外,云环境中的数据位置不确定,有可能分布在不同国家和地区,而不同国家和地区有不同的法律体系,为安全责任的确定带来了进一步的困难。

12.2.2　CSA 定义的云计算安全威胁

　　2016 年 3 月,云安全联盟(CSA)发布了一份研究报告,列出了云计算面临的 12 项安全威胁。

1. 数据泄露

在云环境中，大量的数据存储在云服务器，使得云服务供应商成为一个更具吸引力的攻击目标。潜在损害的严重程度往往取决于数据的敏感性。一旦这些数据被泄露，将危及用户个人隐私、企业的商业秘密和国家安全。

2. 凭据或身份验证遭到攻击或破坏

为保护云端数据和云服务的安全，云服务提供商通常会采用身份认证和访问控制的方法来控制用户对云平台资源的访问范围和权限。如果身份管理系统过于脆弱，或者使用了弱密码、糟糕的密钥或证书管理机制，则极易遭到攻击，从而造成凭据的泄露，进而造成数据泄露或资源被滥用。

3. 接口和 API 被黑客攻击

几乎每一款云服务和应用程序均提供 API，云服务提供商的 IT 团队使用接口和 API 来管理、配置和监控云服务，用户则使用接口和 API 与云服务交互。

云服务的安全性和可用性——从身份认证和访问控制再到加密和活动监测——均需要依赖于 API 的安全性。随着依赖于这些 API 和建立在这些接口上的第三方服务的增加，相应的安全风险也在增加。

API 和接口往往是最容易被暴露的部分，因为它们通常是通过开放的互联网访问的，而互联网因自身的开放性、匿名性、交互性等而存在很多安全漏洞。同时，许多云服务的接口和 API 存在着安全漏洞，缺乏安全保障，极易被攻击者攻击，这进一步提升了安全风险。

4. 利用系统漏洞

对信息系统来说，漏洞早已不是什么新闻。在云计算环境中，来自不同企业和组织的系统可以放在相邻的位置，共享计算、内存、数据库等资源。这种模式会带来新的安全漏洞，创建新攻击面。系统漏洞已成为影响云安全的一个大问题。

5. 账户被劫持

在云计算环境中，攻击者可以利用诸如网络钓鱼、欺诈和软件漏洞等手段劫持合法用户的账户，在此基础上发起针对密码、身份凭证的攻击，从而可以窃听用户活动和事务、操纵交易并修改数据，甚至利用受害者账号攻击其他用户。

6. 恶意的内部人员

来自内部的安全威胁制造人员包括现任或前任员工、系统管理员、承包商或商业伙伴，恶意破坏的范围则从窃取机密数据信息到报复行为等。在采用了云服务的情况下，一个来自内部的恶意人员可能会摧毁企业的整个基础设施或业务数据。如果仅纯粹依赖于云服务提供商提供的安全性，则风险会达到最大。

7. 高级持续性威胁

高级持续性威胁（Advanced Persistent Threat，APT）是利用攻击手段对特定目标进行有计划、长期持续性的攻击，本质上是恶意间谍行为。

APT 通常利用网络钓鱼、直接攻击、预装恶意软件的 USB 驱动器等手段，渗透到企业组织的系统，建立一个立足点，然后悄悄地在较长的一段时间内将数据和知识产权漏出。APT 通过网络进行典型的横向移动，以融入正常的数据传输流量，因此很难被检测到。

8. 永久性的数据丢失

鉴于现如今的云服务已日趋成熟,因此由服务供应商的错误所造成的永久性的数据丢失变得非常罕见,但恶意黑客已能够对云基础设施发起攻击并永久删除云中的数据。同时,云数据中心的基础设施也可能因为火灾、地震、水灾等自然灾害的原因而遭受损毁,导致数据的永久丢失。

9. 缺乏尽职调查

如果没有事先进行全面深入的调查研究,就贸然采用云计算服务,则可能会遭遇无数的商业、金融、技术、法律及合规风险。例如,如果企业组织没有细看合同,则可能意识不到在发生数据丢失或泄密的情况下供应商应承担的相关责任。再如,如果一家公司的开发团队缺乏对云技术的熟悉,则会出现操作和架构问题,因为应用程序需要部署到特定的云服务。

10. 云服务的恶意使用

云服务可以被用来支持违法活动,如利用云计算资源破解加密密钥以发动攻击。其他的例子包括发动 DDoS 攻击、发送垃圾邮件和钓鱼邮件,以及托管恶意内容等。

11. DDoS 攻击

DDoS 攻击已存在多年,在云计算时代,DDoS 所引发的问题变得更加突出,因为它们严重影响了云服务的可用性。CSA 的报告这样描述 DDoS 的严重后果:经历拒绝服务攻击时,就像被困在交通高峰期的交通拥堵中一样,此时要到达你的目的地只有一种方式——除了坐在那里等待之外没有什么是你能做的。

12. 共享的科技,共享的危险

共享技术的漏洞对云计算构成重大威胁。云服务供应商共享基础设施、平台和应用程序,如果一个漏洞出现在任何这些层中,则其会影响到每个云服务的租户。CSA 报告声称"一个单一的漏洞或错误会导致整个供应商的云服务被攻击"。

以上 12 种安全威胁会发生在云计算基础设施、数据、应用、管理等一个或多个层面。例如,DDoS 是云计算基础设施面临的一大威胁、数据泄露和数据丢失则是数据层面的重大威胁等。

云计算面临的安全威胁既包括传统的网络安全威胁(如 DDoS 攻击、账户劫持、恶意间谍行为等),也包括因云计算的特点而面临的安全威胁(如对虚拟机的攻击、云服务的恶意使用等)。因此,为保障云计算的安全,既要使用传统安全技术(如数据加密、访问控制),又要研究使用云计算的特色安全技术和机制(如同态机密机制、可搜索加密机制、虚拟机隔离等)。云计算安全技术是安全渗透到云计算领域的创新发展,需要将传统安全技术和云计算环境新催生的安全技术互相结合,以确保云计算的安全。

12.3　虚拟化安全

虚拟化技术是云计算的核心支撑技术,同时也带来了许多新的安全威胁。保证虚拟化的安全是保证云计算基础设施安全的基础。

12.3.1 虚拟化的概念

虚拟化是将硬件、软件、存储、网络、操作系统等实体资源抽象化，从而将物理资源转换为虚拟资源并对虚拟资源进行统一管理调配的技术。虚拟化隐藏了底层实体资源的具体实现细节，对上层提供统一的视图和访问方式，从而可以实现资源的动态分配、灵活调度、跨域共享，提高资源利用率，服务于各行各业中灵活多变的应用需求。

虚拟化技术历史悠久，远远早于云计算概念的提出。根据虚拟化对象的不同，虚拟化技术可分为 CPU 虚拟化、存储虚拟化、网络虚拟化、应用虚拟化、服务器虚拟化等。其中，服务器虚拟化发展时间长，应用广泛，尤其是在云计算中居于核心支撑技术的地位，因此很多时候人们几乎把服务器虚拟化等同于虚拟化。

服务器虚拟化将一台物理服务器抽象地分割成若干台独立的虚拟服务器（又称为虚拟机），并且将 CPU、内存、外存、I/O 设备等物理资源转换为可统一管理的逻辑资源，为每个虚拟服务器提供支持。有了服务器虚拟化技术，可以在物理服务器上随时动态启用虚拟机，运行在虚拟机上的操作系统以及应用程序不会感知到虚拟化的过程，以为虚拟机就是实际硬件，与在物理服务器上的运行效果是一样的。

服务器虚拟化可分成两种类型：一类建立在宿主机上，也就是宿主机有操作系统；另一类建立在裸机上，即宿主机没有操作系统。前者可称为寄居虚拟化，后者可称为裸机虚拟化。

寄居虚拟化如图 12-3(a) 所示。最底层是物理硬件，物理硬件之上是宿主机的操作系统，宿主机操作系统之上是虚拟机监视器（Virtual Machine Monitor，VMM），再往上就是客户虚拟机（Virtual Machine，VM）。物理资源由宿主机操作系统管理，虚拟化功能由 VMM 提供。VMM 通常是宿主机操作系统的独立内核模块，通过调用宿主机操作系统的服务来获得资源，实现 CPU、内存和 I/O 设备等物理设备的虚拟化。VMM 创建虚拟机并通常将虚拟机作为宿主机操作系统的一个进程参与调度。在这种技术中，虚拟机对各种物理设备的调用都是通过 VMM 和宿主机操作系统一起协调完成的。VMware Workstation 和 VirtualBox 都是基于这种方式实现的。

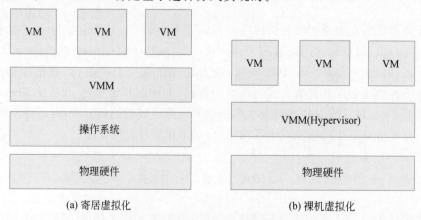

(a) 寄居虚拟化   (b) 裸机虚拟化

图 12-3 服务器虚拟化的典型架构

裸机虚拟化指的是直接将 VMM 安装在硬件设备与物理硬件之间,如图 12-3(b)所示,VMM 在这种模式下又叫作 Hypervisor。Hypervisor 可被看作一种"元"操作系统,掌控和管理服务器的所有物理资源,并且负责虚拟环境的创建和管理。当启动并执行 Hypervisor 时,其会给每一台虚拟机分配适量的内存、CPU、网络和磁盘等资源,并且会加载所有虚拟机的操作系统。Hypervisor 识别、捕获和响应虚拟机所发出的 CPU 特权指令或保护指令,处理虚拟机队列和调度,并且将物理硬件的处理结果返回给相应的虚拟机。采用该结构的 VMM 有 VMware ESX Server、Wind River Hypervisor 等。

12.3.2 虚拟化的安全威胁

虚拟化技术改变了传统计算模式,为云计算带来了全新的技术结构、组织结构、进程以及管理系统,同时也带来了很多潜在威胁。以下列出几种常见的虚拟机安全威胁。

1. 虚拟机蔓延

在云平台中,大量虚拟机被创建,使得回收计算资源和清理虚拟机的工作越来越困难,即虚拟机的繁殖失去了控制,这叫作虚拟机蔓延。虚拟机蔓延对于系统安全和资源的回收利用会产生负面影响。

虚拟机蔓延有以下几种表现形式。

(1)幽灵虚拟机。

许多虚拟机的创建没有经过合理的验证和审核,导致了不必要的虚拟机配置,或者由于业务需求,需要保留一定数量的冗余虚拟机。当这些虚拟机被弃用后,如果在虚拟机的生命周期管理上缺乏控制,随着时间的迁移,没有人知道这些虚拟机的创建原因,从而不敢删除、不敢回收,不得不任其消耗计算资源。

(2)僵尸虚拟机。

许多虚拟机被停机了,但由于虚拟机生命周期管理流程的缺陷,相关的虚拟机镜像文件依然被保留在硬盘上;出于备份的考虑,甚至还可能保有多份副本。这些虚拟机资源大量占据着服务器的存储资源。

(3)虚胖虚拟机。

许多虚拟机被过度配置(过高的 CPU、内存和存储容量等),而在实际部署后完全没有充分利用这些被分配的资源,长期占据 CPU、内存和存储资源,形成浪费。

虚拟机的蔓延会增加拥有虚拟机的总体成本,包括服务器及存储设备成本、软件许可成本、时间成本等。

2. 虚拟机逃逸

所谓虚拟机逃逸,指的是虚拟机中运行的程序突破虚拟机的限制,实现与宿主机操作系统交互的一个过程。攻击者可以通过虚拟机逃逸感染宿主机或者在宿主机上运行恶意软件。

3. 虚拟机跳跃

虚拟化可能存在安全漏洞或者虚拟机之间的隔离方式不正确,使得虚拟机之间隔离失效。虚拟机跳跃是指虚拟机中运行的程序利用虚拟机的漏洞突破虚拟机监视器,控制宿主机上运行的其他虚拟机,导致安全环境架构的彻底破坏。攻击机往往先获得

Hypervisor 的访问权限，甚至入侵并破坏 Hypervisor，然后再对其他虚拟机展开攻击。

4. 拒绝服务攻击

如果 Hypervisor 的资源分配策略不合理，攻击者可以利用单个虚拟机消耗宿主主机的所有系统资源，从而造成其他虚拟机由于缺乏资源而无法正常工作的现象。

5. 虚拟机移植攻击

当服务结束时，动态创建的虚拟机应该被彻底销毁，尤其是用户残留的数据应该被完全擦除。但是现实却是很多云服务提供商对数据残留问题不够重视，用户残留数据并没有被彻底清除，从而造成用户隐私泄露的风险。此外，当虚拟机从一台物理服务器迁移至另一台物理服务器时，也可能无法将源物理服务器的残留数据完全清除，引发数据泄露的问题。

当然，还有其他形形色色的针对虚拟化技术的安全威胁。为应对各种虚拟化安全威胁，应该对物理服务器、物理服务器操作系统、虚拟机操作系统及应用程序、Hypervisor 等进行全方位的安全防护。其中，物理服务器及物理服务器操作系统的安全防护属于传统信息安全领域的技术，虚拟机和 Hypervisor 的防护则是云计算环境下的特色安全措施，对云计算平台安全至关重要。

12.3.3　Hypervisor 安全

Hypervisor 承载大量的虚拟机，一旦被攻破，则所有受其管辖的虚拟机都可能会遭受非授权访问。因此，Hypervisor 的安全性至关重要，保证 Hypervisor 的安全是增强虚拟化安全的重要内容。Hypervisor 安全性包括两方面：Hypervisor 自身安全性的提高和 Hypervisor 防护能力的提高。

为提高 Hypervisor 自身安全性，可以采用以下两种措施。

（1）建立轻量级 Hypervisor。

随着 Hypervisor 功能的逐渐复杂，体积越来越大，存在安全漏洞的可能性亦随之上升，这都降低了 Hypervisor 的可信性。如果 Hypervisor 的可信性无法保证，则其上承载的虚拟机应用程序将无法得到一个安全的运行环境。因此，近年来研究者致力于轻量级 Hypervisor 的研究，主要是借鉴微内核的思想，构建尽可能小的可信计算基。用通俗的话来说，就是尽量减小 Hypervisor 的安全子系统，降低其复杂度，从而更容易保证 Hypervisor 的安全性和可信性。

为构建轻量级 Hypervisor，常用方法包括构建专用 Hypervisor、将 Hypervisor 的管理功能和安全功能分开以减小体积等。

（2）保护 Hypervisor 的完整性。

Hypervisor 完整性包括完整性度量和完整性验证两方面。在程序执行前，应该对其进行完整性度量并将度量结果记录下来。完整性验证则是将完整性度量报告进行签名后发送至远程验证方，由其判断 Hypervisor 的完整性。

为保护 Hypervisor 的安全，除增强 Hypervisor 自身的安全性，还要建立 Hypervisor 安全防护措施，常见措施包括以下几种。

① 合理分配宿主机资源。默认情况下，所有虚拟机对物理主机的资源有同等的使用

权利,恶意攻击者可以利用这一点发起拒绝服务等攻击。因此,Hypervisor 应该采取措施对物理主机资源进行合理的分配和控制,如采用限制、预约、划分等机制让重要的虚拟机优先访问资源,或者把虚拟机分配到不同的资源池。

② 扩大 Hypervisor 安全范围至远程控制台。远程控制台可以远程启用、禁用和配置虚拟机。如果配置不当,会给 Hypervisor 带来安全隐患。因此,必须规范远程控制台的使用,以提高 Hypervisor 的安全性。例如,同一时刻只允许一个用户使用控制台并按需分配权限。

③ 安装虚拟防火墙。虚拟机之间的流量只在同一虚拟交换机传输时,流量不会经过物理网络,物理防火墙对这些流量不起作用。因此,可以安装虚拟防火墙,在虚拟网卡层对网络流量进行分析和过滤。

④ 限制用户特权。必须对用户权限进行细粒度的划分,尤其要避免将管理员权限分配给用户,虽然这可以大大简化授权的工作。

12.3.4　虚拟机隔离

在云平台上,如果虚拟机之间没有做好有效的隔离,那么虚拟机之间就会彼此影响,从而带来安全隐患。虚拟机之间的隔离程度对于虚拟机环境的安全至关重要,决定了虚拟化平台的安全性。

虚拟机隔离机制主要包括基于访问控制的逻辑隔离、进程地址空间的保护、内存保护等。这些机制能够让各虚拟机独立运行而互不干扰;如果多虚拟机之间需要通信,则必须先对网络进行有效的配置。

比较典型的虚拟机访问控制模型是 sHyper。sHyper 通过访问控制模块来控制虚拟机对内存的访问,从而实现内部资源的安全隔离。为执行访问控制策略,sHyper 首先收集虚拟机标签、访问操作类型等信息,然后调用 Xen 的安全模块 XSM 来判定虚拟机对所请求的资源的访问权限,最后根据判定结果实施访问控制策略。sHyper 解决了同一宿主机上多个虚拟机的隔离问题。

针对分布式环境下多宿主机上的虚拟机隔离问题,有研究者在 sHyper 基础上提出了名为 Shamon 的分布式强制访问控制系统。Shamon 在各物理主机上部署强制访问控制(Mandatory Access Control,MAC)虚拟机管理器,管理器包含了结点间的共享参考监视器,这些虚拟机管理器会对不同用户虚拟机之间的信息传递进行控制。Shamon 还会在各物理结点间构造安全 MAC 标记通道,通过 MAC 标记执行安全策略来保护跨结点的虚拟机安全通信。

硬件协助的安全内存管理(Secure Memory Management,SMM)是典型的内存保护机制。虚拟机共享资源或资源的重新分配会带来安全风险,例如分配在某块物理内存上的虚拟机可能会读取此前使用此块内存的旧虚拟机的敏感数据。SMM 通过加解密来实现虚拟机内存和 VM0(Xen 的虚拟机管理域)的相互隔离。所有虚拟机分配内存的请求都由 SMM 进行处理,SMM 会利用可信平台模块(Trusted Platform Module,TPM)产生和发布的密钥对虚拟机分配到的内存进行加解密。如果 VM0 暂停了一个虚拟机,则该虚拟机转存到 VM0 存储区的数据都是加密的,从而实现了虚拟机内存和 VM0 内存的隔离。

思 考 题

1. 云计算的基本特征有哪些？
2. 云计算的服务模式有哪几种？
3. 请列举 CSA 定义的云计算安全威胁。
4. 什么是虚拟化？虚拟化面临哪些常见安全威胁？
5. 保障 Hypervisor 的常见措施有哪些？
6. 虚拟机隔离的典型方法有哪些？其工作原理分别是什么？

第 13 章

物联网安全

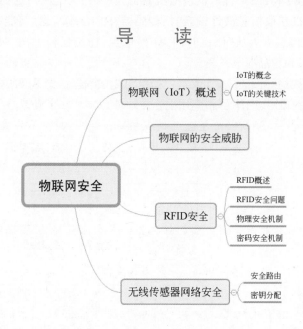

课程思政

教学课件

教学视频

导　　读

物联网的发展和应用给人类社会生活带来了深远的影响,大大提高了人们的工作效率和生活质量,推动了经济水平的快速发展。但另一方面,物联网应用也存在着巨大的安全隐患,信息化带来的安全风险挑战在物联网中变得更加复杂。在物联网时代,安全问题面临前所未有的挑战,如何建立安全、可靠的物联网系统是一个亟待解决的问题。

当前,物联网安全研究尚未有成熟的被人们广泛接受的体系结构,主要研究集中在单个技术上。本章首先简要介绍物联网安全的基础知识,随后重点阐述和分析物联网安全的特色问题——感知层安全。

13.1　物联网概述

13.1.1　物联网的概念

近年来,伴随着传感技术、计算机控制技术、嵌入式技术以及无线网络数据通信技术等的不断发展与进步,物联网(Internet of Things,IoT)在全球范围内呈现出长足发展的态势,被视为继计算机、互联网之后的第三次世界信息产业浪潮。

根据国际电信联盟(ITU)的定义,物联网是通过射频识别、红外传感器、全球定位系统、激光扫描器等信息传感设备,按照约定的协议,把任何物品与互联网相连接,进行信息交换和通信，以实现对物品的智能化识别、定位、追踪、监控和管理的一种网络。

物联网有广义和狭义之分。狭义上的物联网指连接物品到物品的网络，实现物的智能化识别和管理。广义上的物联网则可以看作信息空间与物理空间的融合，不仅包括物与物的连接和信息交换，还包括人与物之间、人与现实环境之间的广泛连接和信息交换，是信息化在人类社会综合应用达到的更高境界。广义的物联网中不仅包括机器与机器（Machine to Machine，M2M）通信，也包括机器与人、人与人之间广泛的信息交换；这个所谓的机器指各种可以获取信息的终端，包括传感器、RFID 读写器、智能手机、PC、摄像头、GPS 等。物联网将信息世界从"任何时间、任何地点、连接任何人"扩展到"任何时间、任何地点、连接任何人和物品"。

物联网的一般架构如图 13-1 所示。根据信息生成、传输、处理和应用的原则，可以把物联网分成三层：感知层、网络层和应用层。

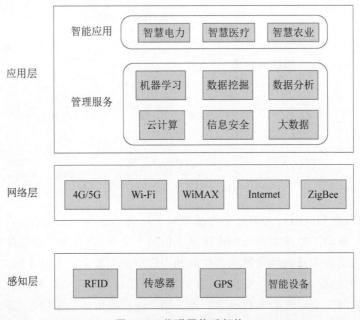

图 13-1 物联网体系架构

感知层是物联网的基础，是联系物理世界和信息世界的纽带。感知层既包括各类信息自动生成设备（如 RFID、无线传感器），也包括各种人工生成信息的电子设备（如智能手机、PC 等）。RFID 标签存储信息，能够通过无线通信网络自动采集并传送使用，实现物品的识别和管理。无线传感器网络连接各种类型的传感器，对环境状态、物质特征等信息进行长期、大规模的感知与获取，并且传送出去进行处理。RFID 和无线传感器网络是物联网感知层的主要技术。此外，各种可联网的电子产品（如智能手机、笔记本计算机、个人数字助理、智能手表等）迅速普及，帮助人们生成和分享信息。信息生成方式的多样化是物联网区别于其他网络的重要特征。

网络层是物联网的桥梁，主要由各种通信网络组成，连接感知层和应用层。其中互联网是核心，边缘的各种无线网络则提供随时随地的接入服务，使得感知层获得的数据能被上层所使用。这些无线网络包括各种各样的网络技术,广域网技术有 4G 和 5G,城域网技术有 WiMAX,局域网技术有 IEEE 802.11,个域网技术有蓝牙、ZigBee、NFC 等。各种类型的无线网络技术分别适用于不同的环境和需要,是物物互联的重要基础设施。

应用层可分成两个子层:管理服务子层和智能应用子层。管理服务子层将大规模数据高效、可靠地组织起来,为各种具体的应用提供智能化支撑。人们通常把物联网应用冠以"智慧"或"智能",如智能家居、智慧物流等,其中的"智慧"或"智能"就来自这一子层。管理服务子层涉及海量数据处理、非结构化数据处理、高性能计算、云计算等智能处理,以及机器学习、数据挖掘、数据分析、数据融合、决策支持等智能服务。此外,安全和隐私问题也越来越重要,如何保证数据不被泄露、不被破坏和不被滥用成为物联网面临的重大挑战。智能应用子层则是将物联网与各种不同的行业相结合,实现广泛的智能化,如智慧电力、智慧医疗、智慧城市、智慧交通,直至智慧地球。

物联网各层相互独立又紧密联系。在感知层和网络层内部都存在多种技术,这些不同的技术互为补充,分别适用于不同环境和需求。不同层次作为一个整体,提供各种不同的技术配置和组合,根据具体需求构成完整的解决方案。总之,要根据具体的环境和需求,选择合适的感知识别技术、网络通信技术和信息处理技术。

13.1.2　物联网的关键技术

从功能方面说,物联网具有以下几个特征。

- 全面感知。利用 RFID、无线传感器、智能电子产品等设备随时随地获取物品信息,将物理世界信息化,实现物理世界和信息世界的高度融合。
- 可靠传输。通过互联网和各种接入网络,将物联网设备收集产生的信息及时、准确、可靠地传递。
- 智能处理。利用云计算、大数据分析、人工智能等计算技术,对海量的物联网数据进行分析处理,为各行业的应用提供智能支撑平台。
- 综合应用。根据各行业的具体特点,与各行业深度融合,形成各种单独的业务应用或行业整体应用方案。

为提供应有的功能,物联网需要很多技术的支撑。以下列出重要的几种。

1. RFID

射频识别技术(Radio Frequency Identification,RFID)是一种无线通信技术,可以通过无线电信号识别特定目标并读写相关数据;识别系统和目标间无须机械或光学接触。目标物品上附有电子标签,标签上存储规范而具有互通性的信息,RFID 通过特定频率的无线电信号,将标签内的数据读出来并传送出去。RFID 是物联网中信息采集的主要源头。

2. 无线传感器网络

传感器可通过声、光、电、热、力、位移、湿度等信号来感知现实世界,无线传感器网络(Wireless Sensor Network,WSN)则是由大量传感器以自组织和多跳的方式构成的无线网络。WSN 中的传感器协作地感知、采集、处理和传输网络覆盖范围内被感知对象的信息,并且最终把信息发送给网络所有者。WSN 是物联网信息采集的另一主要源头。

3. 下一代互联网

物联网是一种建立在互联网基础上的泛在网络，是对互联网的扩展与延伸。物联网的重要基础与核心仍旧是互联网，需要通过各种有线和无线网络与互联网融合，将感知的信息实时、准确地传递出去。

4. 无线通信网络

大量的物联网终端具有无线通信接口，需要通过无线网络接入互联网，以实现感知数据的远程传递。各种类型的无线网络都可以作为物联网的接入网络，包括无线局域网、无线城域网、ZigBee、NFC 等。

5. 云计算

物联网的发展离不开云计算技术的支持。物联网中的终端能够生成大量数据，但其计算和存储能力通常比较有限，而云计算在数据的存储和管理中发挥着重要作用，并且为数据的分析和处理提供资源。

6. 数据挖掘和机器学习

物联网需要对海量数据进行透彻的处理与感知，这就需要对海量数据进行多维度整合与分析，需要从海量数据中获取潜在的知识。这些需求都要使用数据挖掘和机器学习技术。

13.2　物联网的安全威胁

物联网是对互联网技术的扩展与延伸，互联网技术是物联网的基础，物联网也面临传统网络所需面对的安全问题。另一方面，物联网有着不同于传统网络的重要特点，也面临着许多特有的安全威胁。以下列出几种常见的物联网特色的安全威胁。

1. 特殊场景下的设备威胁

物联网设备可能会应用于各种复杂的环境，在有些环境中实施安全保障机制面临较大困难。例如有些特殊环境中的固件更新机制有特殊要求，难以确保漏洞得到及时修补；有些物联网设备被部署在无人监管区域或不安全环境中，可能遭到窃听或入侵；在环境因素制约下，设备维护人员可能无法到现场进行安全措施操作，只能进行远程管理、升级和操作。这些问题都会导致特殊环境中的设备遭受威胁。

2. 设备固件漏洞

固件是运行在设备中的二进制程序，负责管理设备中的硬件外设以及实现设备的应用功能。统计数据显示，固件漏洞在物联网设备各类风险中仍然占据较大比重。一个重要原因是，固件不像传统的个人计算机或手机程序那样拥有成熟的漏洞检测和系统保护技术，大部分固件所运行的实时操作系统中缺乏基本的安全保护措施。大量有漏洞的固件长期存在于实际产品中，攻击者利用这些漏洞可以对设备发动 DoS、非法操作和劫持、认证绕过等攻击。

3. 通信协议漏洞

物联网既使用了互联网的通用协议（如 TCP/IP 协议），同时也包括物联网的常用协议或私有协议。互联网通用协议中的威胁会被引入物联网系统，而物联网的常用协议或私有协议在设计和实现过程中也会引入新的安全漏洞和缺陷。

物联网的常用协议通常不是专门为物联网系统定制设计的,只是因为与物联网具有极好的适配性,因此在物联网中有较高的使用率,如 MQTT、ZigBee、低功耗蓝牙等。这些协议本身并非特意为对抗性的应用场景所设计,缺乏内建的安全机制。例如,大部分蓝牙设备都存在暴露位置的隐患,从而会导致用户活动追踪、敏感信息推理等威胁。

物联网私有协议指的是各厂商基于自身需求而定制设计的协议,通常只适用于接入特定平台的设备,一般不对外开放实现细节。厂商如果对私有协议的设计和实现不当,也可能被攻击者利用后发起攻击。例如,研究已经证明,一些主流物联网厂商的私有协议在被逆向工程解密后,其中关于设备认证与授权检查等方面的设计缺陷立即暴露在攻击者眼前。

4. 基于物联网设备的僵尸网络

物联网设备数量众多,规模庞大,而且普遍缺乏必要的系统防御措施。这使得物联网设备成为病毒、木马等恶意软件攻击的新目标,以组建威力巨大的僵尸网络。著名的 Mirai 病毒就是利用大规模物联网设备实施 DDoS 攻击的典型案例,该病毒的多类变种至今仍然是工控系统设备的一大威胁来源。

固件漏洞检测可以对抗设备固件漏洞和基于物联网设备的僵尸网络。固件静态分析是指不运行固件程序,通过符号执行、污点分析等技术分析二进制文件的代码结构或逻辑关系,检测其中存在的内存漏洞或逻辑漏洞。固件动态分析则通常将固件程序加载到仿真软件中,在脱离硬件的情况下模拟固件的功能运行,从而获取程序运行的实时状态。

设备异常检测可以对抗设备固件漏洞和特殊环境下的设备威胁。受到攻击的设备除内部功能受到影响外,其外在的各类侧信道特征也会表现出异常,因此可以利用此特点进行设备的异常检测。可以根据侧信道的流量特征、物理特征、上下文特征等进行检测。

当前物联网系统面临的威胁类型种类繁多,且与物联网特性紧密相关,对这些新型威胁进行检测和防御是当前和未来一段时间研究的重点。

13.3　RFID 安全

RFID 是物联网感知层的关键技术之一,RFID 的安全对物联网安全意义重大。

13.3.1　RFID 概述

RFID 技术是一种非接触式的自动识别技术。在典型的 RFID 系统中,每个物品都贴有一个电子标签,电子标签包含电子芯片和天线(电子芯片用来存储物体的数据,天线用来收发无线电波)。天线通过无线电波将芯片存储的数据发射到附近的 RFID 读写器,RFID 读写器会对接收到的数据进行收集和处理,从而实现对物品的自动识别。

RFID 的识别过程无须人工干预,可工作于各种恶劣环境。与条形码识别技术、磁卡识别技术和 IC 卡识别技术等相比,RFID 具有无接触、抗干扰能力强、可同时识别多个物品等优点,逐渐成为自动识别中最优秀和应用领域最广泛的技术之一,是目前最重要的自动识别技术。

一个典型的 RFID 系统由读写器、标签和数据处理子系统 3 部分组成，如图 13-2 所示。标签又叫应答器，其内部存储物体的标识信息，通常贴在物体表面或置于内部，用以标识该物体。读写器又被称为收发机，可以读取标签存储的信息，以达到识别物体的目的，并且将识别到的信息发送到数据处理子系统中。数字处理子系统通常位于计算机系统中，提供一系列处理和存储数据的方式。

图 13-2　RFID 系统的基本组成

（1）标签。

RFID 标签由集成电路（微芯片）、天线和存储器这 3 个主要部件构成，而微芯片包含微处理器和存储单元。微处理器用于调制和解调射频信号，从入射的读写器信号中采集能量为标签内部提供直流电源并处理读写器的命令，完成相关操作。存储单元用来存储标签的唯一标识符（Unique Identifier，UID）或电子产品代码（Electronic Product Code，EPC）。UID 和 EPC 可以统称为标签 ID，用来区分不同的物品。除了 ID，标签的存储单元还可以用来存储其他功能信息。标签的天线用于接收和发送信号，因此天线从某种程度决定了标签的读写距离。

（2）读写器。

RFID 读写器主要由微控制器、射频前端、基带处理单元和天线组成。读写器通过天线发射射频信号来询问其工作范围内的标签。一旦收到标签的返回信号，读写器的微控制器将接收到的信号交付基带处理单元处理。读写器的主要功能包括与标签之间的双向通信、给标签供能、与后端服务器或计算机网络通信、实现多标签识别、移动目标识别和错误信息提示等。

（3）数据处理子系统。

数据处理子系统或服务器的主要作用是解决标签计算和存储能力有限的问题。标签的存储空间有限，无法存储读写器需要的所有信息。因此，读写器所需的信息可以存储在数据库中，标签只存储这些信息在服务器中的存储地址，这样读写器就可以在数据库中获取所需的信息。数据处理子系统还可以帮助读写器承担一些复杂的计算工作，从而降低读写器成本。

13.3.2　RFID 安全问题

RFID 系统面临的常见安全威胁包括以下几种。

- 窃听。RFID 标签和读写器通过无线射频来传递信息，攻击者可以在设定的通信距离外使用特定设备接收无线电信号，进而试图破译信号内容。
- 略读。某些 RFID 标签不对读写器进行认证，对任何读写都不加判断地回答。非法读写器可以通过与标签交互获取标签存储的数据。

- 克隆。攻击者非法复制 RFID 标签并用来冒充合法标签。
- 重放。攻击者复制标签和读写器的交互信息,并且再次发送给其中一方或双方,使其误认为攻击者已经通过了身份认证。
- 追踪。攻击者利用 RFID 标签的信息,获取 RFID 携带者的位置轨迹。
- DoS 攻击。发送不完整的交互请求,消耗系统资源,从而使得系统资源耗尽无法正常运行。
- 中间人攻击。攻击者将攻击设备置于标签和读写器之间,劫持标签和读写器之间的会话。
- 其他安全隐患,如拆除、屏蔽干扰等。

对一个完整的 RFID 系统来说,应该满足以下几个安全属性。

- 机密性。电子标签内部存储的数据及其和读写器之间交换的数据不能被非授权地访问。
- 完整性。电子标签内部存储的数据及其和读写器之间交换的数据不能被非授权地修改。
- 可用性。系统任何时刻都能满足合法用户的使用请求。
- 真实性。电子标签和读写器的身份是真实的、可信的,并且标签被读取或写入的记录可以被追踪。
- 隐私性。包括信息隐私、位置隐私、交易隐私等。信息隐私指非公开信息不能被推断出来,位置隐私指携带电子标签的用户不能被追踪定位,交易隐私指交易信息不被非授权地获取。

13.3.3　物理安全机制

目前,实现 RFID 安全的机制主要包括物理安全机制、基于密码的机制及二者结合的方法。

低成本标签在成本方面存在严格的限制条件,资源严重受限,要想仅通过密码机制保证读写器与标签之间的通信安全是很难做到的,因此适宜选用物理安全防护措施。常用的物理安全机制包括如下。

1. 封杀标签

对电子标签下达 Kill 指令,使得标签失效,不能再发送或接收数据。这种方法是从物理上毁坏标签,终止了标签的生命周期,该过程是不可逆的。

2. 裁剪标签

这是由 IBM 开发的一种技术,该技术仅去除 RFID 天线,从而使得标签的可读取范围缩小,避免远端读写器对标签进行随意读取。但是,该去除天线的标签仍然可以使用,合法读写器能够近距离读取标签的数据。这是一种对标签封杀的改进,既不会使得标签失效,又保护了标签内存储的数据。

3. 静电屏蔽

静电屏蔽也称为法拉第网罩屏蔽,即将带有 RFID 标签的物品置于由金属制成的容器中。金属容器能够有效屏蔽无线电波,避免标签被无线波扫描,从而主动标签无法发射信号,被动标签无法接收到信号,阻止了非法读写器对标签的访问。

4. 主动干扰

标签用户利用一些特殊装置主动广播无线电信号,破坏或阻止附近非法读写器对标签的访问。主动干扰法的应用过程较为烦琐,在运用主动干扰法过程中需要配置特定的无线电信号发射装置,并且可能会干扰合法 RFID 系统的工作,甚至影响其他通信系统的运行。

5. 阻塞标签

阻塞标签法(Blocker Tag)通过阻止读写器读取标签来确保隐私。与一般用来识别物品的标签不同,Blocker Tag 是一种被动干扰器。当读写器在进行某种分离操作时,如果搜索到 Blocker Tag 所保护的范围,Blocker Tag 会发出干扰信号,使读写器无法完成分离动作。读写器无法确定标签是否存在,也就无法和标签沟通,由此来保护标签。但由于增加了阻塞标签,应用成本相应增加。

13.3.4 密码安全机制

基于密码的安全机制是指利用各种密码算法设计和实现的满足 RFID 安全需要的安全措施和方法。由于 RFID 标签的计算能力和存储能力有限,很多复杂的密码学算法无法使用,近年来的研究主要集中于低成本的安全认证协议,其中以基于哈希的方法最具代表性。下面简单介绍几种常见协议。

1. 哈希锁(Hash-Lock)协议

哈希锁协议由 Sarma 等提出,是一种基于单向哈希函数的协议,完成身份认证的任务。每一个电子标签都有一个认证密钥 Key,并且存储一个临时标识 metaID＝Hash(Key),用以代替真实 ID;后端数据库存储每一个标签的 Key、metaID 和 ID。

哈希锁协议的认证过程包括以下几个步骤。

(1) 读写器请求标签的标识。

(2) 标签回复其 metaID。

(3) 读写器将 metaID 转发至后台数据库。

(4) 数据库查询与 metaID 匹配的项并将该项的(Key,ID)发送给读写器;如果查询失败,则返回失败提示。

(5) 读写器将数据库返回的 Key 转发给标签。

(6) 标签验证 metaID＝Hash(Key)是否成立;如果成立,则读写器的认证通过,标签将其 ID 发送给读写器,否则认证失败。

(7) 读写器比较标签 ID 与数据库发送的 ID 是否一致;如果一致,标签身份认证通过,否则失败。

哈希锁协议的优点是可以实现双向认证,协议简单,标签运算量小,数据库查询快。主要缺点是 metaID 保持不变且以明文传送,安全隐患大。

2. 随机哈希锁协议

随机哈希锁协议由 Weis 等提出,是对哈希锁协议的改进。除了哈希函数,标签中还嵌入伪随机数发生器,对标签的 ID 进行随机化处理,提高了安全性。

随机哈希锁协议的认证过程包括以下几个步骤。

（1）读写器询问标签的标识。

（2）标签生成一个随机数 R 并计算 $Hash(ID_k \| R)$，将 $(R, Hash(ID_k \| R))$ 发送给读写器；其中 ID_k 是标签的 ID。

（3）读写器向后台数据库请求所有标签的 ID。

（4）后台数据库返回存储的所有标签 ID：$ID_1, ID_2, \cdots, ID_n$。

（5）读写器检查是否存在某个 ID_j，使得 $Hash(ID_k \| R) = Hash(ID_j \| R)$ 成立；如果有，则对标签的认证通过并将 ID_j 发送给标签。

（6）标签验证 ID_j 和 ID_k 是否相同，如果相同则对读写器的认证通过，否则认证失败。

随机哈希锁协议也能实现双向认证，并且可以解决利用标签应答信息对信号源进行追踪的问题。但是，随机哈希锁协议有两个重大缺陷：第一，读写器将 ID_j 以明文形式发送给标签，易被攻击者截获和追踪；第二，每一次认证时，后台数据库需要将所有存储的标签 ID 发给读写器，通信量大，浪费资源。

3. 哈希链协议

哈希链协议由 NTT 实验室的 Ohkubo 等在 2004 年提出，是一个基于共享秘密的询问-应答协议。在哈希链协议中，每个标签集成两个不同的哈希函数 H 和 G，并且与后端数据库共享一个初始秘密值 $S_{t,1}$。同时，后端数据库还存储所有标签的 ID 和共享秘密数据对 $(ID_t, S_{t,1})$，其中 $1 \leqslant t \leqslant n$，$n$ 代表标签的总数目。

标签和读写器执行第 j 次哈希链协议的认证过程如下。

（1）读写器向标签询问其标识。

（2）标签使用当前密钥 $S_{t,j}$ 计算 $A_{t,j} = G(S_{t,j})$ 并更新密钥为 $S_{t,j+1} = H(S_{t,j})$；将 $A_{t,j}$ 发送给读写器。

（3）读写器将 $A_{t,j}$ 转发给后端数据库。

（4）数据库查询所有的标签数据项；如果找到某个 ID_t 和某个 j，使得 $A_{t,j} = G(H^{j-1}(S_{t,1}))$，则对标签的认证通过，否则认证失败。

由于哈希函数的单向性，攻击者观察到的 $A_{t,j}$ 与 $A_{t,j+1}$ 是不可关联的，由此实现了不可追踪性。然而，哈希链是一个单向认证协议，只能实现读写器对标签的认证，而不能使标签认证读写器的合法身份。同时，攻击者一旦截获 $A_{t,j}$，也可能进行假冒和重传攻击，伪装成合法标签通过认证。在适用性方面，为实现协议，标签中集成了两个哈希函数，也相应增加了标签的成本。

13.4　无线传感器网络安全

无线传感器网络（Wireless Sensor Network，WSN）是物联网感知层的另一关键技术，WSN 安全是物联网安全的重要组成部分。

13.4.1　无线传感器网络概述

无线传感器网络（WSN）是由部署在监测区域内大量的廉价微型传感器结点通过无

线通信方式形成的一个多跳的自组织网络系统，目的是以协作的方式感知、采集和处理网络覆盖区域内被感知对象的信息并发送给观察者。无线传感器网络具有众多不同类型的传感器，可探测包括地震、电磁、温度、湿度、噪声、光强度、压力、土壤成分以及移动物体的大小、速度和方向等周边环境中多种多样的现象，潜在的应用领域包括军事、航空、防爆、救灾、环境、医疗、保健、家居、工业、商业等。

典型的 WSN 体系结构如图 13-3 所示。WSN 系统中一般有 3 种类型的结点：普通的传感器结点、汇聚结点和任务管理结点。大量传感器结点经人工投放或飞机撒播等方式部署在被监测区域，并且通过无线自组织的方式组成网络，其中每个结点都具有路由功能。传感器结点收集到的数据通过其他传感器结点以逐跳的方式进行传递，在传送过程中多个结点可能会处理结点收集的数据，经过多跳后传输到网络中的汇聚结点，最后通过互联网或卫星传到网络的管理结点。用户通过管理结点配置和管理无线传感器网络，发布监测目的和任务及收集监测到的信息数据。

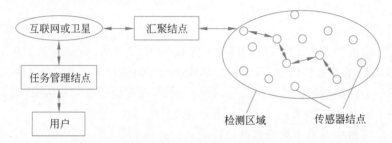

图 13-3　WSN 体系结构

WSN 具有以下几个显著的特点。

（1）结点资源受限。

WSN 结点通常能量有限，计算能力、存储能力和通信能力也较差。

（2）大规模。

WSN 的大规模性包括两方面的含义：一方面是传感器结点分布在很大的地理区域内，如在原始大森林采用传感器网络进行森林防火和环境监测；另一方面，传感器结点部署很密集，在面积较小的空间内密集部署了大量的传感器结点。

（3）自组织。

在很多传感器网络应用中，传感器结点被放置在没有基础结构的地方，部署具有随机性，如通过飞机播撒大量传感器结点到面积广阔的原始森林中，或者随意放置到人不可到达或危险的区域。因此，传感器结点位置不能预先精确设定，结点之间的相互邻居关系预先也不知道。这就要求传感器结点具有自组织的能力，能够自动进行配置和管理，通过拓扑控制机制和网络协议自动形成转发监测数据的多跳无线网络系统。

（4）动态性。

传感器网络的拓扑结构可能因为多个因素而改变，例如，①环境因素或电能耗尽造成的传感器结点故障或失效；②环境条件变化可能造成无线通信链路带宽变化，甚至时断时通；③传感器网络的传感器、感知对象和观察者这三要素都可能具有移动性；④新结点的加入等。这就要求传感器网络系统能够适应这种变化,具有动态可重构性。

（5）可靠性。

WSN 特别适合部署在恶劣环境或人类不宜到达的区域,这些都要求传感器结点非常坚固,不易损坏,适应各种恶劣环境条件。同时,由于监测区域环境的限制以及传感器结点数目巨大,不可能人工"照顾"每个传感器结点,网络的维护十分困难甚至不可维护。传感器网络的通信保密性和安全性也十分重要,要防止监测数据被盗取和获取伪造的监测信息。因此,传感器网络的软硬件必须具有健壮性和容错性。

（6）以数据为中心。

在传统互联网中,如果想访问互联网中的资源,必须知道存放资源的服务器 IP 地址。可以说,现有的互联网是一个以地址为中心的网络。而传感器网络是任务型的网络,用户使用传感器网络查询事件时,直接将所关心的事件通告给网络,而不是通告给某个确定编号的结点;网络在获得指定事件的信息后汇报给用户。这种以数据本身作为查询或传输线索的思想更接近于自然语言交流的习惯,因此人们认为传感器网络是一个以数据为中心的网络。

这些特点不仅会带来 WSN 特有的安全问题,而且对安全机制和方案的选择应用有重大影响。

13.4.2　无线传感器网络的安全路由

在 WSN 的许多应用领域（如安保、战场等）中,传感器结点采集和传输的数据非常敏感,确保数据在采集和传递过程中的安全尤为重要。WSN 采用多跳转发的数据传输机制和自组织的组网机制,每一个结点都需要参与路由的发现、建立和维护,这使得 WSN 的路由协议容易受到各种各样的攻击。

同时,为减少数据传输量以节约能量,WSN 中的数据在传递给汇聚结点的过程中通常需要进行融合、冗余消息删除、压缩等处理,所经过的中间结点需要读取、修改和压缩消息的内容,而且 WSN 中很可能存在恶意的内部攻击者和被捕获的结点。因此,传统无线网络和 Ad Hoc 网络中端到端的加密方式并不能保证 WSN 中数据传输的安全,需要在其网络层引入新的安全机制,即采用安全路由协议。安全路由协议不仅完成数据传输过程中的有效路由决策,而且要保证数据消息从源结点到汇聚结点的传输过程中,在每一个中间结点进行处理时的安全。

1. 典型攻击

许多 WSN 路由协议在最初设计时只针对 WSN 的特点,将提高数据递交成功率、减少传输延迟、节约结点电池能量和延长网络的生存时间等作为优化指标,但没有考虑安全方面,因而这些协议存在着严重的安全问题。利用路由协议中安全缺陷所发起的攻击主要包括以下几类。

（1）伪造路由信息。

攻击者参与到整个网络中,通过欺骗、篡改或重发路由信息,他们可以创建路由循环、引起或抵制网络传输、延长或缩短源路径、形成虚假错误消息、分割网络、增加端到端的延迟等。

（2）污水池攻击。

攻击者参与到网络中，声称自己有充足的能量、路径最优来吸引部分或全部邻居结点将信息传给它，再由它传送出去。借此，攻击者可以将所有信息全部丢弃或传递虚假信息等，从而大大降低网络性能。

（3）选择性传递。

此类攻击是对污水池攻击的改进。若攻击者将自己接收到的信息全部丢弃，只要利用网络的冗余性，很快就能发现攻击者并将其隔离。但如果攻击者采用选择性转发，因为无线传感器网络的拓扑结构存在很强的动态性，所以部分消息丢失是很正常的，这样就能降低邻居结点对攻击者的怀疑，而攻击者可以继续对网络造成破坏。

（4）女巫攻击。

位于某个位置的单个恶意结点不断地声明其有多重身份（如多个位置等），使得其他普通结点以为存在着更多结点并且可以通过这些结点将信息传递给汇聚结点或基站，然而这些信息却全都转发给了攻击者。此类攻击针对地理路由协议特别有效。

（5）Hello 泛洪。

在某些路由协议中，结点需要广播 Hello 数据包来发现邻居结点，收到数据包的结点会认为发送者在自己的通信范围内。基于这一特点，攻击者发送足够大功率的数据包给普通结点，使其认为攻击者是其邻居结点并构建包含该攻击者的数据转发路径。但实际上，普通结点与攻击者的距离太远，数据根本无法到达攻击者，从而导致网络混乱。

（6）虫洞攻击。

网络中的两个虫洞结点通常具有传输能力较强等其他传感器结点不具备的特点，吸引了这两个结点形成的链路之间周边的流量，即敌意结点周边的结点认为通过这条链路传递消息可以节省时间、获得更好的通信效果，由此虫洞结点便可窃取或篡改这条链路之间的消息，以达到使网络瘫痪网络、窃取或修改信息的效果。

（7）确认欺骗。

一些 WSN 路由算法依赖潜在的或明确的链路层确认。在确认欺骗攻击中，攻击者通过监听邻居结点的数据传输，替"死亡"或功率不足的结点发送伪造的链路层确认，让邻居结点以为这些结点还能运行并可以通过这些结点传递信息，从而导致网络失效，或者攻击者以这种诱导方式形成一条它期待的路径。

（8）拒绝服务攻击。

由于攻击者一般拥有足够多的能量，因此它可以在网络中大量占用网络带宽等资源，或者大量消耗普通结点的能量，从而阻碍普通结点正常的数据传输，甚至导致网络瘫痪。

设计安全路由协议时，必须要考虑如何避免这些攻击，让 WSN 能在一个安全的环境中运行。但因为攻击的多样性和 WSN 自身的特点，给出一个彻底的安全设计是困难的。

2. 典型安全路由协议

研究人员提出了许多 WSN 安全路由协议。根据这些路由协议所采用的核心安全策略，可分为基于反馈信息的安全路由、基于地理位置的安全路由、基于密码算法的安全路由、基于多路径传输的安全路由、针对特定攻击的安全路由等几类。

（1）基于反馈信息的安全路由协议。

结点通过反馈信息（如延迟、信任度、地理位置、剩余能力等）作出一系列决策以提高安全性改善网络性能;这些决策主要包括安全路径选择、信任邻居结点的选择等。例如,有的 WSN 路由协议根据信任评估模型计算结点的信任度,选择可信结点参与路由,并且引入 D-S 证据理论处理信任评估中的随机性和主观性。协议可以有效地检测和隔离恶意结点,提高整个网络的可靠性、健壮性和安全性,特别在恶意结点较多时,这种优势更明显。

(2) 基于地理位置的安全路由协议。

基于地理位置的路由协议通常需要在邻居结点间进行坐标位置信息的交换,而这一特性使其容易受到包括女巫等类型的攻击,需要采用有针对性的安全机制来提高路由协议的安全性。例如,有的安全路由协议在汇聚结点和感知结点设置信任路由机制,包括加密确认、信任表处理和黑名单处理等;在汇聚结点设置不安全位置避免机制,包括不安全位置探测、黑名单传播和不安全位置集合;数据包由可信中间结点传递给目的结点,包头嵌入黑名单,以此引导数据包绕过恶意结点。该协议的主要思想是使用信任概念来选择安全路径和避免不安全位置。

(3) 基于密码算法的安全路由协议。

基于密码算法的安全路由协议中最经典的是 SPINS,主要包括 SNEP 和 μTESLA 两个安全模块,通过加密机制保护信息不被攻击者窃取,通过认证机制防止攻击者加入网络。SNEP 提供数据的机密性、点到点的数据认证以及数据的新鲜性;μTESLA 在 TESLA 的基础上进行改进,提供广播认证。

(4) 基于多路径传输的安全路由协议。

多路径路由能够有效提高数据消息的递交成功率,平衡结点能量消耗以延长结点的生存时间。同时,多路径路由也是针对选择性转发攻击的一种有效防范方法。

(5) 应对特定攻击的安全路由协议。

例如,针对虫洞攻击和污水池攻击,有的安全路由协议使用预计的路径风险作为协议的参数,并且将网络中所有结点的量化风险值存储在安全的基站,由基站帮助源结点验证完整的路径风险。对于虫洞攻击,通过减少容易受到损害的通信量结点数减少虫洞的通信量;对于污水池攻击,采用多路径和随机路由防范。

13.4.3 无线传感器网络的密钥分配

为提供 WSN 中的机密性、完整性、鉴别等安全特性,许多密码算法被应用,实现一个安全的密钥管理协议就成为一个必备的前提条件。密钥管理协议在传统的网络中已经有了非常成熟的应用,然而无线传感器网络与传统网络在设备资源、网络组织等诸多方面存在着巨大差异,这就使得有必要结合这些差异对无线传感器网络的密钥分配问题进行重新考虑。

WSN 的结点资源有限、大规模、自组织、动态等诸多特点使得其密钥分配面临着巨大的考验;密钥管理是 WSN 安全研究的一个主要问题。当前,研究人员已经提出了很多 WSN 密钥分配方案。以支持一对一通信的对密钥为例,一些经典的密钥分配方案如下。

1. 基于信任服务器的密钥管理方案

某些 WSN 中部署了基站,基站作为可信的第三方服务器与每个传感器结点之间共享一个密钥。一个结点若想和另一个结点通信，就向信任服务器发出申请，由信任服务器生成一个新的会话密钥并用共享密钥加密发送给对应的结点。这个会话密钥用来保护这两个结点的后续通信。这种方法的优点在于侧重考虑了传感器结点资源受限的问题，对单个结点计算能力和存储能力要求不高；缺点是过分依赖基站，使得计算和通信负荷都集中于基站上，极有可能造成基站的单点失效或成为网络瓶颈，也极易招致拒绝服务攻击。

2. 基于初始信任的密钥管理协议

所谓初始信任，就是认为传感器结点刚开始部署在目标区域附近时有一个短暂的安全时间 T_{min}，攻击者至少要在 T_{min} 时间之后才能捕获传感器结点并提取出其中的密钥信息，而传感器各结点之间建立密钥的时间要小于 T_{min}。基于这样的假设，为每一个结点分配一个共享的主密钥 K 以及一个单向 Hash 函数 H。在安全的时间 T_{min} 内，相邻的结点利用这些信息快速建立起对密钥并最终销毁主密钥 K。例如，相邻的结点 u 与 v 可计算对密钥为 $K_{uv}=H(K\|u\|v)$，从而建立安全信道。由于 Hash 函数具有单向性且主密钥 K 被删除，经过 T_{min} 时间之后，攻击者无论捕获多少结点，都无法获得其他结点间的对密钥。同时，对密钥的建立仅需要计算高效的 Hash 函数且避免了密钥材料的通信，因此能量效率较高。但是，安全时间 T_{min} 与建立密钥所需时间的设置是一个难题；同时，一旦密钥建立，新结点就很难加入。

3. 随机密钥预分配方案

（1）基本的随机密钥预分配方案。

结点部署前，服务器创建一个规模大小为 S 的密钥池。对每个结点，从密钥池中随机选择 m 个密钥分配给该结点。这里 m 的选择应满足任意两个结点间拥有相同密钥的概率大于一个预先设定的参数 P。网络部署后，结点广播自己所拥有的密钥的 ID，并且利用接收到的 ID 找到那些与自己有共享密钥的邻居结点，建立安全连接。该方案的网络扩展能力强，支持很大的网络规模，并且有利于结点的加入。然而，该方案存在着密钥池大小 S 与密钥环大小 m 之间的矛盾。m/S 越大，相邻结点间存在相同密钥的可能性就越大，但结点捕获的可承受力也就越低；而 m/S 过小又将影响网络的连通性，可能出现多个独立的连通分枝。另外，由于结点共享的密钥不是唯一的，不支持结点的身份认证，因此攻击者很容易使用获得的密钥信息有效地进行各种恶意攻击。

（2）q-composite 随机密钥预分发方案。

q-composite 方法是对基本的随机密钥预分配方案的改进与提高。该方法将相邻结点建立安全链路所需的共享密钥个数提高到 q 个。如果两结点间拥有 q' 个相同的密钥且 $q'>q$，那么它们就可以使用会话密钥 $k=\text{Hash}(k_1\|k_2\|\cdots\|k_{q'})$ 进行安全通信。该方法对结点捕获的可承受力明显增加，但密钥的重叠度增加限制了网络的可扩展性。

思 考 题

1. 物联网体系架构包括哪几层？每层的功能是什么？

2. 物联网有哪些基本特征？

3. 物联网的关键支撑技术包括哪些?

4. 物联网的常见安全威胁包括哪些?

5. RFID 的常见安全威胁包括哪些?

6. 常见的 RFID 物理安全机制有哪些? 工作原理分别是什么?

7. 常见的基于密码算法的 RFID 认证协议的工作原理是什么?

课程思政

教学课件

教学视频

第 14 章

网络安全法律法规

导　　读

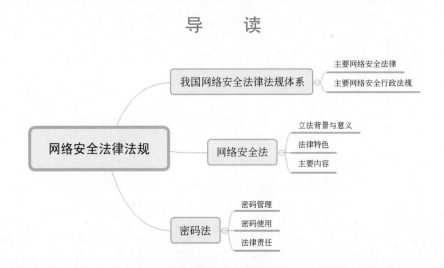

2014 年 4 月 15 日,习近平总书记提出了系统的"总体国家安全观",强调"要准确把握国家安全形势变化新特点新趋势,坚持总体国家安全观,走出一条中国特色国家安全道路"。在当代的总体国家安全中,网络安全的重要性已经达到了前所未有的程度,正如习近平总书记所指出的,"没有网络安全就没有国家安全"。党的十八大报告明确指出,要高度关注网络安全,健全信息安全保障体系。

当前,我国网络安全法律体系已经基本形成,法律法规、规范性文件和技术标准体系逐步完善。要参与计算机网络安全工作,必须深入了解和掌握网络安全法律法规体系。

14.1　我国网络安全法律法规体系

网络安全法律体系是由保障网络安全的法律、行政法规和部门规章等多层次规范相互配合的法律体系,重点涵盖网络主权、网络关键基础设施保护、网络运行安全、网络监测预警与应急处置、网络安全审查、网络信息安全以及网络空间各行为主体权益保护等制度。

当前,我国的网络安全法律法规体系主要包括两个层次:一是法律层次,由全国人大及其常委会制定,从国家宪法和其他部门法的高度对个人、法人和其他组织涉及国家安全的信息活动的权利义务进行规范;二是行政法规和部门规章,由国务院及其直属机构制定。此外,许多地方也出台了针对网络安全的地方性法规和规章,丰富了我国的网络安全法律法规体系。

14.1.1　主要网络安全法律

全国人大及其常委会行使国家立法权,制定了许多涉及网络安全的法律,主要有《中华人民共和国宪法》(以下简称《宪法》)、《中华人民共和国刑法》(以下简称《刑法》)、《中华人民共和国国家安全法》(以下简称《国家安全法》)、《中华人民共和国网络安全法》《中华人民共和国密码法》《中华人民共和国治安管理处罚法》《中华人民共和国电子签名法》等。以下对《宪法》《国家安全法》《刑法》中有关网络安全的条款进行简单介绍。

1.《宪法》

《宪法》规定了国家的根本制度和根本任务,是国家的根本法,具有最高的法律效力。《宪法》中若干条款都与网络安全事业息息相关,为我们的网信事业发展指明了方向。

《宪法》第二十八条规定,"国家维护社会秩序,镇压叛国和其他危害国家安全的犯罪活动,制裁危害社会治安、破坏社会主义经济和其他犯罪的活动,惩办和改造犯罪分子"。危害网络安全是危害国家安全的表现之一,也是危害社会治安、破坏社会主义经济等的犯罪活动之一,《宪法》作为国家根本大法,对惩治危害网络安全的犯罪活动进行了顶层设计。

第四十条规定,"中华人民共和国公民的通信自由和通信秘密受法律的保护。除因国家安全或者追查刑事犯罪的需要,由公安机关或者检察机关依照法律规定的程序对通信进行检查外,任何组织或者个人不得以任何理由侵犯公民的通信自由和通信秘密"。这是《宪法》对公民通信自由和通信秘密的保护条款,必然也包括对公民网络通信自由和通信秘密的保护。

2.《国家安全法》

《国家安全法》共七章,对政治安全、国土安全、军事安全、文化安全、科技安全等11个领域的国家安全任务进行了明确,对维护国家安全的任务与职责、国家安全制度、国家安全保障以及公民、组织的义务和权利等方面进行了规定。

《国家安全法》第二十五条规定,"国家建设网络与信息安全保障体系,提升网络与信息安全保护能力,加强网络和信息技术的创新研究和开发应用,实现网络和信息核心技术、关键基础设施和重要领域信息系统及数据的安全可控;加强网络管理,防范、制止和依法惩治网络攻击、网络入侵、网络窃密、散布违法有害信息等网络违法犯罪行为,维护国家网络空间主权、安全和发展利益"。这一条第一次明确了"网络空间主权"这一概念。网络空间主权是国家主权的重要组成部分,是国家主权在网络空间的体现和延伸。尊重网络主权是维护网络空间安全的重要前提。互联网是国家重要基础设施,中华人民共和国境内的互联网属于中国主权管辖范围,中国的互联网主权应受到尊重和维护。

3.《刑法》

《刑法》规定了许多与网络安全相关的条款,对网络犯罪进行打击,规范网络行为,净化网络空间。

《刑法》第二百八十五条规定了非法侵入计算机信息系统罪,包括以下几种行为:①违反国家规定,侵入国家事务、国防建设、尖端科学技术领域的计算机信息系统;②违反国家规定,侵入前款规定以外的计算机信息系统或者采用其他技术手段,获取该计算机信息系统中存储、处理或者传输的数据，或者对该计算机信息系统实施非法控制，情节严重的；③提供专门用于侵入、非法控制计算机信息系统的程序、工具，或者明知他人实施侵入、非法控制计算机信息系统的违法犯罪行为而为其提供程序、工具，情节严重的。第二百八十六条规定了破坏计算机信息系统罪，追究以下行为的刑事责任：①违反国家规定，对计算机信息系统功能进行删除、修改、增加、干扰，造成计算机信息系统不能正常运行，后果严重的；②违反国家规定，对计算机信息系统中存储、处理或者传输的数据和应用程序进行删除、修改、增加的操作，后果严重的；③故意制作、传播计算机病毒等破坏性程序，影响计算机系统正常运行，后果严重的。这两条都是专门针对破坏计算机系统的罪名，属于扰乱公共秩序罪，主要用于打击严重的黑客行为。

针对网络服务提供者不履行网络安全管理义务造成危害后果的行为，《刑法》制定了专门条款予以规范。第二百八十六条之一规定了拒不履行信息网络安全管理义务罪，规范网络服务提供者不履行信息网络安全管理义务、经监管部门责令改正而拒不改正并造成严重后果的行为；严重后果包括违法信息大量传播、用户信息泄露后果严重、刑事案件证据灭失情节严重等。

《刑法》还规定了利用信息网络实施犯罪和帮助他人实施犯罪的罪名。第二百八十七条是利用计算机实施犯罪的提示性规定，将利用计算机实施的金融诈骗、盗窃、贪污、挪用公款、窃取国家秘密等行为规定为犯罪。第二百八十七条之一规定了非法利用信息网络罪，包括利用信息网络实施且情节严重的以下行为：①设立用于实施诈骗、传授犯罪方法、制作或者销售违禁物品、管制物品等违法犯罪活动的网站、通讯群组；②发布有关制作或者销售毒品、枪支、淫秽物品等违禁物品、管制物品或者其他违法犯罪信息；③为实施诈骗等违法犯罪活动发布信息。第二百八十七条之二规定了帮助信息网络犯罪活动罪，即明知他人利用信息网络实施犯罪，为其犯罪提供互联网接入、服务器托管、网络存储、通信传输等技术支持，或者提供广告推广、支付结算等帮助，且情节严重的行为。

《刑法》中还有很多条款与网络安全有关，因篇幅所限，不予赘述。

14.1.2　主要网络安全行政法规

国务院为执行宪法和法律而制定的网络信息安全行政法规主要包括《计算机信息系统安全保护条例》《计算机信息网络国际联网管理暂行规定》《商用密码管理条例》《电信条例》《互联网信息服务管理办法》《计算机软件保护条例》《信息网络传播权保护条例》等。

《计算机信息系统安全保护条例》（以下简称《条例》）于 1994 年发布并实施，目的是保护计算机信息系统的安全，促进计算机的应用和发展，保障社会主义现代化建设的顺利进行。该条例赋予公安部"主管全国计算机信息系统安全保护工作"的职能，包括监督、检查、指导权，计算机违法犯罪案件查处权，以及其他监督职权。《条例》还要求国家安全部、保密局和国务院其他部门在职责范围内做好计算机信息系统安全保护的工作。

《计算机信息网络国际联网管理暂行规定》于 1996 年发布并实施，是为了加强对计算机信息网络国际联网的管理，保障国际计算机信息交流的健康发展而制定的法规。该规定明确了计算机信息网络国际联网的原则：必须使用国家公用电信网提供的国际出入口信道；接入网络必须通过互联网络进行国际联网；用户使用的计算机或者计算机信息网络需要进行国际联网的,必须通过接入网络进行国际联网。

《商用密码管理条例》自1999年开始实施,目的是加强商用密码(即对不涉及国家秘密内容的信息进行加密保护或者安全认证所使用的密码技术和密码产品)的管理,保护信息安全,保护公民和组织的合法权益,维护国家的安全和利益。该条例明确,商用密码技术属于国家秘密,国家对商用密码产品的科研、生产、销售和使用实行专控管理。该条例还规定了对不当生产、销售、进口、使用商用密码产品的处罚措施,包括警告、责令立即改正、没收违法所得、罚款等。

《电信条例》于2000年公布实施,目的是规范电信市场秩序,维护电信用户和电信业务经营者的合法权益,保障电信网络和信息的安全,促进电信业的健康发展。该条例第五章是有关电信安全的规定,禁止任何组织或者个人利用电信网络从事危害国家安全、社会公共利益或者他人合法权益的活动。

《互联网信息服务管理办法》是为了规范互联网信息服务活动和促进互联网信息服务健康有序发展制定的办法。该办法规定了提供互联网信息服务的基本原则:国家对经营性互联网信息服务实行许可制度,对非经营性互联网信息服务实行备案制度;未取得许可或者未履行备案手续的,不得从事互联网信息服务。互联网信息服务提供者不得制作、复制、发布和传播危害国家安全、社会稳定、他人合法权益的信息内容。

《计算机软件保护条例》于2001年发布实施,目的是保护计算机软件著作权人的权益,调整计算机软件在开发、传播和使用中发生的利益关系,鼓励计算机软件的开发与应用,促进软件产业和国民经济信息化的发展。该条例规定了典型的侵权行为:复制或者部分复制著作权人的软件;向公众发行、出租、通过信息网络传播著作权人的软件;故意避开或者破坏著作权人为保护其软件著作权而采取的技术措施;故意删除或者改变软件权利管理电子信息;转让或者许可他人行使著作权人的软件著作权等。

《信息网络传播权保护条例》是为了保护著作权人、表演者、录音录像制作者的信息网络传播权,鼓励有益于社会主义精神文明、物质文明建设的作品的创作和传播而制定的。该条例明确了信息网络传播权保护的基本原则:除法律、行政法规另有规定的外,任何组织或者个人将他人的作品、表演、录音录像制品通过信息网络向公众提供,应当取得权利人许可并支付报酬。该条例规定了侵犯信息网络传播权的典型行为:通过信息网络擅自向公众提供他人的作品、表演、录音录像制品;故意避开或者破坏技术措施;故意删除或者改变通过信息网络向公众提供的作品、表演、录音录像制品的权利管理电子信息,或者通过信息网络向公众提供明知或者应知未经权利人许可而被删除或者改变权利管理电子信息的作品、表演、录音录像制品等。

14.2　网络安全法

《中华人民共和国网络安全法》是为保障网络安全,维护网络空间主权和国家安全、社会公共利益,保护公民、法人和其他组织的合法权益,促进经济社会信息化健康发展而制定的法律,自2017年6月1日起施行。

14.2.1 立法背景与意义

网络已经深刻地融入经济社会生活的各个方面，网络安全威胁也向经济社会的各个层面渗透，网络安全的重要性随之不断提高。"没有网络安全就没有国家安全"，网络安全已经成为关系国家安全和发展、关系广大人民群众切身利益的重大问题。

党的十八大以来，以习近平同志为核心的党中央从总体国家安全观出发，对加强国家网络安全工作作出了重要的部署，对加强网络安全法制建设提出了明确的要求。制定《网络安全法》是适应我们国家网络安全工作新形势、新任务，落实中央决策部署，保障网络安全和发展利益的重大举措，是落实国家总体安全观的重要举措。

《网络安全法》是国家安全法律制度体系中的一部重要法律，是网络安全领域的基本大法，与之前出台的《国家安全法》《反恐怖主义法》等属同一位阶，对于确立国家网络安全基本管理制度具有里程碑式的重要意义。

《网络安全法》中明确提出了有关国家网络空间安全战略和重要领域安全规划等问题的法律要求，有助于推进与其他国家和行为体就网络安全问题展开有效的战略博弈。

14.2.2 法律特色

《网络安全法》明确了三大基本原则。

第一，网络空间主权原则。《网络安全法》第一条"立法目的"开宗明义，明确规定要维护我国网络空间主权。网络空间主权是一国国家主权在网络空间中的自然延伸和表现。习近平总书记指出，《联合国宪章》确立的主权平等原则是当代国际关系的基本准则，覆盖国与国交往的各个领域，其原则和精神也应该适用于网络空间。各国自主选择网络发展道路、网络管理模式、互联网公共政策以及平等参与国际网络空间治理的权利应当得到尊重。第二条明确规定，《网络安全法》适用于我国境内网络以及网络安全的监督管理。这是我国网络空间主权对内最高管辖权的具体体现。

第二，网络安全与信息化发展并重原则。习近平总书记指出，安全是发展的前提，发展是安全的保障，安全和发展要同步推进。网络安全和信息化是一体之两翼、驱动之双轮，必须统一谋划、统一部署、统一推进、统一实施。《网络安全法》第三条明确规定，国家坚持网络安全与信息化并重，遵循积极利用、科学发展、依法管理、确保安全的方针；既要推进网络基础设施建设，鼓励网络技术创新和应用，又要建立健全网络安全保障体系，提高网络安全保护能力，做到"双轮驱动、两翼齐飞"。

第三，共同治理原则。网络空间安全仅依靠政府是无法实现的，需要政府、企业、社会组织、技术社群和公民等网络利益相关者的共同参与。《网络安全法》坚持共同治理原则，要求采取措施鼓励全社会共同参与，政府部门、网络建设者、网络运营者、网络服务提供者、网络行业相关组织、高等院校、职业学校、社会公众等应根据各自的角色参与网络安全治理工作。

《网络安全法》具有六大显著特征。

第一，明确了网络空间主权的原则。没有网络安全就没有国家安全，没有网络主权就没有网络空间安全。网络主权原则根植于《联合国宪章》和国家法理的基本准则。网络空间主权主要表现为三方面:一是对内的最高权,各国有权自主选择网络发展道路、网络管理模式、互联网公共政策;二是对外的独立权,各国有平等参与国际网络空间治理的权利;三是防止危害国家的网络安全,不搞网络霸权,不干涉他国内政,不从事、纵容或支持危害他国国家安全的网络活动。根据国家网络空间主权原则,国家不仅有权对其领土境内的关键基础设施、重要数据、网络空间活动和信息通信网络监管行使主权,也可依法对境外个人或组织在我国境内的网络破坏活动行使司法管辖权,即具有域外的效力。

第二,明确了网络产品和服务提供者的安全义务。《网络安全法》第二十二条明确规定,网络产品、服务应当符合相关国家标准的强制性要求。网络产品、服务的提供者不得设置恶意程序;发现其网络产品、服务存在安全缺陷、漏洞等风险时,应当立即采取补救措施,按照规定及时告知用户并向有关主管部门报告。网络产品、服务的提供者应当为其产品、服务持续提供安全维护;在规定或者当事人约定的期限内,不得终止提供安全维护。网络产品、服务具有收集用户信息功能的,其提供者应当向用户明示并取得同意;涉及用户个人信息的,还应当遵守本法和有关法律、行政法规关于个人信息保护的规定。

第三,明确了网络运营者的安全义务。《网络安全法》将原来散见于各种法规、规章中的规定上升到人大法律层面,对网络运营者等主体的法律义务和责任作了全面规定,确定了相关法定机构对网络安全的保护和监督职责,明确了网络运营者应履行的安全义务,平衡了涉及国家、企业和公民等多元主体的网络权利与义务,协调政府管制和社会共治网络治理的关系,形成了以法律为根本治理基础的网络治理模式。

第四,进一步完善了个人信息保护规则。《网络安全法》明确运营者在收集个人信息时必须合法、正当、必要,收集应当与个人订立合同;个人信息一旦泄露、损坏、丢失,必须告知和报告,同时个人具有对其信息的删除权和更正权(删除权的两种情形:违反法律法规、约定的合同期限已满)。《网络安全法》首次给予个人信息交易一定的合法空间。

第五,建立了关键信息基础设施安全保护制度。以立法的形式将国家主权范围内的关键信息基础设施列为国家重要基础性战略资源加以保护,使之成为各主权国家网络空间安全法治建设的核心内容和基本实践。《网络安全法》首次将关键信息基础设施安全保护制度以立法形式进行保护。

第六,确立了关键信息基础设施重要数据跨境传输的规则。隶属于数据主权的概念,即数据本地化存储,通常是指主权国家通过制定法律或规则限制本国数据向境外流动。任何本国或者外国公司在采集和存储与个人信息和关键领域相关数据时,必须使用主权国家境内的服务器。《网络安全法》第三十七条标志着中国正式开始基于网络主权原则对数据跨境传输进行法律限制。

14.2.3　主要内容

《网络安全法》规定了九类网络安全保障制度。

1. 网络安全等级保护制度

《网络安全法》第二十一条规定,国家实行网络安全等级保护制度。网络运营者要从定级备案、安全建设、等级测评、安全整改、监督检查角度,严格落实网络安全等级保护制度。

2. 网络产品和服务安全制度

与网络安全产品和服务有关的安全制度主要涉及市场准入制度、强制性安全检测制度、强制性安全认证制度。要对网络产品和服务及其提供者进行网络安全审查，重点审查网络产品和服务的安全性、可控性，主要包括：产品和服务被非法控制、干扰和中断运行的风险；产品及关键部件研发、交付、技术支持过程中的风险；产品和服务提供者利用提供产品和服务的便利条件非法收集、存储、处理、利用用户相关信息的风险；产品和服务提供者利用用户对产品和服务的依赖，实施不正当竞争或损害用户利益的风险；其他可能危害国家安全和公共利益的风险。

3. 关键信息基础设施运行安全保护制度

《网络安全法》第三十一条规定，"国家对公共通信和信息服务、能源、交通、水利、金融、公共服务、电子政务等重要行业和领域，以及其他一旦遭到破坏、丧失功能或者数据泄露，可能严重危害国家安全、国计民生、公共利益的关键信息基础设施，在网络安全等级保护制度的基础上，实行重点保护，关键信息基础设施的具体范围和安全保护办法由国务院制定"。这是我国首次在法律层面提出关键信息基础设施的概念和重点保护范围。

为强化对关键信息基础设施安全保护的责任，《网络安全法》从国家主体和关键信息基础设施运营者两大层面，分别明确了对关键信息基础设施安全保护的法律义务和责任。在国家层面，《网络安全法》第三十二条规定，"按照国务院规定的职责分工，负责关键信息基础设施安全保护工作的部门分别编制并组织实施本行业、本领域的关键信息基础设施安全规划，指导和监督关键信息基础设施运行安全保护工作"。

在关键信息基础设施运营者方面，《网络安全法》第三十四条专门设定了关键信息基础设施的运营者应当履行的四大安全保护义务：一是设置专门安全管理机构和安全管理负责人；二是定期对从业人员进行网络安全教育、技术培训和技能考核；三是对重要系统和数据库进行容灾备份；四是制定网络安全事件应急预案并定期进行演练。另外设定了一项兜底性条款，即"以及法律、行政法规规定的其他义务"。

4. 网络安全风险评估制度

《网络安全法》第三十八条规定，关键信息基础设施的运营者应当自行或者委托网络安全服务机构对其网络的安全性和可能存在的风险每年至少进行一次检测评估，并且将检测评估情况和改进措施报送相关负责关键信息基础设施安全保护工作的部门。同时，《网络安全法》第二十一条规定，国家实行网络安全等级保护制度。建议今后运营者开展网络安全等级保护测评工作，这样既满足风险评估，同时也满足网络安全等级保护制度。

5. 用户实名制度

《网络安全法》立法确立了网络实名制在我国的实施。第二十四条规定，网络运营者为用户办理网络接入、域名注册服务，办理固定电话、移动电话等入网手续，或者为用户提供信息发布、即时通信等服务，在与用户签订协议或者确认提供服务时，应当要求用户提供真实身份信息。用户不提供真实身份信息的，网络运营者不得为其提供相关服务。

6. 网络安全事件应急预案制度

《网络安全法》第二十五条规定，网络运营者应当制定网络安全事件应急预案，及时处置系统漏洞、计算机病毒、网络攻击、网络侵入等安全风险;在发生危害网络安全的事件时,立即启动应急预案,采取相应的补救措施,并且按照规定向有关主管部门报告。建议应急预案制度应覆盖所有网络安全场景、对相关人员开展应急预案培训、结合发生的安全事件和面临的安全风险,制定符合自身组织架构的网络安全应急预案,并且在预案中明确内部及业务部门的应急响应责任,准备措施以及应对突发事件的配合机制并组织演练。

7. 网络安全监测预警和信息通报制度

《网络安全法》第五十一条规定,国家建立网络安全监测预警和信息通报制度。国家网信部门应当统筹协调有关部门加强网络安全信息收集、分析和通报工作,按照规定统一发布网络安全监测预警信息。这是从国家层面要建立安全态势感知与信息通报制度,说明了将来会出台国家层面的"网络安全监测预警和信息通报制度"。

《网络安全法》第五十二条规定,负责关键信息基础设施安全保护工作的部门应当建立健全本行业、本领域的网络安全监测预警和信息通报制度,并且按照规定报送网络安全监测预警信息。这条主要从行业层面讲安全态势感知与信息通报制度,行业主管部门要在国家指导下出台行业层面的"网络安全监测预警和信息通报制度"。

8. 用户信息保护制度

《网络安全法》第二十二条规定,网络产品、服务具有收集用户信息功能的,其提供者应当向用户明示并取得同意;涉及用户个人信息的,还应当遵守本法和有关法律、行政法规关于个人信息保护的规定。同时,第四十条规定,网络运营者应当对其收集的用户信息严格保密,并且建立健全用户信息保护制度。

9. 关键信息基础设施重要数据境内留存制度

《网络安全法》第三十七条规定,关键信息基础设施的运营者在中华人民共和国境内运营中收集和产生的个人信息和重要数据应当在境内存储。因业务需要,确需向境外提供的,应当按照国家网信部门会同国务院有关部门制定的办法进行安全评估;法律、行政法规另有规定的,依照其规定。这一条是与数据主权有关的规定。

除了以上九大制度,《网络安全法》在第六章规定了详尽的法律责任,大致包括 14 种惩罚手段,分别是约谈、断网、改正、警告、罚款、暂停相关业务、停业整顿、关闭网站、吊销相关业务许可证、吊销营业执照、拘留、职业禁入、民事责任、刑事责任。

14.3　密　码　法

《中华人民共和国密码法》(以下简称《密码法》)于 2019 年 10 月 26 日由十三届全国人大常委会第十四次会议通过,自 2020 年 1 月 1 日起正式施行。《密码法》的颁布和实施是构建国家安全法律制度体系的重要举措,是维护国家网络空间主权安全的重要举措,是推动密码事业高质量发展的重要举措,是守好党和国家"命门""命脉"的重要法律保障。

《密码法》是总体国家安全观框架下国家安全法律体系的重要组成部分,也是一部技术性、专业性较强的专门法律。《密码法》共五章四十四条,重点规范了以下内容。

1. 密码的概念

《密码法》第二条规定，"本法中的密码是指采用特定变换的方法对信息等进行加密保护、安全认证的技术、产品和服务"。密码是保障网络与信息安全的核心技术和基础支撑，是解决网络与信息安全问题最有效、最可靠、最经济的手段，是构筑网络信息系统免疫体系和网络信任体系的基石，直接关系国家政治安全、经济安全、国防安全和信息安全。

《密码法》第六条至第八条按照保护信息的种类不同，将密码分为核心密码、普通密码和商用密码。核心密码用于保护国家绝密级、机密级、秘密级信息，普通密码用于保护国家机密级、秘密级信息，商用密码用于保护不属于国家秘密的信息。将密码分为核心密码、普通密码和商用密码并实行分类管理是密码管理的根本原则，是保障密码安全的基本策略，也是长期以来密码工作经验的科学总结。

2. 密码管理主体

《密码法》第四条规定，"坚持中国共产党对密码工作的领导。中央密码工作领导机构对全国密码工作实行统一领导，制定国家密码工作重大方针政策，统筹协调国家密码重大事项和重要工作，推进国家密码法治建设"。这一条把中央确定的领导管理体制通过法律形式固定下来，变成国家意志，为密码工作沿着正确方向发展提供了根本保证。

《密码法》第五条依法确立国家、省、市、县四级密码工作管理体制，明确了国家密码管理部门（即国家密码管理局）负责管理全国的密码工作；县级以上地方各级密码管理部门（即省、市、县级密码管理局）负责管理本行政区域的密码工作；国家机关和涉及密码工作的单位在其职责范围内负责本机关、本单位或者本系统的密码工作。

3. 密码管理

《密码法》第二章（即第十三条至第二十条）规定了核心密码、普通密码的主要管理制度。核心密码、普通密码用于保护国家秘密信息和涉密信息系统，为维护国家网络空间主权、安全和发展利益构筑起牢不可破的密码屏障。密码管理部门依法对核心密码、普通密码实行严格统一管理，并且规定了核心密码、普通密码的使用要求、安全管理制度以及国家加强核心密码、普通密码工作的一系列特殊保障制度和措施。要对核心密码、普通密码的科研、生产、服务、检测、装备、使用和销毁等各个环节实行严格统一管理，确保核心密码、普通密码的安全。

《密码法》第三章（即第二十一条至第三十一条）规定了商用密码的主要管理制度。商用密码广泛应用于国民经济发展和社会生产生活的方方面面，涵盖金融、通信、公安、税务、社保、交通、卫生健康、能源、电子政务等重要领域，在维护国家安全、促进经济社会发展以及保护公民、法人和其他组织合法权益方面发挥着重要作用。密码法明确规定，国家鼓励商用密码技术的研究开发、学术交流、成果转化和推广应用，健全统一、开放、竞争、有序的商用密码市场体系，鼓励和促进商用密码产业发展。一是坚决贯彻落实"放管服"改革要求，充分体现非歧视和公平竞争原则，进一步削减行政许可数量，放宽市场准入，更好地激发市场活力和社会创造力。二是由商用密码管理条例规定的全环节严格管理调整为重点把控产品销售、服务提供、使用、进出口等关键环节，管理方式上由重事前审批更多地转为事中事后监管，重视发挥标准化和检测认证的支撑作用。三是对于关系国家安全和社会公共利益，又难以通过市场机制或者事中事后监督方式进行有效监管的少数事项，本法规定了必要的行政许可和管制措施。按照上述立法思路,密码法规定了商用密码的主要管理制度,包括商用密码标准化制度、检测认证制度、市场准入管理制度、使用要求、进出口管理制度、电子政务电子认证服务管理制度以及商用密码事中事后监管制度。

4. 密码使用

《密码法》第十四条规定,在有线、无线通信中传递的国家秘密信息,以及存储、处理国家秘密信息的信息系统,应当依法使用核心密码、普通密码进行加密保护、安全认证。此条是核心密码、普通密码使用的规定。

《密码法》第二十七条规定,关键信息基础设施必须依法使用商用密码进行保护并开展商用密码应用安全性评估;关键信息基础设施的运营者采购涉及商用密码的网络产品和服务,可能影响国家安全的,应当依法通过国家网信办会同国家密码管理局等有关部门组织的国家安全审查。《密码法》第八条规定,公民、法人和其他组织可以依法使用商用密码保护网络与信息安全,对一般用户使用商用密码没有提出强制性要求。这两条是关于商用密码使用的规定。

《密码法》第十二条明确规定,任何组织或者个人不得窃取他人加密保护的信息或者非法侵入他人的密码保障系统,不得利用密码从事危害国家安全、社会公共利益、他人合法权益等违法犯罪活动。

5. 法律责任

《密码法》第四章规定了密码使用不当行为的法律责任。根据密码法规定,未按照要求使用核心密码、普通密码、商用密码,或者发生核心密码、普通密码泄密的,将受到行政处罚;窃取他人加密保护的信息,非法侵入他人的密码保障系统,或者利用密码从事危害国家安全、社会公共利益、他人合法权益等违法活动的,将按照相关法律规定追究法律责任。

思 考 题

1. 我国主要的网络安全法律有哪些?分别规定了哪些网络安全相关的内容?
2. 我国主要的网络安全行政法规有哪些?分别规定了哪些网络安全相关的内容?
3. 《网络安全法》的基本原则有哪些?
4. 《网络安全法》规定了哪些网络安全保障制度?
5. 《密码法》重点规范了哪些内容?

附录 A

实 验 指 导

实验 1　密码学实验

实验目的

(1) 编程实现常见古典密码算法,加深对古典密码的理解。

(2) 掌握加密算法设计原则。

(3) 掌握对古典密码的攻击方法。

实验设备与环境

若干安装 Windows 操作系统的 PC,安装 Java、C++ 或 C♯ 编程开发环境。实验环境的拓扑结构如图 A-1 所示。

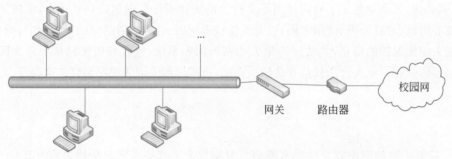

图 A-1　实验 1 环境的拓扑结构

实验内容与步骤

(1) 编程实现凯撒密码,输入任意明文,观察明密文关系。

$$c = E(k, m) = (m + k) \bmod 26$$

(2) 编程实现单表代换密码,输入任意明文,观察明密文关系。

(3) 编程实现 Hill 密码,输入任意明文,观察明密文关系。

Hill 密码的加密算法将 m 个连续的明文字母替换成 m 个密文字母,这是由 m 个线性方程决定的,在方程中每个字母被指定为一个数值($a = 0, b = 1, \cdots, z = 25$)。该密码体制可以描述为

$$C = KP \bmod 26$$

其中,**C** 和 **P** 是列向量,分别代表密文和明文,**K** 是一个方阵,代表加密密钥。运算按模 26 执行。

(4) 编程实现 Playfair 密码,输入任意明文,观察明密文关系。

Playfair 算法基于一个由密钥词构成的 5×5 字母矩阵。填充矩阵的方法是:首先将密钥词(去掉重复字母)从左至右、从上至下填在矩阵格子中;然后将字母表中除密钥词字母外的字母按顺序从左至右、从上至下填在矩阵剩下的格子中。

对明文按如下规则一次加密两个字母。

① 如果该字母对的两个字母是相同的,那么在它们之间加一个填充字母,如 x。例如 balloon,先把它变成 ba lx lo on 这样 4 个字母对。

② 落在矩阵同一行的明文字母对中的字母由其右边的字母来代换,每行中最右边的一个字母用该行中最左边的第一个字母来代换,如 ar 变成 RM。

③ 落在矩阵同一列的明文字母对中的字母由其下面的字母来代换,每列中最下面的一个字母用该列中最上面的第一个字母来代换,如 mu 变成 CM。

④ 其他的每组明文字母对中的字母按如下方式代换:该字母的所在行为密文所在行,另一字母的所在列为密文所在列。例如 hs 变成 BP,ea 变成 IM 或(JM)。

分析与思考

(1) 为什么说一次一密是无条件安全的?

(2) 为什么简单的置换和代换仍然应用在现代密码中?

(3) 明文统计特性如何应用在攻击中?

实验 2　操作系统安全实验

实验目的

(1) 掌握 Windows 系统安全配置方法。

(2) 了解 Windows 系统可能存在的安全漏洞与威胁。

(3) 理解主机安全的重要性。

实验设备与环境

若干运行 Windows 操作系统的主机,安装微软基准安全分析器(Microsoft Baseline Security Analyzer,MBSA)。

实验内容与步骤

(1) 账户和密码安全设置。

① 选择"控制面板"→"用户账户",删除默认的管理员用户,创建新的管理员权限用户。

② 选择"控制面板"→"管理工具"→"本地安全策略"→"账号策略"→"密码策略",设

置密码策略、账户锁定策略。

③ 运行 syskey 命令，在弹出的对话框中设置启动密码。

（2）目录和文件安全设置。

① 输入 convert <volume>/FS：NTFS，其中<volume>代表驱动器号，将选定的分区转换为 NTFS 格式。

② 测试 NTFS 文件格式加密。打开文件属性窗口，选择"高级"按钮，然后选择"加密"。

（3）开启审核策略和查看事件日志。

① 选择"控制面板"→"管理工具"→"本地安全策略"→"本地策略"→"审核策略"，开启审核策略。

② 双击某项策略，可以进行更改。

③ 查看时间日志。选择"控制面板"→"管理工具"→"事件查看器"，查看策略开启的审核结果。

（4）利用组编辑器增加 IE 安全性。

① 输入 gpedit.msc 命令，启动组策略编辑器。

② 选择"计算机配置"→"管理模板"→"Windows 组件"→Internet Explorer。

③ 配置 IE 浏览器。

（5）启动安全模板。

① 选择"开始"→"运行"，在"打开"栏中输入 mmc，打开"控制台"窗口。在"文件"菜单下选择"添加/删除管理单元"命令，单击"添加"按钮，在弹出的窗口中选择"安全模板"和"安全配置分析"，单击"确定"按钮并关闭窗口。

② 导入安全模板，建立安全数据库。

（6）利用 MBSA 检查和配置系统安全。

① 启动 MBSA。

② 自定义扫描细节。

③ 开始扫描并查看安全报告。

（7）禁用远程桌面。

① 输入 gpedit.msc 命令，启动组策略编辑器。

② 选择"计算机配置"→"管理模板"→"系统"→"远程协助"，然后选择"已禁用"。

③ 关闭组策略管理单元。

（8）关闭 Messenger 服务。

选择"控制面板"→"管理工具"→"服务"，关闭 Messenger 服务。

分析与思考

（1）操作系统的安全功能有哪些？

（2）操作系统的安全设计原则有哪些？

（3）NTFS 文件系统的特点有哪些？

实验 3 网络监听与扫描实验

实验目的

（1）熟悉网络监听原理与技术。

（2）熟悉 Sniffer Pro 的使用，加深对 TCP/IP 协议的理解。

实验设备与环境

一个星状结构的局域网，用交换机互连并通过路由器连接到 Internet。所有主机的操作系统为 Windows，其中一台安装 Sniffer Pro 软件，该主机记为 S。实验环境拓扑结构如图 A-2 所示。

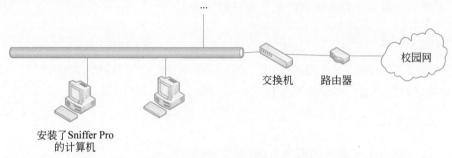

图 A-2 实验 3 环境的拓扑结构

实验内容与步骤

（1）在主机 S 上安装 Sniffer Pro 软件。

（2）了解 Sniffer Pro 的常用功能。

① 使用 Sniffer Pro 的可视化网络性能监视器 Dashboard（仪表盘）监视实时网络通信流量。

② 使用 Hosts List（主机列表）监听所有主机与网络的通信情况，包括每台主机连接的地址、运行的协议。

（3）使用 Sniffer Pro 捕获 HTTP 协议数据包中的账号密码信息。

① 设置规则。在 S 主机上运行 Sniffer Pro，从主菜单选择 Capture→Define Filter 命令，在弹出的对话框中设置地址、数据模式、协议、数据包类型等选项。

② 捕获数据包。从主菜单选择 Capture→Start 命令，Sniffer Pro 开始监听指定地址的主机的 HTTP 协议数据包。

③ 通过 HTTP 协议访问 Web。在监听目标主机上访问网站，输入用户名和密码。

④ 查看结果。在 S 主机的 Sniffer Pro 中查看结果。

分析与思考

（1）在一台主机上安装防火墙，在另一台主机上安装嗅探器，看能否接收到信息。

（2）根据网络监听的原理，讨论针对网络监听的对抗措施。

（3）用一台主机监听另一台主机登录 FTP 服务器的操作，记录用户名和密码。

实验 4　剖析特洛伊木马

实验目的

（1）熟悉远程控制软件和木马的工作原理。

（2）熟悉远程控制和木马软件的使用。

（3）学会分析和查找系统中隐藏的木马软件。

实验设备与环境

若干安装 Windows 操作系统的 PC，其中一台（主机 A）安装冰河服务器，另一台（主机 B）安装冰河客户端。实验环境拓扑结构同实验 1。

实验内容与步骤

（1）在主机 A 上安装冰河服务器端（受控端）软件。

（2）在主机 B 上安装冰河客户端（控制端）软件。

（3）冰河客户端配置。

① 单击"设置"→"配置服务器程序"菜单选项对服务器进行配置。

② 添加需要控制的受控端计算机。可以通过受控端的 IP 地址指定，也可以采用自动搜索的方式添加受控端计算机。

（4）利用客户端远程控制服务器端。

① 浏览受控端计算机中的文件系统。

② 对受控端计算机中的文件进行复制与粘贴操作。

③ 在主控端计算机上观看受控端计算机的屏幕。

④ 对受控端计算机进行控制，就好像在本地机进行操作一样。

⑤ 通过冰河信使功能和受控端进行聊天。

分析与思考

（1）木马的工作模式是什么？

（2）木马的常用传播途径有哪些？

（3）如何预防木马？

实验 5 使用 PGP 实现电子邮件安全

实验目的

(1) 掌握电子邮件协议和报文格式。

(2) 掌握 Windows 平台下 MDaemon 邮件服务的安全配置。

(3) 掌握 PGP 工作原理,能够使用 PGP 对邮件加密和签名。

实验设备与环境

若干 PC,其中一台安装 MDaemon 邮件服务器程序,其余安装 Windows 操作系统,并且安装 PGP 软件。实验环境拓扑结构同实验 1。

实验内容与步骤

(1) 在 Windows 上安装 MDaemon 邮件服务器程序。

(2) MDaemon 邮件服务器程序的安全配置。单击菜单栏的"安全"命令,在弹出的对话框中设置。

(3) PGP 邮件签名和加密。

① 安装 PGP。

② 生成公私钥对。

③ 导出密钥。

④ 导入他人公钥。

⑤ 测试邮件加密和签名。

分析与思考

(1) 分析电子邮件的工作过程。

(2) 电子邮件服务存在哪些安全问题?

(3) PGP 加密邮件时,主题和附件是否加密?

实验 6 防火墙实验

实验目的

(1) 理解防火墙的功能和工作原理。

(2) 熟悉 Linux 平台下 IPTables 防火墙的配置和使用。

实验设备与环境

一台具有双网卡的 Linux 服务器作为网关,一个网卡连接外部网络,另一个网卡连接以太网交换机。交换机上还连接一台 Web 服务器和一台 FTP 服务器。实验拓扑结构如图 A-3 所示。

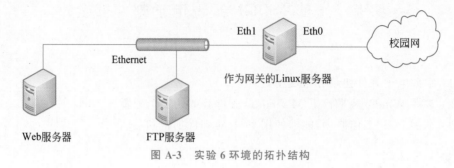

图 A-3　实验 6 环境的拓扑结构

实验内容与步骤

（1）一般情况下，IPTables 已经包含在 Linux 发行版中。启动 IPTables。

（2）查看规则集。输入以下命令：

```
#iptables -L
```

（3）增加规则，以阻止某特定 IP 主机的数据包。输入以下命令：

```
#iptables -t filter -A INPUT -s 202.116.76.0/24 -j DROP
```

（4）删除规则。输入以下命令：

```
#iptables -t filter -D OUTPUT -d 202.116.76.0/24 -j DROP
```

（5）设置默认的策略。基本原则是"首先拒绝所有数据包，然后允许所需要的"。

（6）使用 SYN 标识阻止未经授权的 TCP 连接。

（7）向 NAT 和 Filter 表中添加规则，实现多台主机共享一个 Internet 连接。

（8）在 NAT 表中的 PREROUTING 链中添加规则，以允许外部访问内部服务器。

（9）在 TCP 协议下打开 80 端口，开放内部 Web 服务器的 HTTP 协议访问。

（10）开放 TCP 协议的 21 端口，以允许内部 FTP 服务器对外服务。

（11）开放 ICMP 协议，实现 ping 功能。

（12）使用 iptables -save 命令保存设置的规则。

分析与思考

（1）假设防火墙允许周边网络主机访问内部网络上任何基于 TCP 协议的服务，而禁止外部网络主机访问内部网络上任何基于 TCP 协议的服务，给出实现这一要求的思路。

（2）设置规则阻止来自某个特定 IP 范围内的数据包。

实验 7 入侵检测软件 Snort 的使用与分析

实验目的

（1）理解入侵检测的作用和检测原理。

（2）理解误用检测和异常检测的区别。

（3）掌握 Snort 的安装、配置和使用。

实验设备与环境

两台安装 Windows 操作系统的 PC，其中一台安装 Snort 软件，另一台安装 Nmap 软件。实验拓扑结构如图 A-4 所示。

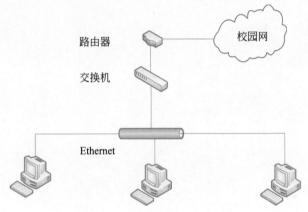

图 A-4 实验 7 环境的拓扑结构

实验内容与步骤

（1）首先安装 WinPcap，然后安装 Snort。

（2）在另一台主机上运行 ping 命令，查看 Snort 的运行情况。

（3）设置 Snort 的内部和外部网络检测范围。

（4）建立一个文件，设置数据包记录器输出至 LOG 文件。

（5）启动 IDS 模式，对 Snort 主机进行有意攻击（如发送 ICMP 长数据包），使用 Nmap 扫描目标主机，观察 Snort 的检测情况。

（6）编写 Snort 规则，观察 Snort 的动作。

分析与思考

（1）入侵检测的作用是什么？入侵检测与防火墙有哪些区别？

（2）常用的入侵检测技术的原理是什么？

（3）参考相关资料，分析 Snort 源码，总结其设计框架。

实验 8　IEEE 802.11 加密与认证

实验目的

(1) 掌握 IEEE 802.11 无线局域网安全设置方法。

(2) 熟悉无线抓包工具的使用。

实验设备与环境

一个无线路由器;若干笔记本计算机,配备无线网卡,其中一台安装无线抓包软件(如 Omnipeek)。实验拓扑如图 A-5 所示。

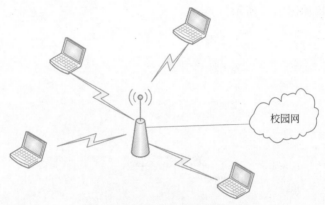

图 A-5　实验 8 环境的拓扑结构

实验内容与步骤

(1) 配置无线接入点和笔记本计算机,组成一个 IEEE 802.11 无线局域网。不配置安全选项。

(2) 一台笔记本计算机通过 AP 访问 Internet,输入用户名和密码。另外一台笔记本计算机运行无线抓包软件进行抓包,分析数据包的格式和内容,寻找数据包中包含的用户名和口令数据。

(3) AP 和一台笔记本计算机配置 WEP,笔记本计算机通过 AP 访问 Internet,输入用户名和密码。另外一台笔记本计算机运行无线抓包软件进行抓包,分析数据包的格式和内容。

(4) AP 和一台笔记本计算机配置 WAP/WPA2,笔记本计算机通过 AP 访问 Internet,输入用户名和密码。另外一台笔记本计算机运行无线抓包软件进行抓包,分析数据包的格式和内容。

分析与思考

(1) 无线局域网面临的安全威胁主要有哪些?

(2) 为什么 WEP 实际上不能提供安全性?

(3) CCMP 协议提供了哪些安全服务? 如何提供?

课程设计指导

1. 目的

通过课程设计,培养学生独立思考、综合分析与动手的能力;验证理论和加深对概念的理解,尤其是常用密码算法的基本原理,并且用一种编程语言实现这些常用密码算法;提高学生实际的信息安全实践能力,强化信息安全防范意识。

学生应掌握网络安全的基本概念和知识,熟悉常见加密算法的基本原理和流程,至少掌握一门高级编程语言。完成课程内容中的项目,撰写课程设计报告。

2. 任务

深入分析对称密码体制与非对称密码体制的基本原理,掌握流行密码算法的原理,并且编程实现常用的现代密码算法,包括 DES、AES、RSA、MD5 等。

本课程设计需要研究的内容主要包括如下。

(1) 密码体制。

(2) 主流密码算法的基本原理研究。

(3) 密码算法编程实践(DES、AES、RSA、MD5 等)。

3. 要求

(1) 课程设计报告版面规范、结构清晰、内容完整。

(2) 独立完成课程设计任务。

4. 课程设计报告主要内容

一、目的和任务

1.1　目的

1.2　任务

二、密码体制基本原理的研究

2.1　对称密码体制及其算法

2.2　非对称密码体制及其算法

三、常用密码算法编程实践

每节一个算法实现,写出算法设计的思想、代码、注释、测试。

每一部分一定要层次清晰,有较好的说明和注释。

四、密码算法的应用实践

以 PGP 为例,写出该软件的实验报告及分析。

每一部分一定要层次清晰，有较好的说明和注释。

五、总结与提高

总结自己在整个学习过程中遇到的问题以及解决的方法、思路和过程，写明自己的收获、感想等。

参考文献

按参考文献格式列出。

参 考 文 献

[1] 胡道元,闵京华,邹忠岿. 网络安全[M]. 2版. 北京:清华大学出版社,2008.

[2] 冯登国. 信息安全体系结构[M]. 北京:清华大学出版社,2008.

[3] 肖国镇. 密码学导引:原理与应用[M]. 北京:清华大学出版社,2007.

[4] Andrew Nash,William Duane. 公钥基础设施(PKI):实现和管理电子安全[M]. 张玉清,译. 北京:清华大学出版社,2002.

[5] 杨波. 现代密码学[M]. 5版. 北京:清华大学出版社,2022.

[6] 刘建伟,王育民. 网络安全——技术与实践[M]. 3版. 北京:清华大学出版社,2017.

[7] 卿斯汉. 安全协议[M]. 北京:清华大学出版社,2005.

[8] 埃里克,雷斯克拉. SSL与TLS[M]. 崔凯,译. 北京:中国电力出版社,2002.

[9] 杨东晓,张锋,熊瑛,等. 防火墙技术及应用[M]. 北京:清华大学出版社,2019.

[10] 唐正军. 入侵检测技术[M]. 北京:清华大学出版社,2009.

[11] 斯托林斯. 密码编码学与网络安全——原理与实践[M]. 王后珍,译. 5版. 北京:电子工业出版社,2017.

[12] 祝世雄. 无线通信网络安全技术[M]. 北京:国防工业出版社,2014.

[13] Song D, Wagner D, Perrig A. Practical techniques for searches on encrypted data[C]. In Proc. of the 2000 IEEE Symp. on Security and Privacy. IEEE Computer Society,2000. 44-55.

[14] P. Paillier. Public-key cryptosystems based on composite degree residuesity classes[C]. In Proc. EUROCRYPT 1999. LNCS, vol. 1592, pp. 223-238.

[15] 李经纬,贾春福,刘哲理,等. 可搜索加密技术研究综述[J]. 软件学报,2015,26(1):109-128.

[16] Shamir A. Identity-Based cryptosystems and signature schemes[C]. In Proc. Advances in Cryptology-CRYPTO'84. Berlin, Heidelberg:Springer-Verlag, 1984. 47-53.

[17] Boneh D, Franklin M. Identity-Based encryption from the weil pairing[C]. In Proc. Advances in Cryptology-CRYPTO 2001. LNCS 2139, Berlin, Heidelberg:Springer-Verlag, 2001. 213-229.

[18] Sahai A, Waters B. Fuzzy identity-based encryption[C]. In Proc. Advances in Cryptology-EUROCRYPT 2005. Berlin, Heidelberg:Springer-Verlag, 2005. 457-473.

[19] 方滨兴,崔翔,王威. 僵尸网络综述[J]. 计算机研究与发展,2011,48(8):1315-1331.

[20] John Vollbrecht, James Carlson, Larry Blunk, Bernard Aboba, Henrik Levkowetz. Extensible Authentication Protocol (EAP)[R]. RFC 3748, November 2008.

[21] 802. 1X-2010 -IEEE Standard for Local and metropolitan area networks--Port-Based Network Access Control[S]. https://ieeexplore. ieee. org/servlet/opac?punumber=5409757.

[22] S. Kent, R. Atkinson. Security Architecture for the Internet Protocol. RFC 2401, November 1998.

[23] S. Kent, R. Atkinson. IP Authentication Header[R]. RFC 2402, November 1998.

[24] S. Kent, R. Atkinson. IP Encapsulation Security Payload(ESP)[R]. RFC 2406, November 1998.

[25] Transport Layer Security Working Group[S]. The SSL Protocol, Version 3. 0, 1996.

[26] 李联宁. 物联网安全导论[M]. 2版. 北京:清华大学出版社,2020.

[27] J. Linn. Privacy Enhancement for Internet Electronic Mail:Part I:Message Encryption and Authentication procedures[R]. RFC 1421, 1993.

[28] S. Kent. Privacy Enhancement for Internet Electronic Mail: Part II: Certificate-Based KeManagement[R]. RFC 1422, 1993.

[29] 王雅超,黄泽刚. 云计算中XEN虚拟机安全隔离相关技术综述[J]. 信息安全与通信保密,2015(6).

[30] KARLOF C, WAGNER D. Secure routing in wireless sensor networks: attacks and countermeasures[J]. Proc of the 1st IEEE International Workshop on Sensor Network Protocols & Applications. 2003: 113-127.

[31] Peter Mell, Timothy Grance. The NIST Definition of Cloud Computing[M]. 2011.

[32] B. Feinstein, G. Matthews, J White. The Intrusion Detection Exchange Protocol[J]. Internet Society, 2002: 234-240.

[33] E. Biermann, E. Cloete, L. M. Venter. A Comparison of Intrusion Detection Systems[J]. Computer&Security, 2001,12(2): 676-683.

[34] Wes Noonan Dubrawsky. 防火墙基础[M]. 陈鹿帆,译. 北京:人民邮电出版社, 2007.

[35] Marcus Goncalves. 防火墙技术指南[M]. 宋书民,朱智强,徐开勇,译. 北京:机械工业出版社, 2000.

[36] 诸葛建伟,唐勇,韩心慧,等. 蜜罐技术研究与应用进展[J]. 软件学报,2013,24(4): 825-842.

[37] Jesse Walker. 802.11 Security Series: The Wired Equivalent Privacy (WEP)[R]. Intel, 2001.

[38] IEEE Standard 802.11i[S]. July 2004.

[39] Standards for Wi-Fi Alliance. WPA for 802. 11 ver2. 2003 Edition.

[40] 陈思锦,吴韶波,高雪莹. 云计算中的虚拟化技术与虚拟化安全[J]. 物联网技术, 2015(3): 52-53.

[41] C. He and J. C. Mitchell. Analysis of the 802. 11i 4-Way Handshake. In Proceedings of the Third ACM International Workshop on Wireless Security(WiSec'04)[J]. Philadelphia, PA, October, 2004.

[42] Allan Rubens, Carl Rigney, Steve Willens, William Simpson. Remote Authentication Dial In User Service (RADIUS)[J]. RFC 2865, June 2000.

[43] 杨东晓,张锋,陈世优. 云计算及云安全[M]. 北京:清华大学出版社,2020.

图 书 资 源 支 持

感谢您一直以来对清华版图书的支持和爱护。为了配合本书的使用，本书提供配套的资源，有需求的读者请扫描下方的"书圈"微信公众号二维码，在图书专区下载，也可以拨打电话或发送电子邮件咨询。

如果您在使用本书的过程中遇到了什么问题，或者有相关图书出版计划，也请您发邮件告诉我们，以便我们更好地为您服务。

我们的联系方式：

地　　址：北京市海淀区双清路学研大厦 A 座 714

邮　　编：100084

电　　话：010-83470236　010-83470237

客服邮箱：2301891038@qq.com

QQ：2301891038（请写明您的单位和姓名）

资源下载： 关注公众号"书圈"下载配套资源。

资源下载、样书申请

书圈

图书案例

清华计算机学堂

观看课程直播